高等学校计算机类专业系列教材

计算机组成原理

主编 傅 篱

西安电子科技大学出版社

内 容 简 介

本书按照普通高等院校计算机专业本科生的教学要求编写而成，系统地介绍了计算机的基本组成和内部运行机制。全书共 8 章：第 1 章介绍了计算机的发展历程和计算机的基本结构；第 2 章介绍了计算机中数据的表示与运算；第 3 章介绍了系统总线；第 4 章介绍了存储器系统的相关知识；第 5 章介绍了输入/输出系统；第 6 章介绍了指令系统；第 7 章介绍了 CPU 系统；第 8 章重点介绍了控制器的组成与实现。各章末附有"思考与练习"，并以二维码的形式提供了"思考与练习"的参考答案。

本书可作为高等学校计算机及相关专业"计算机组成原理"课程的教材，也可供从事计算机及相关专业工作的技术人员参考。

图书在版编目(CIP)数据

计算机组成原理 / 傅篱主编. —西安：西安电子科技大学出版社，2021.4(2024.8 重印)
ISBN 978–7–5606–5945–9

Ⅰ. ①计… Ⅱ. ①傅… Ⅲ. ①计算机组成原理—高等学校—教材 Ⅳ. ①TP301

中国版本图书馆 CIP 数据核字(2021)第 010784 号

策　　划　秦志峰
责任编辑　秦志峰
出版发行　西安电子科技大学出版社(西安市太白南路 2 号)
电　　话　(029)88202421　88201467　　　　邮　编　710071
网　　址　www.xduph.com　　　　　　电子邮箱　xdupfxb001@163.com
经　　销　新华书店
印刷单位　陕西天意印务有限责任公司
版　　次　2021 年 4 月第 1 版　2024 年 8 月第 2 次印刷
开　　本　787 毫米×1092 毫米　1/16　印张 15
字　　数　353 千字
定　　价　37.00 元
ISBN　978–7–5606–5945–9
XDUP 6247001–2
如有印装问题可调换

前　言

2014年，教育部发布了《关于地方本科高校转型发展的指导意见（征求意见稿）》，2015年10月，教育部、国家发改委、财政部印发了《关于引导部分地方普通本科高校向应用型转变的指导意见》，教育部在指导意见中明确指出，要引导一批地方普通本科高校向应用技术型高校转型。目前，我国地方普通本科高校向应用技术型大学转型发展工作正在逐步展开，为了培养出高质量的应用型创新技术人才，必须加强应用型本科教材的建设，积极编写出一批与之相适应的、高质量的应用型本科教材。

基于这一要求，编者根据自己在计算机生产企业十多年的研发经验以及在高校二十多年的教学实践编写了本书。本书面向普通本科高校学生，在编写上力求做到以下几点：

第一，本书内容尽可能与普通本科高校学生实际知识水平、理解能力相适应，既考虑知识的系统性，又充分考虑学生的整体水平和初学者的接受能力。

从目前国内的中学教育现状来看，大多数学生在进入大学前，对所报考的专业知之甚少，所以大学本科专业知识的学习在一定程度上只是专业入门教育，因而在编写过程中，尽量做到文字通俗易懂，语言生动有趣，可读性强，即便没有老师讲授，学生通过自己学习并查阅资料也能基本看懂、学懂，从而产生学习的兴趣，并对计算机相关专业有初步的认识。

第二，"计算机组成原理"是计算机科学与技术等信息类专业的专业基础课，在教材内容的选取上，以"必须、够用"为原则。

所谓"必须、够用"，是指把必须掌握的基础知识作为重点，同时，教材所包含的内容能满足后续课程的需要。所以在本书的编写过程中，减少了不必要的数理论证和数学推导，而以方法和规则进行说明。比如，有关原码和补码的相互转换、补码一位乘法等内容，本书不做更多的理论推导，只要求学生掌握方法和规则即可。

第三，在编写过程中，以"工程思维"为导向，强化学生的工程意识，注重培养学生解决实际问题的能力。

计算机是一个工业产品，编者从产品设计的角度出发，去讲解计算机的工作原理，以实际产品为例，阐述计算机在发展演变过程中出现的理论、形成的概念以及解决方案，逐步培养学生的"工程思维"方式，有利于学生学以致用。

第四，书中每章的例题和习题都注意做到和本章的重要知识点相结合，例题和习题互相呼应，习题原则上都能从书中找到答案，这样学生在做题的过程中就巩固了所学的基本概念，增强了理论计算能力，也使学生有学习的成就感，从而产生进一步学习的动力。

在本书的编写过程中，得到了邵阳学院领导、信息工程学院领导以及计算机科学与技术教研室同事的帮助和支持，他们提出了许多宝贵的意见，同时编者也参考了许多其他高等院校的同类教材，在此对领导、同事及相关资料作者一并表示衷心的感谢！

由于编者水平有限，书中难免存在不妥之处，敬请广大读者和专家批评指正。

傅 篱

2020 年 8 月

目　录

第 1 章　计算机系统概论

1.1　计算机的发展历程

1.1.1　计算机的发展简史

电子计算机(简称计算机)是 20 世纪最重要的科技成果之一。它的出现，在人类社会的各个领域引起了一场新的技术革命，其深远意义不亚于当年由蒸汽机的诞生所迎来的第一次工业革命。如果说以蒸汽机为标志的第一次工业革命是用机器代替人类繁重的体力劳动的动力革命，那么以计算机为标志的技术革命，则是用电脑代替人类部分脑力劳动的一场信息革命。

"计算机"是一个广义的概念，它包括机械式、电子式的所有计算机器，计算机仅是其中的一个类别。由于机械式计算机早已退出历史舞台，而电子模拟计算机目前也极少应用，所以，今天人们所称的"计算机"在无特别指出的情况下就是指"电子数字计算机"。

1. 计算机的发展历程

劳动创造了工具，工具又扩大了人类探索世界的能力。人类一直希望能创造出一些工具来替代人类的体力劳动，同样也希望能够创造一些工具来替代人类的脑力劳动，其中就包括计算工具。人类使用计算工具的历史最早可追溯到遥远的古代。在远古时代，人类通过穴石、结绳、刻木等方法计数，春秋战国时期，中国人发明了算筹，公元前五六世纪在中国出现了算盘。

在欧洲，自 18 世纪第一次工业革命以来，科学技术不断进步，随着蒸汽机的出现和机械技术的发展，人类进入蒸汽时代，各种类型的机械式计算工具陆续出现，开始有了机械式计算机。1822 年，英国数学家、发明家查尔斯·巴贝奇(Charles Babbage)设计了第一台差分机，提高了乘法运算速度，1834 年，他开始以机械齿轮为主要部件并以蒸汽机为动力设计分析机，这是世界上第一台通用自动计算机。由于当时的科技水平和机械工艺技术的限制，这台机械式的通用自动计算机最终没有完成，但他在设计过程中提出的通用自动计算机必须具有输入、输出、处理、存储、控制五大功能的设计思想，奠定了今天计算机的基础，因此，人们称查尔斯·巴贝奇为现代计算机之父(见图 1.1)。

图 1.1　查尔斯·巴贝奇

到了 19 世纪末，人类开始使用电作动力。1904 年英国物

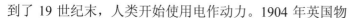

理学家约翰·安布罗斯·弗莱明发明了世界上第一只电子二极管，1906 年美国发明家德·福雷斯特制成了世界上第一只真空三极管，这些标志着世界由此进入电子时代。

现代计算机在理论上真正的奠基人是英国数学家艾兰·图灵(Alan Turing)。艾兰·图灵(1912—1954 年)是世界上公认的计算机科学的奠基人(见图1.2)。1936 年，24 岁的图灵在伦敦权威的数学杂志上发表了一篇划时代的重要论文《论可计算数字及其在判断性问题中的应用》。在这篇论文中，他指出设计一台通用计算机在理论上是可能的，他还提出了著名的"图灵机"模型和"图灵测试"。为纪念图灵对计算机科学的贡献，国际计算机学会(Association for Computing Machinery，ACM)在 1966 年创立了"图灵奖"，每年颁发给在计算机科学技术领域作出杰出贡献的人士，"图灵奖"被称为计算机界的诺贝尔奖。

图 1.2 艾兰·图灵

另外一个对现代计算机发展作出巨大贡献的人物是美国数学家克劳德·艾尔伍德·香农(Claude Elwood Shannon)。克劳德·艾尔伍德·香农(1916—2001 年)是现代信息论的奠基人(见图 1.3)。1938 年 22 岁的香农发表了著名的硕士论文《继电器和开关电路的符号分析》，把布尔代数的"真"

图 1.3 克劳德·艾尔伍德·香农

与"假"和电路系统的"开"与"关"对应起来，并用"1"和"0"表示，他首次用布尔代数进行开关电路分析，并证明布尔代数的逻辑运算可以通过继电器电路来实现，他还明确地给出了实现加、减、乘、除等运算的电子电路的设计方法。香农的理论还为计算机具有逻辑功能奠定了基础，从而使计算机既能用于数值计算，又具有各种非数值应用功能，使得以后的计算机几乎在所有领域中都得到了广泛的应用。

正是在这些背景下，世界上第一台通用电子数字计算机 ENIAC(Electronic Numerical Integrator and Computer，ENIAC)在美国研制成功(见图 1.4)，并于 1946 年 2 月公诸于世。

图 1.4 世界上第一台通用电子数字计算机 ENIAC

该机共使用了 18 000 只电子管，耗电量为 150 kW，占地面积为 170 平方英尺(1 平方英尺 = 0.0929 m²)，总重量达 30 吨，运算速度为 5000 次/秒。虽然其功能远不如现在掌上使用的可编程计算器，但是，在当时的历史条件下确实是一件了不起的大事。ENIAC 堪称人类伟大的发明之一，从此开创了人类社会的信息时代。

　　另一个为现代计算机发展作出重大贡献的是美籍匈牙利数学家冯·诺依曼(Von Neumann，见图 1.5)。冯·诺依曼(1903—1957年)和他的同事们研制了计算机 EDVAC(Electronic Discrete Variable Automatic Computer，EDVAC)。虽然在电子数字计算机发展史上 ENIAC 被称为"始祖"，但 ENIAC 在设计中采用的是十进制，而 EDVAC 在设计中采用了被后人广泛采纳的"存储程序"和二进制等思想，对后来的计算机在体系结构和工作原理上具有重大影

图 1.5　冯·诺依曼

响。计算机发展到今天，虽然从性能指标、运算速度、工作方式、应用领域等方面与当时的计算机相比有巨大进步，但基本体系结构没有变，都属于冯·诺依曼体系结构，因此，我们把今天的计算机称为冯·诺依曼机。

2. 计算机的发展阶段

　　计算机自诞生以来始终保持迅猛发展的态势，按照传统的划分方法，计算机的发展大体经历了四代，这四代的划分是以组成计算机的核心电子元器件的发展为标志的。

　　第一代计算机称为电子管计算机(1946—1958 年)。第一代计算机(即 ENIAC)的主要逻辑元器件采用电子管(见图 1.6)。由于电子管体积大(一般为十几立方厘米)、功耗高(每个达几百毫瓦)、反应速度慢、寿命短，因此第一代计算机体积庞大，重量和耗电量大，运行速度慢，工作的可靠性差。

　　第二代计算机称为晶体管计算机(1959—1964 年)。第二代计算机的主要逻辑元器件采用晶体管(见图 1.7)。这种新型的电子元器件有效地取代了大部分电子管的功能，而体积却只有电子管的几十分之一，能量消耗也只有电子管的几十分之一。由于晶体管寿命长，反应速度快，机械强度高，因此用晶体管制造出来的第二代计算机很快取代了电子管计算机，并进行了批量生产。

图 1.6　电子管　　　　　　　　　　　　　　　　图 1.7　晶体管

　　第三代计算机称为中小规模集成电路计算机(1965—1975 年)。随着半导体技术的发展，到了 1964 年，一种新的、性能更好的电子元器件——集成电路出现了，它把许多个晶体管采用特殊的制作工艺集成到一块面积只有几平方厘米的半导体芯片上，从最初集成几个到几十个再到几百个晶体管，这种电子元器件称为中小规模集成电路(见图 1.8)。用这种中小

规模集成电路为核心电子元器件制造的计算机就是第三代计算机。与第二代相比，第三代计算机的速度和稳定性有了更大程度的提高，而体积、重量、功耗则大幅度下降。

第四代计算机称为大规模和超大规模集成电路计算机(1976 年至今)。第四代计算机以采用大规模和超大规模集成电路(见图 1.9)为标志，如 1971 年生产的标号为 4004 的集成电路已经集成了 2300 多个晶体管，成为第一个实用的微处理器芯片。时至今日，集成电路的集成度还在不断提高，一个芯片上的晶体管数目达到了几百万、几千万乃至几十亿只。毫无疑问，集成电路技术的发展必将有力地推动计算机技术的高速发展，使计算机的速度更快、体积更小。

图 1.8　中小规模集成电路　　　　　图 1.9　大规模和超大规模集成电路

关于第五代计算机，人们正在进行着多方面的探索。探索之一是寻找新材料取代当前的集成电路，例如生物计算机(DNA 计算机)和量子计算机的设计思想，但目前这方面的研究尚未取得突破性的进展；探索之二是通过各种手段努力提高机器的智能化程度，采用"非冯·诺依曼结构"设计计算机，使计算机在智能程度上实现质的飞跃。

3. 计算机的分类

计算机有很多种分类方法，比如从设计原理上把计算机分为数字计算机和模拟计算机，从使用领域上把计算机分为通用计算机和专用计算机，按照计算规模把计算机分为巨型机(超级计算机)、微型计算机(个人计算机)、嵌入式计算机(单片机)等。

1) 按规模分类

所谓规模，是综合计算机的多方面因素而言的，它涉及运算速度、机器字长、存储容量、外部设备等硬件配置，以及软件、价格和应用等诸多方面，因此，按规模分类实际就是按计算机的性能来分类。随着计算机科学技术的飞速发展，这种规模或性能的概念也是在不断变化的，昔日的大型机，其性能可能赶不上现在的微型机。

(1) 巨型机。

巨型机(Supercomputer)又称为超级计算机，它以极高的计算能力为主要发展目标，是一个国家科技水平、经济实力和军事能力的象征。目前，世界上仅有美、日、俄、英、法、中等少数几个国家拥有超级计算系统的研究、开发和制造能力。超级计算机速度最快、性能最高、功能最强、技术最复杂，具有强大的数值计算和信息处理能力，是每个时代计算机高精尖技术的集中代表。

目前世界上最快速的计算机都采用大规模并行处理 MPP(Massively Parallel Processing)技术，每台计算机拥有数百至上万个处理器。超级计算机将许多微处理器以并行架构的方式组合在一起。目前超级计算机的计算速度已达到峰值每秒亿亿次级浮点运算。

近年来，我国超级计算机的研发也取得了很大的成绩，推出了"曙光""天河""神威"

等系列代表国内最高水平的超级计算机，这些巨型机在世界上也属于先进行列，并在国民经济的关键领域起到了重要作用。

图 1.10 是安装在无锡国家超级计算中心的"神威·太湖之光"超级计算机。"神威·太湖之光"超级计算机安装了 40 960 个中国自主研发的"申威 26010"众核处理器，该众核处理器采用 64 位自主申威指令系统，峰值性能为 12.5 亿亿次/秒，持续性能为 9.3 亿亿次/秒。2016 年 6 月，在全球超级计算机 TOP500 榜单上，"神威·太湖之光"排名第一。

图 1.10　"神威·太湖之光"超级计算机

超级计算机的主要用途在于处理超量的资料，多用于人口普查、天气预报、人体基因排序、武器研制等，其主要使用者为大学研究单位、政府单位、科学研究单位等。

(2) 微型计算机。

微型计算机又称个人计算机(Personal Computer，PC)，通常简称为微机(俗称电脑)，是在大小、性能以及价位等多个方面适合于个人使用，并由最终用户直接操控的计算机的统称。台式机、笔记本电脑、平板电脑等均属于个人计算机的范畴。

20 世纪 70 年代初，在美国硅谷诞生了第一片中央处理器(Central Processing Unit，CPU)，1971 年 Intel 公司的工程师马西安·霍夫(M．E．Hoff)成功地在一个芯片上实现了中央处理器的功能，制成了世界上第一片 4 位 CPU——Intel 4004，随后世界上许多公司也争相研制新的 CPU，相继推出了 8 位、16 位、32 位、64 位的 CPU。

1981 年 8 月，IBM 公司推出了世界上第一台个人使用的计算机——IBM PC(见图 1.11)。在此之前，计算机由于体积大、价格高，只是在科研院所和大学中使用，普通人是难以触及的。IBM PC 的出现，标志着个人计算机真正走进了人们的工作和生活之中，也标志着一个新时代的开始。

图 1.11　IBM PC

微型计算机就是以 CPU 为核心，再配上存储器、接口电路等芯片构成的。微型计算机以其体积小、重量轻、价格低廉、可靠性高、结构灵活、适应性强和应用面广等一系列优点，占领了世界计算机市场并得到广泛的运用，成为现代社会不可缺少的重要工具。它造就了一个性价比最高、应用领域最广、发展更新最快、新技术最多的计算机市场。

(3) 嵌入式计算机。

人们将 CPU、存储器和输入/输出接口集成在一块芯片上的微型计算机称为单片机(Single Chip Computer)或者单片系统(System on a Chip，SoC)。由于单片机主要应用于控制系统，故通常又称为微控制器(Micro Control Unit，MCU)或嵌入式计算机(Embedded Computer)。

单片机是数字化设备或智能设备的大脑，一般都采用面向控制的系统结构和指令系统。单片机的种类很多，从字长上分有 4 位、8 位、16 位、32 位、64 位单片机，还有一些比较特别的 9 位、12 位单片机。单片机的显著特点之一是具有多功能的输入/输出结构。单片机中通常设计有定时计数器、并行接口、串行接口、数/模或模/数转换器和一些专用处理部件。

单片机在大多数情况下是作为 MCU 装入各种设备，主要应用于家用电器、工业过程控制、数据处理等领域。在小型家用电器中，多采用 4 位单片机或 8 位嵌入式处理器；在工业控制应用中，多采用高性能 8 位或 16 位嵌入式处理器；在高速控制应用中，则多采用高性能 16 位、32 位甚至 64 位嵌入式处理器。

嵌入式计算机是将 MCU 作为一个信息处理部件装入一个应用设备，最终用户不直接使用计算机，而使用该应用设备，如包含计算机的医疗设备、家用电器等。大家最为熟悉的智能手机就属于嵌入式计算机的应用。

2) 按使用领域分类

计算机还有一种分类方法，即按使用领域的不同，将计算机分成通用计算机和专用计算机两类。

(1) 通用计算机。

通用计算机是指这类计算机提供给用户的只是一个通用平台，具体这个计算机用于处理什么问题，取决于在该计算机中安装和运行什么软件。比如安装运行的是办公软件，该计算机就可以处理文字、数据报表等；如果安装运行的是视频播放软件，该计算机就可以播放电影、电视剧等视频文件。

前面介绍的超级计算机、微型计算机属于通用计算机。

(2) 专用计算机。

专用计算机是指这类计算机只是用来处理某种专门领域的工作，比如安装有计算机微处理器芯片的智能化家用电器以及工业上应用的计算机控制系统等，这些计算机处理的是某个专门领域里的事情，一般不作其他应用。人们生活中常用的智能化洗衣机、电冰箱等都属于专用计算机应用，这些家用电器中都安装有计算机微处理器芯片，用于控制衣物的清洗、冷藏食品的温度等。前面介绍的嵌入式计算机属于专用计算机。

随着技术的发展和社会的进步，在某些领域中，通用计算机和专用计算机已经很难清楚地区分，有些计算机已经很难说它是通用计算机还是专用计算机，也就是原本属于专用计算机的产品具有了通用计算机的特性，其中最有代表性的产品就是智能手机。智能手机本来应该属于专用计算机应用，主要用于通信领域中的移动通话和发送信息，但今天的智能手机除了专用功能外，也可以通过安装运行不同软件实现看视频、玩游戏、处理办公室文件等功能。

1.1.2 计算机的应用

当今世界，计算机无论是在科学研究、数据处理、工程设计、模拟仿真、信息管理等方面，还是在工农业生产、医疗卫生、气象预报、地质勘探、编辑出版、文化生活等人类活动的各个领域中都发挥着重大的作用。按照计算机的应用特点，大体可以将其应用概括为科学计算、数据处理、过程控制、办公自动化、辅助设计、仿真和人工智能等几大类。

1. 科学计算

计算机最初是作为计算工具而面世的。因此，科学计算是计算机最早进入的一个应用领域，其特点是可处理的计算量大且数值变化范围大。计算机的发明和发展，首先是为了解决科学技术和工程设计中大量的数学计算问题。有效地使用数字计算机来求解数学问题近似解的理论、方法与过程，已形成专门的学科——数值计算(Numerical Computation)。许多计算领域的问题，如计算物理、计算力学、计算化学等均可以归结为数值计算问题，这类计算往往涉及较复杂的数学公式，如求解上千阶的微分方程组、几百个方程的线性方程组、大型的矩阵运算等。

2. 数据处理

数据处理也称为信息加工，是指利用计算机对大量的原始数据进行采集、存储、整理、计算等综合处理，加工成人们所需要的数据形式。例如，利用计算机进行工资管理，将一个单位的每位职工的工资数据(每位职工一般有十几个数据项)全部存储到计算机中，然后用计算机进行处理，便可得到我们所需要的数据，如工资表、工资条等。

3. 过程控制

过程控制，即对某一物理过程或工作对象，使用计算机进行控制，使其处于最佳工作状态。通过各种传感器获得的各种物理信号经转换为可测可控的数据信号后，再经计算机运算，根据偏差，驱动执行机构来调整，便可达到控制的目的。这种特性已被广泛用于军事、冶金、机械、纺织、化工、电力、造纸等领域中。

在军事上，导弹的发射及飞行轨道的计算控制设备，先进的防空系统等现代化军事设施，通常也都是由计算机构成其控制系统，其中包括雷达、地面设施、海上装备等。例如将计算机嵌入导弹的弹头内，利用卫星定位系统，将飞行目标和飞行轨迹事先存储在弹载计算机内，导弹在飞行中对实际飞行轨迹进行不断修正，直接袭击目标，其命中率几乎接近100%。

4. 办公自动化

办公自动化(Office Automation，OA)是指使用现代化工具与手段，最大限度地帮助办公室人员处理办公业务。

近年来由于 Internet 的应用，将计算机、自动化办公设备与通信技术相结合，使办公自动化向更高层次发展，例如电子邮件的收发，远距离会议或电视会议，高密度的电子文件，多媒体的信息处理等获得普遍应用。

5. 辅助设计

计算机辅助设计(Computer Aided Design，CAD)是指用计算机来帮助设计人员完成各种各样的设计工作。它是加快产品设计周期、提高产品设计质量的重要手段。

计算机辅助制造(Computer Aided Manufacture，CAM)与计算机集成制造系统(Computer Integrated Manufacture Systems，CIMS)是近几年发展较快的两个应用分支，它们是将计算机过程控制、计算机辅助设计、计算机辅助管理有机地集成于一体的系统。

计算机辅助教学(Computer Aided Instruction，CAI)是计算机辅助系统的一个重要分支，它是利用计算机辅助教师教学，以对话方式与学生讨论教学内容、安排教学进程、进行教学训练的方法与技术。

6. 仿真

计算机仿真(Simulation，SIM)也称为计算机模拟，是指利用计算机仿造真实对象的某些特征与行为的技术。通过这种仿造或模拟，可以更加有效地研究真实对象。现在工程应用中出现了大量的计算机仿真软件，帮助工程师进行项目和产品设计。例如，要研究一个大电力系统在发生某种故障情况下的稳定性，如果是在实际的系统中做实验，将需付出很大的代价。有时这种实验是根本不可能进行的，类似的情况还有核试验。

7. 人工智能

人工智能是研究、开发用于模拟、延伸和扩展人的智能的理论、方法、技术及应用系统的一门新的技术科学，是当今计算机应用研究最前沿的学科。近年来在模式识别、语音识别、专家系统和机器人制作方面都取得了很大的成就。

模式识别是指对某些感兴趣的客体作定量的或结构性的描述，研究一种自动生成技术，由计算机自动地把待识别的模式分配到各自的模式类中去。由此技术派生的图像处理技术和图像识别技术已被广泛应用，例如公安系统的指纹分辨及身份、证件、凭证鉴别等。

文字、语音识别、语言翻译是人工智能的一个重要应用领域。

专家系统是人工智能的又一重要应用领域。它是利用计算机构成储存量极大的知识库，把各类专家丰富的知识和经验，以数据形式储存于知识库内，通过专用软件，根据用户输入查询的要求，给出用户所要求的解答。尤其是 Internet 的出现，还可以构成远程虚拟医疗、虚拟课堂、虚拟考试等。

机器人的出现也是人工智能领域的一项重要应用。通常人们让机器人从事一些重复性的工作，特别是在一些不适宜人类工作的场所。例如海底探测，可以让机器人配上摄像机，构成它的眼睛；配上双声道的声音接收器，变成它的耳朵；再配上合适的机械装置，使它可以活动、触摸、接收各种信息并直接送到计算机进行处理，这样它就可以代替人类完成海底探测。

1.2 计算机系统的基本结构

1.2.1 计算机系统

1. 计算机的组成

日常生活中人们说的使用计算机，从专业的角度来说，是在使用一个计算机系统。一个完整的计算机系统是由两个部分组成的：硬件(Hardware)和软件(Software)。所以，人们使用计算机不只是使用某个软件，还包括支撑软件运行的硬件。

1) 硬件

硬件是指计算机的实体部分，它由看得见、摸得着的各种电子元器件及各类光、电、机械设备的实物组成，计算机系统的硬件设备各种各样，如显示器、扫描仪、键盘、鼠标、主板、CPU、显卡等，所有的这些硬件设备都可以归结到五大部件，即运算器、存储器、控制器、输入设备和输出设备。

硬件是构成计算机系统的各种物理设备的总称。

通常把不装备任何软件的计算机称为"裸机"，计算机之所以能够适用于各个领域，是由于软件的丰富多彩，不同的计算机软件能够按照人们的意愿完成各种不同的任务。如果说硬件是看得见、摸得着的实物，软件则是看不见、摸不着的程序代码。

2) 软件

软件是应用、管理和维护计算机的各类程序和文档的总称。计算机的软件通常又分为两大类：系统软件和应用软件。

(1) 系统软件又称为系统程序，主要用来管理整个计算机系统，使系统资源得到合理调度，确保高效运行。它通常包括以下几部分：

· 操作系统：比如人们最熟悉的 Windows 系列操作系统，它是计算机用户使用计算机的一个平台，提供一个良好的人机交互的界面，方便计算机用户使用计算机系统。

· 标准程序库、语言处理程序：如将汇编语言翻译成机器语言的汇编程序，将高级语言翻译成机器语言的编译程序，这是程序员进行软件开发经常使用的软件。

· 服务性程序：诊断程序、调试程序、连接程序、设备驱动程序等。

(2) 应用软件又称为应用程序，是针对某个应用领域的具体问题而开发和研制的程序，这类程序成千上万。正是由于应用软件的特点，才使得计算机的应用日益渗透到社会的各行各业。

我们把常见的应用软件归为以下几类：

· 办公处理软件：Microsoft Office、WPS 等；
· 信息管理软件：各种管理信息系统(MIS)；
· 图像处理软件：Photoshop、CorelDraw、3DMAX 等；
· 多媒体处理软件：各种音频、视频播放器及编辑器等；
· 网络应用软件：各种上网的浏览器软件、网络即时通信软件 QQ 等；
· 其他应用软件：辅助设计软件(CAD)、辅助教学软件(CAI)、各种游戏软件等。

硬件是计算机系统的基础，程序员依托硬件系统提供的技术性能进行软件开发，目的是充分发挥硬件性能实现软件的功能。计算机性能的好坏，取决于软件、硬件功能的总和。

2. 计算机系统的层次结构

生活中人们说的使用计算机，实际上是一个通过安装在计算机上的某个应用软件来控制计算机硬件实现应用软件相关功能的过程。比如说，人们要把一篇写好的文章进行文字排版，使它的字体、字号、图片等更美观，这时就可以使用 Word 这类文字处理软件进行排版。

所有的应用软件都是计算机软件工程师为某个领域的应用而开发的专用程序。

所以宏观地看，一个完整的计算机系统可以分成两个层次：软件和硬件。在这个层次结构中，下层是硬件，上层是软件。如果把上层的软件部分再细分，又可以分为两层：应用软件和系统软件(见图1.12)。

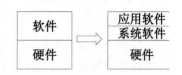

图 1.12　计算机系统的简单层次结构图

从计算机的层次结构上我们可以看出，计算机类专业人才从大类上分为软件工程师和硬件工程师，分别工作在计算机系统的软件层和硬件层。

我们首先来看软件层上的软件开发。程序员要开发某个软件必须使用某种计算机语言。计算机硬件唯一认识的语言就是机器语言，这种语言由二进制代码"0"和"1"组成。通过学习"数字逻辑电路"课程我们知道，在具体的硬件逻辑电路中，"0"和"1"分别用低电平和高电平(正逻辑)表示。程序员通过按照某种算法有序组织一系列的"0"和"1"代码(机器语言指令)从而控制计算机硬件电路按照自己的思想运行，这个过程称为使用机器语言编程。

早期的程序员都使用机器语言编程。我们先来看一个机器语言程序的例子。

下面这段机器语言程序的功能是：完成8和12两个数相加。

$$10110000\ 00001000$$
$$00000100\ 00001100$$
$$11110100$$

在上面的机器语言程序中实际包含三条机器语言指令(每一行是一条机器语言指令)。从这个机器语言程序中我们可以感觉到，机器语言如果不特别说明，很难看懂。程序员使用机器语言编程不易看懂，不便分析记忆，编程效率低。而且机器语言是归属于CPU的，对于不同CPU的计算机硬件系统，机器语言指令不一样。也就是说，如果程序员在不同CPU的硬件上编程，必须使用不同的机器语言指令，这给程序员带来极大的不方便。

为了解决机器语言不易看懂的问题，就出现了汇编语言。汇编语言是使用助记符的语言，从"助记符"这个词我们就明白，它是帮助程序员记忆的符号。汇编语言是把由一连串"0"和"1"代码组成的机器指令用可记忆的助记符来代替，这使得汇编语言比机器语言有更好的可阅读性。比如上面第一条机器语言指令对应的就是这样一串助记符符号：MOV　AC，8。

下面我们把这三条机器语言指令对应的汇编语言助记符写下来，分别说明。

```
MOV   AC, # 8        1011000000001000
ADD   AC, #12        0000010000001100
HLT                  11110100
```

上面的程序中，左边是用助记符写的程序我们称为汇编语言程序，程序中每一条用助记符写的指令我们称之为汇编语言指令。我们可以看到用助记符写的汇编语言程序比右边机器语言程序更容易看懂。

我们把汇编语言程序中的汇编语言指令稍微解释一下就更容易记忆了。

第一条汇编语言指令：MOV　AC，#8。其中MOV(英语单词Move的简写)表示传送，

AC 表示硬件的一个寄存器，#8 表示参与传送的另外一个数据是十进制数 8。这样我们就可以知道这条指令的功能是把十进制 8 这个数传送到 AC 寄存器中。

　　第二条汇编语言指令：ADD　AC，#12。其中 ADD(英语单词 Addition 的简写)表示加法；AC 表示硬件的一个寄存器，作为加法运算的被加数；#12 表示参与加法运算的加数。这样这条指令完成的功能是把十进制数 12 和 AC 中的数据相加后再把这个数传送到 AC 寄存器中。

　　第三条汇编语言指令：HLT(英语单词 Halt 的简写)。其表示暂停，即程序运行到这里暂停。

　　这样三条指令依次执行后，就会完成加法 8 + 12，运算结果存放在 AC 寄存器中，然后程序暂停。

　　显然，汇编语言程序比机器语言程序更容易看懂，程序员使用汇编语言编程效率也比使用机器语言高得多。有了汇编语言，程序员就不再使用机器语言编程了。

　　但是，由于计算机硬件电路唯一认识的是机器语言指令，它不认识汇编语言指令，所以，程序员使用汇编语言编写的程序必须翻译成机器语言程序，这个过程叫“汇编”(现在有些教材也称为编译)。这个把汇编语言程序翻译成机器语言程序的专门程序称为“汇编程序”，如图 1.13 所示。

图 1.13　汇编语言程序和机器语言程序的关系

　　汇编语言指令虽然比机器语言指令容易懂和便于记忆，编程效率高，但汇编语言指令和机器语言指令是一一对应的关系，如果计算机硬件系统的 CPU 改变了，机器语言指令系统就要改变，同样汇编语言指令系统也要改变；也就是说，如果硬件中换一个 CPU，程序员就要重新学习与之对应的新的汇编语言指令系统，因此汇编语言程序的可移植性很差，这样对程序员就很不方便。另外汇编语言和人们生活中的自然语言还是有些差别，也需要特别记忆。这就使得计算机领域的工程师们去思考：是不是可以发明一种计算机语言，它使用和自然语言相近的描述语法，同时在不同的硬件系统都可以使用，于是就诞生了“高级语言”。

　　高级语言是参照数学语言而设计的近似于日常会话的计算机语言。高级语言不依赖计算机硬件，具有很好的可移植性。不同的应用领域有不同的高级语言。人们比较熟悉的 C 语言、Java 语言等都属于高级语言。

　　下面一段程序是用 C 语言完成的 8+12 加法程序，我们可以看看使用高级语言 C 语言编写的程序和前面讲述的用汇编语言、机器语言编写的程序之间的差异。

```
#include    <stdio.h>
main( )
{
    int    a, b;
    a = 8; b = a + 12;
    printf("%d", b);
}
```

从上面的程序中我们可以看到，在 C 语言编写的程序中使用了数学中的一些表达方式：a=8，b=a+12，这样我们更容易理解。程序中的描述也更接近自然语言，比如 int 是 integer(整数)的缩写，main 在英语中的意思是主要的。

同样，高级语言也要通过翻译成机器语言计算机硬件才能运行，这个专门的翻译程序称为"编译程序"，这个翻译的过程称为"编译"，如图 1.14 所示。

图 1.14　高级语言程序和机器语言程序的关系

程序员所编写的汇编语言程序和高级语言程序都称为源程序(Source Program)，也分别称为汇编语言源程序和高级语言源程序。经过汇编和编译后的机器语言程序，我们称为机器语言目标程序(Object Program)，又称为目的程序。

现在，除特殊需要外，程序员几乎不会使用机器语言编程。程序员更多的时候是根据需要选用汇编语言或高级语言编程(其中汇编语言主要在实时控制的程序中使用)。

汇编语言和高级语言都需要通过汇编程序或编译程序翻译成机器语言，一般汇编程序和编译程序都会安装在"操作系统"这样一个系统软件上，以方便程序员使用。

下面我们从程序员的角度来看一下计算机系统的层次结构。

在计算机层次结构中，我们把计算机硬件叫作实际机器，也称为传统机器。程序员一般不需要知道实际机器的具体工作过程，程序员控制计算机硬件系统(实际机器)是通过用汇编语言(或高级语言)编写相关的程序使计算机硬件按照自己的想法执行相关的操作来实现的，所以对程序员来说，他只要按照某种语言的语法编写程序就可以了，实际机器会在程序的控制下完成相应操作，对程序员来说实际机器就变成了一个只使用某种语言的虚拟机器。

如果程序员使用汇编语言，实际机器对程序员来说就变成一个汇编语言的虚拟机器；如果程序员使用高级语言，实际机器对程序员来说就变成一个高级语言的虚拟机器。

为了程序员和计算机普通使用者能更好地控制计算机硬件，一般计算机硬件(实际机器)和各种应用软件之间会提供操作系统这样一个人机接口，人们只需要使用操作系统提供的功能就可以方便地控制实际机器，所以操作系统也是一个虚拟机器。

从程序员的角度，我们把一个计算机系统的硬件和软件在图 1.12 的基础上细分出更多的层次结构来，以帮助读者理解计算机系统，如图 1.15 所示。

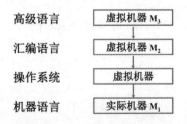

图 1.15　细分后的计算机层次结构

在图 1.15 中，我们把实际机器称为 M_1，这个实际机器只认识机器语言，而程序员一般不会使用机器语言。如果程序员使用汇编语言编程，则称为虚拟机器 M_2；如果程序员使用高级语言编程，则称为虚拟机器 M_3。为了方便程序员更好地通过计算机语言来控制使用实际机器，一般在计算机语言和实际机器之间设计一个接口——操作系统，它也是一级虚拟机器。

软件的研究对象主要是操作系统级以上的各级虚拟机器，对虚拟机器这个概念大家还有点陌生，其实虚拟机器是计算机系统的一个重要特点。程序员在和计算机打交道时不是实际操作计算机的各个硬件部件，而是通过使用某种计算机语言编写的软件来使用机器。对程序员来说，不需要具体了解实际机器是怎么工作的，只需要按照所使用的某种计算机语言的语法实现自己的算法即可达到使用实际机器的目的。所以从程序员的角度看实际机器就被虚拟成计算机语言了，这就是我们称为某种语言的虚拟机器。比如说，程序员使用 C 语言编程时，只要按照 C 语言的语法和使用正确的算法就可以得到所要的结果，这时候计算机对程序员来说，就是一个 C 语言的虚拟机器。而作为计算机硬件的实际机器似乎不存在，这就是虚拟机器的概念。

从计算机层次结构上看，实际机器处于计算机层次结构的最底层，是计算机系统的物理实体，是计算机系统的基础。

由于我们常采用微程序的思想来设计实际机器(计算机的硬件)，所以，实际机器又被细分为实际机器(传统机器)级和微程序机器级，如图 1.16 所示。

这样，把计算机的软件和硬件结合起来，整个计算机系统的层次结构可以看成由如下 5 级组成，如图 1.17 所示。

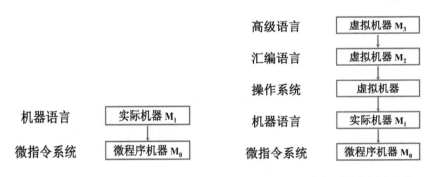

图 1.16　计算机硬件系统的层次结构　　图 1.17　计算机系统的层次结构

在这个 5 级的层次结构中，上面 3 级是计算机软件研究的范围，下面 2 级是计算机硬件研究的范围。本教材主要讲授的是计算机硬件的知识。

3. 计算机系统的基本体系结构

计算机应用广泛，功能强大。虽然计算机类型多，有超级计算机、微型计算机和嵌入式计算机等，各种计算机的功能差别也很大，但它们的基本体系结构却是相同的。

现代计算机均是依据美籍匈牙利数学家冯·诺依曼等发表的题为《关于电子计算装置逻辑结构初探》报告中所阐述的思想构建的。在此报告中，冯·诺依曼提出以二进制和存储程序为核心的通用计算机体系结构原理，从而奠定了当代计算机体系结构的基础。它的思想可概括为以下三点。

(1) 采用二进制形式表示数据和指令。

所有被计算机处理的数据都采用二进制。这是因为二进制是所有进制中最简单的进制，它只包含"0"和"1"两种状态，它在物理上很容易实现，比如数字电路就使用高电平和低电平分别代表"1"和"0"。同时二进制的"1"和"0"还和数字逻辑中的"真"(True)与"假"(False)相对应，这样可以进行逻辑判断和逻辑运算，用二值逻辑工具进行处理。

计算机指令是程序员对计算机发出的用来完成一个最基本操作的工作命令，它由计算机硬件来执行，计算机硬件唯一认识的是由二进制"0"和"1"组成的机器指令代码。

所以，计算机中指令和数据在代码的外形上并无区别，都是由"0"和"1"组成的代码序列，只是各自约定的含义不同。

(2) 采用"存储程序"的工作方式。

"存储程序"是冯·诺依曼思想的核心内容。程序是人们为解决某一实际问题而写出的有序的一条条指令的集合，设计及编写程序的过程称为程序设计。

"存储程序"工作方式是指程序员根据实际应用的需要事先编制程序并将程序(包含指令和数据)存入主存储器中，当程序启动运行后，计算机在程序运行过程中能自动、连续地从存储器中依次取出指令并执行，直到程序结束。

(3) 计算机硬件由运算器、控制器、存储器、输入设备、输出设备五大部件组成。

4. 计算机的硬件系统

计算机的硬件系统由运算器、控制器、存储器、输入设备、输出设备五大部件组成。现代的计算机以存储器为中心，其结构框图如图 1.18 所示，图中实线为控制线，虚线为反馈线，双线为数据线。

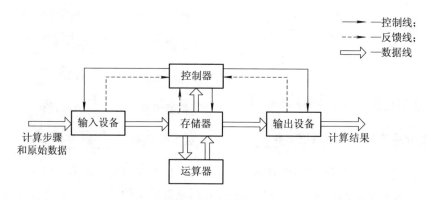

图 1.18　计算机硬件五大部分框图

计算机硬件系统的五大部件在控制器的统一指挥下，有条不紊地自动工作。

由于运算器和控制器在逻辑关系和电路结构上联系十分紧密，尤其在大规模集成电路制作工艺出现后，这两大部件往往制作在同一芯片上，因此，通常将它们合起来统称为中央处理器(Central Processing Unit，CPU)。把输入设备与输出设备简称为 I/O 设备(Input/Output Equipment)。计算机中的存储器分为主存储器和辅助存储器，计算机硬件系统五大组成部件中的存储器是指主存储器(Main Memory，MM)，简称主存，因为计算机程序必须在主存储器中运行。

这样，现代计算机把硬件的五大部件归纳为三大部分：CPU、主存储器(MM)、I/O 设备。如图 1.19 所示。其中，CPU 与主存储器合起来称为主机，I/O 设备又称为外部设备(简称外设)。

主机是计算机硬件系统的核心，我们学习计算机的组成原理，最重要的就是掌握主机的工作原理以及 I/O 设备的接口电路。

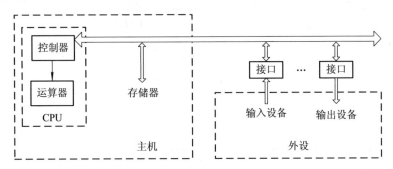

图 1.19　计算机硬件组成结构框图

在详细讲解计算机硬件系统各个部件的工作原理之前，我们先把硬件五大部件简单地介绍一下，以使读者对计算机硬件系统有个整体的了解。

1) 运算器

运算器通常由算术逻辑部件(Arithmetic and Logic Unit，ALU)和一系列寄存器组成。运算器中最重要的部件是算术逻辑部件，所以我们有时候以 ALU 指代运算器。

运算器是一个用于信息加工的部件，又称执行部件。它对数据编码进行算术运算和逻辑运算。

算术运算是指按照算术规则进行的运算，如加、减、乘、除等运算；逻辑运算一般泛指非算术性运算，如移位、逻辑或、逻辑与、逻辑取反、异或等操作。

2) 控制器

控制器(Control Unit，CU)是计算机的指挥中心，它使计算机各部件自动协调地工作。控制器工作的实质就是解释程序，它每次从存储器读取一条指令，经过分析译码，产生一串操作命令，发向各个部件，控制各部件动作，使整个机器连续地、有条不紊地运行。

计算机中有两股信息在流动：一股是控制信息，即操作命令，它分散流向各个部件；一股是数据信息，它受控制信息的控制，从一个部件流向另一个部件，边流动边加工处理。控制信息的发源地是控制器。

3) 存储器

存储器(Memory)的主要功能是存放指令和数据。指令是计算机操作的依据，数据是计算机操作的对象。不管是指令还是数据，在存储器中都是用二进制的形式表示，统称为信息。为实现自动计算，这些信息必须预先放在存储器中，存储器就是用来存储这些信息的，它由能存储信息的介质组成。

计算机的指令和数据都是存储在存储器中的一个个存储单元中，存储单元是存储器中存放指令和数据的基本单位，一般情况下存储器存储的数据是以 8 位二进制数(1 个字节)为基本存储单元，每个存储单元对应一个地址编号，这个编号称为存储单元的地址(Address，Ad)。计算机 CPU 就是根据这些地址编号(地址)来寻找存放在存储器里的指令和数据的。主存储器结构如表 1.1 所示。

表 1.1　主存储器结构

地址编号		存储单元中的数据	
二进制地址	十进制地址	二进制数据	十进制数据
00000000	0	00011100	28
00000001	1	01100110	102
00000010	2	01000101	69
00000011	3	00001000	8
00000100	4	01010011	83
⋮	⋮	⋮	⋮

在表 1.1 中，为了便于初学者理解，每个存储单元的地址编号和存储单元中的数据部分都分别写了二进制数和十进制数，实际计算机都是采用二进制数据。另外，每个存储单元中如果没有通过输入设备或指令输入数据，则其内容都是随机数。表 1.1 中"存储单元中的数据"一栏中的数据就是随机数据。

CPU 对存储器的操作分为两种："读"操作和"写"操作。"读"操作是指 CPU 完成从存储器的某个存储单元中取走数据的操作；"写"操作是指 CPU 把自己处理完的数据存入存储器的某个存储单元中的操作。存储器读/写的详细过程会在第 4 章存储器系统中介绍，在这里我们简单介绍一下 CPU 对存储器"读"操作的过程，以帮助初学者理解本章后面的内容。

按照表 1.1，如果 CPU 需要到存储器 3 号地址对应的存储单元中读数据，这个过程如下：首先 CPU 给出 3 号地址的二进制数 00000011，通过译码电路找到存储器中 3 号地址对应的存储单元，然后 CPU 发出"读"的控制命令，在存储器收到"读"命令后，对应 3 号地址存储单元中的二进制数 00001000(对应十进制数 8)就会被 CPU 取走。

需要强调的是，这里所说的存储器是指主存储器 MM(主存)，对于个人计算机(PC)来说，是指其中的主存或者内存。而个人计算机中的硬盘、光盘等存储器是辅助存储器(辅存)。

一台计算机的存储器系统是由主存和辅存组成的。

4) 输入设备

输入设备(Input Equipment)是变换输入信息形式的部件。它将人们熟悉的信息形式变换成计算机能接收并识别的二进制信息形式。常见的输入信息有数字、字母、文字、图形、图像、声音等多种形式，这些信息通过输入设备转换成计算机唯一能识别的形式——"0"和"1"组成的二进制数据。

输入设备需要通过接口与主机相连接。常用的输入设备有键盘、扫描仪、鼠标、纸带输入机、卡片输入机及模/数转换器等。

5) 输出设备

输出设备(Output Equipment)是变换计算机输出信息形式的部件。计算机输出的信息是一串二进制数据，输出设备的作用是把这一串二进制数据转换成人们或其他设备能接收和识别的形式，如字符、文字、图形、图像、声音等。

输出设备与输入设备一样，需要通过接口与主机相连接。常用的输出设备有打印机、显示器、纸带穿孔机、数/模转换器等。

外存储器(如 PC 中的硬盘、光盘)也是计算机中重要的外部设备。它既可以作为输入设备，也可以作为输出设备，此外，它还有存储信息的功能，因此，它常常作为辅助存储器使用，人们常将暂时还未使用或等待使用的程序和数据存放其中。计算机的存储管理软件将它与主存储器一起统一管理，作为主存储器的补充。

总之，计算机硬件系统是运行程序的基本组成部分，人们通过输入设备将程序与数据存入主存储器，运行时，控制器从主存储器中逐条取出指令，将其解释成控制命令，去控制各部件的动作，数据在运算器中加工处理，处理后的结果通过输出设备输出。

"计算机组成原理"作为计算机类专业的专业基础课程，是一门讲述关于计算机系统中硬件系统的课程。在这门课程的后面章节中，我们将具体、详细地介绍计算机硬件五大部件的工作原理和设计方法。

1.2.2　计算机的工作过程

1. 计算机处理实际问题的步骤

用计算机处理实际问题大致要经过以下几个步骤：

(1) 针对所要解决的问题，经过数学描述建立数学模型。

要使用计算机处理实际问题，必须对实际问题进行研究，建立起相关的数学模型，这样才能够通过编程实现计算机处理。

有许多科技问题很难直接用物理模型来模拟研究对象的变化规律，如地球大气环流、原子反应堆的核裂变过程、航天飞行速度对飞行器的影响等。然而，通过大量的实验和分析，总能找到一系列反映研究对象变化规律的数学方程组，通常把这类方程组叫作被研究对象变化规律的数学模型。一旦建立了数学模型，研究对象的变化规律就变成了解一系列方程组的数学问题，这便可通过计算机来求解。因此，建立数学模型是用计算机解题的第一步。

(2) 经数值分析，将数学模型转变为近似的数值计算公式。

由于数学模型中的数学方程式往往是很复杂的，而数字计算机通常只能进行加、减、乘、除四则运算，所以必须确定对应的计算方法，将它变成适合计算机执行的加、减、乘、除四则运算。

例如，欲求 sin x 的值，可以采用泰勒展开方法，用四则运算的式子来求得(因计算机内部没有直接完成三角函数运算的部件)：

$$\sin x = x - \frac{x^3}{3!} + \frac{x^5}{5!} - \frac{x^7}{7!} + \frac{x^9}{9!} - \cdots$$

(3) 按此计算公式画出计算程序的流程图，根据流程图用某种计算机语言编制计算程序。

(4) 通过输入设备将计算程序和原始数据送入存储器。控制器根据存储的程序发出一系列指令，顺序或非顺序地执行指令，与运算器和存储器一起完成计算任务。最后通过输出设备输出计算结果。

2. 计算机的解题过程

为了比较形象地讲解计算机的解题过程，我们用一个极简单的例子按照上面的步骤编写一段程序，然后用一个计算机的模型机介绍程序在计算机中的执行过程，从而了解计算机的解题过程。

例如：要求机器把两个数 8 和 12 相加。

要让机器完成这个题目，计算机解题步骤如下。

第一步：建立数学模型；

第二步：确定计算方法。

由于题目十分简单，因此这两步都不需要，我们可以直接进入第三步。

第三步：使用计算机语言编写源程序。

为了说明方便，我们使用汇编语言来编写这段程序。源程序如下：

```
MOV   AC, #8      ；数值 8 送到寄存器 AC 中
ADD   AC, #12     ；数值 12 和寄存器 AC 的内容相加送到 AC 中
HLT               ；暂停
```

这段汇编语言源程序由三条指令组成，这三条指令的功能前面已经介绍了，它完成了 8＋12 的运算，结果存放在寄存器 AC 中。源程序中分号后面是对指令的注释。

源程序编好后，计算机如何执行呢？由于计算机不认识用汇编语言编写的源程序，所以按照本章前面所介绍的，我们首先必须用汇编程序把这段汇编语言源程序翻译(汇编)成计算机硬件认识的二进制机器语言目标程序。

每条汇编语言指令都对应一条机器语言指令，机器语言指令可能是 8 位二进制数(1 个字节)，也可能是 16 位二进制数(2 个字节)。我们把上面这段汇编语言源程序对应的机器语言指令写出来，其中前面两条指令对应的机器语言指令是 16 位二进制数，把它们分成两行，每行是一个 8 位二进制数，如下：

```
MOV   AC, #8       10110000
                   00001000
ADD   AL, #12      00000100
                   00001100
HLT                11110100
```

计算机的机器语言指令都是由两个部分组成：操作码(Operation Code)和操作数(Operand)(或操作数的地址码)；其中操作码部分表明这条指令的功能，比如说是加法指令还是数据传送指令等；而操作数部分则表示用来实现指令功能的数据所在的地方，比如说是在寄存器中还是在主存储器中等。

例如第一条指令由两个字节组成：第一个字节 10110000 是操作码部分，它说明这条指令是传送指令，把一个数送到 AC 寄存器中；第二个字节 00001000 是操作数部分，它是十进制数 8 的二进制表示。这条指令就完成了把操作数 8 送到 AC 寄存器中的功能。

同理，第二条指令也由两个字节组成：第一个字节 00000100 是操作码部分，它说明这条指令是做加法指令；第二个字节 00001100 是操作数部分，它是十进制数 12 的二进制表示。这条指令就完成了把操作数 12 和寄存器 AC 的内容相加后送到寄存器 AC 中的功能。

第三条指令只有操作码，没有操作数，它完成暂停的功能。

当我们完成这一步后，就进入到如前所述的计算机解题步骤的第四步。

第四步：通过输入设备将用二进制机器语言指令编写的计算程序和数据送入存储器。

控制器根据存储的程序发出一系列命令执行指令，与运算器和存储器一起完成计算任务。

下面我们把第四步计算机硬件的工作过程通过一个简单和细化的计算机模型机来具体描述。这一步实际上就是告诉大家：存储在存储器中的指令和数据在控制器的控制下是如何运行的，也就是存储程序工作原理的详细说明。

1) 模型机

在说明过程中，我们采用的模型机其内部结构如图 1.20 所示。

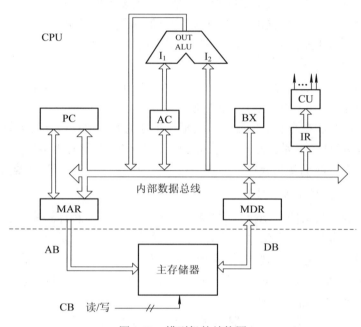

图 1.20　模型机的结构图

在我们开始讲解计算机内部结构时，如果用一个实际的微型机结构来描述就太复杂了，会使人抓不住要点。所以，我们先用一个简化的模型机来分析计算机的基本原理，然后逐步扩展，最后回到实际计算机的结构中，这样初学者理解起来更容易。其实不管多么复杂的计算机系统，它的基本工作原理和工作过程是一样的。

图 1.20 所示的模型机的结构图是由中央处理器(CPU)和主存储器组成的，在图中以虚线为界线，虚线以上是 CPU 部分，虚线以下是主存储器部分，两者合起来构成计算机的主机。

我们把需要执行的机器指令存放在主存储器中，CPU 通过地址总线(Address Bus，Address Bus，AB)、数据总线(Data Bus，DB)和控制总线(Control Bus，CB)和主存储器相连接，并通过它们从主存储器中取出指令并分析和执行，下面结合模型机来具体分析计算机取指令和执行指令的过程。

首先介绍模型机中 CPU 的结构，计算机中的 CPU 是由运算器和控制器两部分组成的。如图 1.20 所示，模型机中 CPU 的运算器部分是由算术逻辑单元 ALU 和一些寄存器组成的。其中算术逻辑单元 ALU 是执行算术和逻辑运算的装置，ALU 有两个输入端：I_1 和 I_2，分别用来输入参与算术或逻辑运算的两个数据，比如，在加法运算中分别输入被加数和加数，减法运算中输入被减数和减数等。I_1 端固定连接寄存器 AC(Accumulator，AC 或 ACC)，寄存器 AC 由于在计算机机器指令中使用最频繁，所以它有个专门的名称——累加器；另一

端 I_2 由内部数据总线供给，可以是寄存器 BX 的值，也可以是由数据寄存器 MDR(Memory Data Register，MDR)供给的从主存储器中读出的数据等；最后 ALU 运算的结果通过自己的输出端 OUT 输出，再经过内部数据总线送入累加器 AC 中。

模型机中 CPU 的控制器部分是由程序计数器 PC(Program Counter，PC)和指令寄存器 IR(Instruction Register，IR)以及控制单元 CU(Control Unit，CU)组成的。一个计算机的程序是由若干条机器指令组成的，计算机执行完一条机器指令后如何自动执行下一条机器指令呢？计算机之所以能不断地自动执行指令，是因为有一个十分重要的部件——程序计数器，要执行的指令的地址由程序计数器 PC 提供，它在执行完一条指令后会自动指向下一条指令的地址。

MAR(Memory Address Register，MAR)是主存地址寄存器，由它把要寻找的存储单元的地址通过地址总线送至主存储器。

从主存储器中取出的指令，由主存数据寄存器 MDR 通过内部数据总线送至指令寄存器 IR，通过控制电路(CU)发出执行一条指令所需要的各种控制信息。如果从主存储器中取出的不是指令，而是和指令相关的数据，则根据指令的要求通过内部数据总线可将其送至累加器 AC 或者 ALU 的 I_2 端，还可以送入程序计数器 PC 和寄存器 BX 中。

为了简化问题，我们认为要执行的程序指令以及数据已存入主存储器内。

2) 机器语言目标程序执行过程

如前所述，要求机器能自动执行这些程序，就必须把这些程序预先存放到主存储器的某个区域。我们假定每个主存储器地址对应的存储单元只能存放 8 位二进制数，所以前面出现的三条机器语言指令需要 5 个存储单元，每个单元有一个编号(采用二进制数)，我们称为存储器地址(Address)。如表 1.2 所示，我们把它们放在以二进制数 00000000(对应十进制数 0)编号开始的存储单元内。

表 1.2　机器语言指令在存储器中的存放

地　址	存储器中存放的机器语言指令	注　释
00000000	10110000	MOV AC , #n
00000001	00001000	n = 8
00000010	00000100	ADD AC , #n
00000011	00001100	n = 12
00000100	11110100	HLT

程序中的指令在主存储器中是一条一条顺序存放的，程序通常也是顺序执行的。计算机在执行时要能把这些指令一条一条取出来执行，就必须要有一个电路能追踪指令所在的地址，这就是程序计数器 PC。在启动计算机开始执行程序时，首先给 PC 赋以程序中第一条指令所在的地址，这个地址称为程序的入口地址，然后每取出一条指令，PC 中的内容自动加 1，指向下一条指令的地址，以保证指令的顺序执行。只有当程序中遇到转移指令、调用子程序指令，或遇到中断时，PC 才转到所需要的地方去。在这个例子中，没有转移指令和子程序，都是顺序执行。同时在这里，第一条机器指令和第二条机器指令长度都是 16 位二进制数，但我们假定存储器的存储字长只有 8 位(一个字节)，所以这两条指令每条指令都占有两个存储单元地址。

为了便于说明，本例是一个简单程序，没有转移指令、调用子程序指令，所以，指令都是顺序执行的。在以后的学习中，我们会知道，在计算机系统中，绝大多数情况下指令都是顺序执行的。表 1.2 所示为指令在计算机主存储器中存储的情况，从表中可以看到，指令按照地址编号顺序存放。

下面介绍计算机的具体工作过程。在计算机运行过程中，CPU 首先从主存储器中取第一条指令到 CPU 中，这个过程称为"取指"；CPU 取到指令后根据指令的操作码部分执行这条指令的相应功能，这个过程称为"执行"；在执行完第一条指令后接下来又去取第二条指令，再执行第二条指令……周而复始直到程序结束。

(1) 在启动程序运行时，首先给 PC 赋以第一条指令的地址：00000000，然后就进入第一条指令的"取指"阶段，"取指"过程如图 1.21 所示，步骤如下：

① 把 PC 的内容 00000000 送至地址寄存器 MAR；

② 当 PC 的内容送入地址寄存器 MAR 后，PC 自动加 1 变为 00000001；

③ 地址寄存器 MAR 把地址编号 00000000 通过地址总线(AB)送至主存储器，经地址译码器译码，选中 00000000 号(十进制 0 号)单元；

④ CPU 通过控制总线(CB)发出"读"命令；

⑤ 把选中的 00000000 号(十进制 0 号)单元的内容 10110000 读至数据总线(DB)；

⑥ 读出的数据经过数据总线(DB)送至数据寄存器 MDR；

⑦ 因为是"取指"阶段，取出的是指令，故数据寄存器 MDR 把它送至指令寄存器 IR，然后经过控制器 CU 译码后发出执行这条指令的各种控制命令。

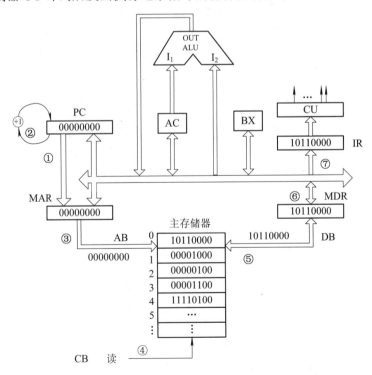

图 1.21　取第一条指令的操作示意图

(2) 此后转入执行第一条指令的阶段。经过控制器 CU 对操作码译码后知道，这是一条把操作数送入累加器 AC 的指令，而操作数在指令的第二个字节，所以，执行第一条指令就必须把指令第二个字节中的操作数取出，然后送入累加器 AC 中。

取操作数并执行第一条指令的过程如图 1.22 所示，步骤如下：

① 把 PC 的内容 00000001 送至地址寄存器 MAR；

② 当 PC 的内容送入地址寄存器 MAR 后，PC 自动加 1 变为 00000010；

③ 地址寄存器 MAR 把地址编号 00000001 通过地址总线(AB)送至主存储器，经地址译码器译码，选中 00000001 号(图中十进制 1 号)单元；

④ CPU 通过控制总线(CB)发出"读"命令；

⑤ 把选中的 00000001 号(十进制 1 号)单元的内容 00001000(十进制数 8)读至数据总线(DB)；

⑥ 读出的数据经过数据总线(DB)送至数据寄存器 MDR；

⑦ 因为已知读出的是操作数，且指令要求把它送至累加器 AC，故由 MDR 通过内部数据总线送至累加器 AC 中。

至此，第一条指令执行完毕进入第二条指令的"取指"阶段。

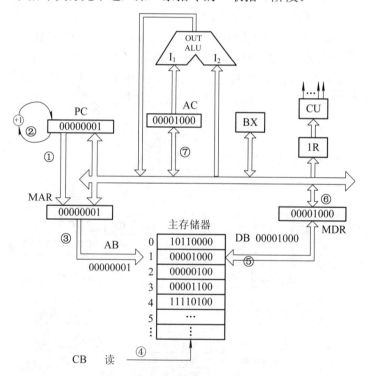

图 1.22 执行第一条指令的操作示意图

(3) 取第二条指令的具体过程如图 1.23 所示，步骤如下：

① 把 PC 的内容 00000010 送至地址寄存器 MAR；

② 当 PC 的内容送入地址寄存器 MAR 后，PC 自动加 1 变为 00000011；

③ 地址寄存器 MAR 把地址编号 00000010 通过地址总线(AB)送至主存储器，经地址译码器译码，选中 00000010 号(图中十进制 2 号)单元；

④ CPU 通过控制总线(CB)发出"读"命令；

⑤ 把选中的 00000010 号(十进制 2 号)单元的内容 00000100 读至数据总线(DB)；

⑥ 读出的数据经过数据总线(DB)送至数据寄存器 MDR；

⑦ 因为是"取指"阶段，取出的是指令，故数据寄存器 MDR 把它送至指令寄存器 IR，然后经过控制器 CU 译码后发出执行这条指令的各种控制命令。

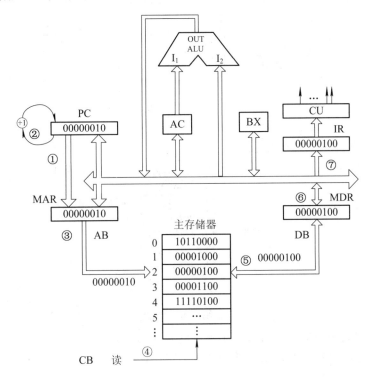

图 1.23　取第二条指令的操作示意图

(4) 经过对指令译码后知道，这是一条加法指令，以累加器 AC 中的数据为被加数，另外一个加数在指令的第二个字节中，要执行第二条指令，必须取出指令的第二字节。

取出指令第二字节并执行第二条指令的过程如图 1.24 所示，步骤如下：

① 把 PC 的内容 00000011 送至地址寄存器 MAR；

② 当 PC 的内容送入地址寄存器 MAR 后，PC 自动加 1 变为 00000100；

③ 地址寄存器 MAR 把地址编号 00000011 通过地址总线(AB)送至主存储器，经地址译码器译码，选中 00000011 号(图中十进制 3 号)单元；

④ CPU 通过控制总线(CB)发出"读"命令；

⑤ 把选中的 00000011 号(十进制 3 号)单元的内容 00001100(十进制数 12)读至数据总线(DB)；

⑥ 读出的数据经过数据总线(DB)送至数据寄存器 MDR；

⑦ 因为已知读出的是操作数，且指令要求把它和累加器 AC 中的数据相加，故把读出的数据由 MDR 通过内部数据总线送至 ALU 的一个输入端 I_2；

⑧ 累加器 AC 中的数据送入 ALU 的输入端 I_1，并且做加法运算；

⑨ 相加后的结果 00010100(十进制数 20)由 ALU 的输出端 OUT 经过内部数据总线输

出到累加器 AC 中。

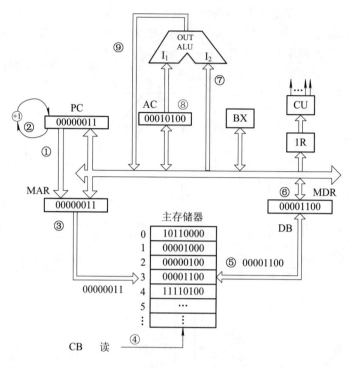

图 1.24 执行第二条指令的操作示意图

至此,第二条指令的执行阶段结束了,就转入第三条指令的"取指"阶段。

按上述类似的过程,取出第三条指令,第三条指令功能是暂停机器,执行该指令后机器暂停。

这样,计算机通过一个三条指令的程序,完成了 8 + 12 = 20 的计算,运算结果存在累加器 AC 中。

从上面对计算机工作过程的描述中我们知道,计算机的工作过程就是 CPU 从主存储器中逐条取指令和执行指令的过程。CPU 中的程序计数器 PC 是计算机能够自动执行程序的关键。由于它每执行一步后能够自动加 1,指向下一步,使得存放在存储器中的每一条指令能自动顺序执行,直至遇到停止执行指令为止。

需要说明的是,在不同公司的不同 CPU 型号中,程序计数器 PC 的名称是不一样的,比如,在 Intel 公司的 8086 CPU 中,PC 叫作 IP(Instruction Pointer,IP)指令指针,但是其作用都是一样的。

1.2.3 计算机的主要技术指标

一台计算机的性能如何,要依据多项技术指标来综合评价,对于不同用途的机器,其侧重面也不同。下面介绍计算机的一些主要技术指标。

1. 机器字长

机器字长:CPU 内部寄存器、运算器及数据总线等部件之间传递和处理数据的宽度,也是 CPU 内部能进行一次算术运算数据的位数。例如：某个 CPU 能一次运算 8 位二进制数加法，我们称这个 CPU 的机器字长为 8 位，俗称 8 位 CPU，用 8 位 CPU 做成的计算机称为 8 位计算机。上一小节中的模型机一次处理的数据是 8 位二进制数，所以是一个 8 位计算机。同理，如果某个 CPU 能一次运算 16 位二进制数，我们称这个 CPU 的机器字长为 16 位，俗称 16 位 CPU，用 16 位 CPU 做成的计算机称为 16 位计算机。不同 CPU 的机器字长是不一样的，目前，PC 中通用 CPU 都为 64 位机器字长。

机器字长标志着计算机的计算精度和速度，一般来说计算精度和速度随字长的增加而提高，但字长增加又意味着硬件的造价提高，工程师在研发计算机项目时需要根据具体情况选用不同的机器字长。同时需要说明的是 8 位机器字长的计算机不是不能计算超过 8 位的二进制数，只是一次只能计算 8 位二进制数，如果 8 位机器字长的计算机要计算 16 位二进制数，需要算两次，要计算 32 位二进制数需要算 4 次。由此可见 8 位机器字长计算机的运算速度比 16 位机器字长计算机的速度要慢。

2. 主存容量

主存容量是指主存储器能存放二进制数据的总容量，是存储器容量的基本指标。常用主存容量单位有位、字节、字三种。

(1) 位(bit，缩写为 b)：一个二进制位，由"0"或"1"两种状态组成。

(2) 字节(Byte，缩写为 B)：计算机的存储器中通常用字节作为基本存储单位，一个字节等于 8 个二进制位，1 Byte = 8 bit。

(3) 字(word)：机器字长，不同 CPU 的机器字长不同，可能是 8 位二进制数，也可能是 16 位、32 位、64 位二进制数。

以机器字长的字(word)为单位的计算机，计算机主存容量的表示方法常用字数乘以字长来表示存储器的容量，如 4096 × 32 表示有 4096 个存储单元，每个存储单元的字长为 32 位(bit)。

但是，由于 CPU 不同，机器字长是不一样的，所以，我们衡量存储容量常常以字节(Byte)为单位来表示。比如，计算机有 1 KB 内存，是指内存有 1024 个存储单元，每个单元存储字长为 8 位。

对于大容量存储器还可以用千字节(KB)、兆字节(MB)、吉字节(GB)、太字节(TB)等表示，其换算关系为

$$1 KB = 1024 B，1 MB = 1024 KB，1 GB = 1024 MB，1 TB = 1024 GB$$

3. 运算速度

计算机执行各种操作所需的时间可能不同，因此对计算速度存在着不同的计算方法。

常见的计算方法是给出单位时间内执行指令的平均条数作为运算速度指标，通常以 MIPS(Million Instruction Per Second，MIPS)即每秒百万条指令作为计量单位。如 8 位微处理器 Z-80A，主频为 4 MHz，每秒能执行 100 万条短指令，记之为 1 MIPS。也可以用 CPI(Cycle Per Instruction，CPI)即执行一条指令所需的时钟周期数作为计量单位。超级计算机常用 FLOPS(Floating Point Operation Per Second，FLOPS)即每秒浮点运算次数作为机器运算速度的重要指标之一。

计算机的运算速度是一个重要指标，但绝不是衡量计算机性能的唯一指标，还应当根

据字长、存储容量、软硬件结构、处理功能等多方面因素综合考量。

4. 软、硬件配置

衡量一个计算机的性能还要看整个系统软件和硬件配置的情况。例如，指令系统的功能、外部设备的配备情况以及操作系统的功能如何，程序设计语言是否丰富，有无其他支持软件和必要的应用软件，有无诊断程序，是否具有容错能力等。

5. 可靠性

计算机的可靠性一般用平均无故障运行时间来衡量。平均无故障运行时间(Mean Time Between Failure，MTBF)是指在相当长的运行时间内，机器工作时间除以运行期间的故障次数的值。这是一个统计值，MTBF 越大，可靠性越高。这个值显然与计算机本身的规模(包括元件数量)直接相关。

6. 性能价格比

性能价格比是指计算机性能与价格的比值，它是衡量计算机产品优劣的综合指标。价格是指计算机的售价，其比值越大越好。在同一系列的计算机中，新型号的机器性能价格比较高。

思考与练习 1

一、单选题

1. 随着硬件技术的发展，计算机的电子器件不断更新，各种类型和用途的计算机也是种类繁多，但所有种类计算机依然具有"存储程序"的特点，最早提出这种概念的是_____。

A. 冯·诺依曼(Von Neumann)　　　　B. 贝尔(Bell)

C. 巴贝奇(Charles Babbage)　　　　D. 图灵(Alan Mathison Turing)

2. 以小规模集成电路为主要器件的是_____。

A. 第一代计算机　　　　　　　　　B. 第二代计算机

C. 第三代计算机　　　　　　　　　D. 第四代计算机

3. 将要执行的程序的入口地址，应存放在_____寄存器中。

A. IR　　　　　B. PC　　　　　C. AC　　　　　D. MDR

4. 下列语句中，表述错误的是_____。

A. 1 KB = 1024 * 8 b　　　　　　B. 1 KB = 1024 B

C. 1 MB = 1024 * 1024 B　　　　　D. 1 MB = 1024 Kb

5. 以下缩写中，不是寄存器的是_____。

A. IR　　　　　B. CU　　　　　C. MAR　　　　　D. AC

6. 已知一个主存储器的 MDR 为 32 位，MAR 为 16 位，则该主存储器的大小是_____。

A. $2^{16} * 4B$　　　B. $2^{16} * 4b$　　　C. $2^{32} * 4B$　　　D. $2^{32} * 4b$

7. 可以直接在机器上运行的语言是_____。

A. Java 语言　　　B. C 语言　　　C. 机器语言　　　D. 汇编语言

8. 汇编语言与机器语言的对应关系是_____。

A. 一对多 B. 一对一 C. 多对一 D. 多对多

9. 存放在主存储器中的数据按照_____访问。

A. 目录 B. 数据 C. 地址 D. 随机

10. 现代计算机由 CPU、I/O 设备及_____组成。

A. 硬盘 B. 主机 C. 外设 D. 主存储器

11. 主存储器又称_____。

A. 内存 B. 辅存 C. 硬盘 D. 寄存器

12. 第一代计算机采用的硬件技术为_____。

A. 大规模和超大规模集成电路 B. 晶体管

C. 中小规模集成电路 D. 电子管

13. 将高级语言程序翻译成机器语言程序需借助于_____。

A. 汇编程序 B. 链接程序 C. 编辑程序 D. 编译程序

14. 计算机系统中的存储器系统是由_____组成的。

A. 辅存 B. 主存 C. 主存和辅存 D. RAM

15. 下列不属于输入设备的是_____。

A. 键盘 B. 显示器 C. 鼠标 D. 扫描仪

16. 计算机存储数据的最小单位是_____。

A. 位 B. 字节 C. 字 D. 以上都不是

17. 对于 32 位的计算机，一个字节由_____位组成。

A. 4 B. 8 C. 16 D. 以上都不是

18. 计算机中，_____负责指令译码。

A. 存储器译码电路 B. 运算器

C. 输入/输出接口 D. 控制单元译码电路

19. 当前指令被存放在_____中。

A. MAR B. PC C. IR D. MDR

20. 以下语言中，_____在计算机上执行最快。

A. 机器语言 B. C 语言 C. 汇编语言 D. Java 语言

二、多选题

1. 存放在寄存器 AC 中的操作数有_____。

A. 被加数及和 B. 被除数及余数

C. 商 D. 乘数及乘积高位

2. 以下术语中，用来评价 CPU 运算速度性能的有_____。

A. MIPS B. CPI C. FLOPS D. MB

3. 下列选项中，_____是计算机组成原理讨论的问题。

A. 如何实现算术运算 B. 如何取指令

C. 如何分析指令 D. 如何设计算法

4. 控制器的组成部分有_____。

A. 累加器 B. 程序计数器 C. 控制单元 D. 指令寄存器

5. 计算机硬件的主要指标包括_____。

A. 机器字长　　　B. 运算速度　　　C. 存储容量　　　D. 键盘

6. 以下选项中，_____两个部件是 CPU 的必要组成部分。

A. 存储器　　　B. 外设　　　C. 算术逻辑单元　　　D. 控制单元

三、问答题

1. 什么是计算机系统？什么是计算机硬件和计算机软件？

2. 计算机的发展阶段和划代是以什么为依据的？从第一代到第四代计算机，每一代计算机使用的核心电子元器件分别是什么？

3. 如何理解计算机的层次结构？什么是实际机器？什么是虚拟机器？

4. 说明高级语言、汇编语言和机器语言的差别及联系。

5. 什么是计算机的源程序？什么是计算机的目标程序？

6. 冯·诺依曼计算机的特点是什么？什么是"存储程序"的工作方式？

7. 解释概念：CPU、主存、主机、存储单元、存储容量、机器字长。

8. 写出下列英文缩写的英文全称和对应的中文：

　　　　　CPU，PC，IR，CU，ALU，AC，MAR，MDR，I/O，MIPS

9. 简略描述计算机处理实际问题的步骤。

10. 简单描述程序计数器 PC 的作用。

思考与练习 1
参考答案

第 2 章　计算机中数据的表示与运算

计算机是一台结构十分复杂的机器，但组成计算机的基本器件却是非常简单的开关器件。由于每个开关器件只有两种状态，因而能表示两种不同的高、低电平信号，通常用"0"和"1"两个数符来表示，一般把低电平记为"0"，高电平记为"1"。

计算机在进行数据的加工处理时，内部电路存储和运算使用的数据采用二进制计数制，简称二进制(Binary)。这是因为二进制是所有进制中最简单的，它的每一个数位只有"0"和"1"两个数符，我们很容易在电子电路中利用电子器件所具有的两个稳定状态来模拟二进制数中的"0"和"1"，使得二进制数在电子器件中容易实现、容易运算。其他任何进制的每一个数位的数符都会超过两个，比如十进制数的一个数位就需要 0 到 9 共计 10 个数符。

现实生活中，人们使用的是十进制计数，而计算机内部处理数据则采用二进制，所以如果要使用计算机编写程序，实现计算机处理数据，就必须把现实生活中的十进制数转换成计算机能识别的二进制数。但是我们发现：一个稍微大一点的十进制数转换成二进制数后它的数位就会很长，比如一个 3 位的十进制数 677，如果转换成二进制数为 1010100101，其数字位长度达到 10 位。如果再大一些的十进制数，转换成二进制数后位数更长，这就导致程序员在编写计算机程序时，用二进制表示数据非常不方便，容易出错。

因此，为了便于计算机工程师的实际工作，在计算机程序中引入了八进制和十六进制。为什么不选用其他进制而采用八进制或十六进制呢？这是因为：第一，同一个数值使用八进制或十六进制表示的位数比用二进制位数少；第二，八进制或十六进制和二进制之间的互相转换非常简单方便。八进制和十六进制相比，实际计算机编程中更多使用十六进制，原因是首先十六进制表示的位数比八进制位数少；其次，对于一个 8 位二进制数，转换成十六进制数正好对应 2 位十六进制数，如果用八进制来表示 8 位二进制数，2 位八进制数不够，3 位八进制数又多出 1 位造成浪费，计算机中的数据一般都是 8 的整倍数，如 16 位、32 位、64 位等，这种数据用十六进制表示起来更方便。

由于计算机内部电路和程序设计使用的是二进制，因而所有的进制最终都要转化为二进制后才能在计算机内部存储和运算，所以我们要学习如何将十进制、八进制、十六进制数据转换成二进制数据；同时，为了我们查看计算机中数据和运算结果的方便，我们又必须学会把二进制、八进制和十六进制数据转换成我们习惯的十进制数据。

2.1.1　进位计数制

无论哪种进位计数制都有两个共同点：按基数进位、借位；用位权值计数。

1. 基数

不同的计数制是以基数(Radix)区分的，若以 R 代表基数，则

R = 10 为十进制，可使用 0，1，2，…，9 共 10 个数字；

R = 2 为二进制，可使用 0，1 共 2 个数字；

R = 8 为八进制，可使用 0，1，2，…，7 共 8 个数字；

R = 16 为十六进制，可使用 0，1，2，…，9，A，B，C，D，E，F 共 16 个数字。

所谓按基数进位、借位，就是在执行加法或减法时，要遵守"逢 R 进一，借一当 R"的规则。如十进制数的规则为"逢十进一，借一当十"；二进制数的规则为"逢二进一，借一当二"。值得注意的是，基数 R 的大小同时也说明了 R 进制中拥有不同数符的个数。

为了区别各种数制，书写时可在数的右下角注明数制，或者在数的后面加一个大写字母表示该数的数制。B(Binary)表示二进制数制，O(Octal)表示八进制数制，D(Decimal)或不带字母表示十进制数制，H(Hexadecimal)表示十六进制数制。

2. 位权值

在任何一种数制中，数的每个位置上各有一个位权值(Position Weight Value)。例如：十进制数 752.65，小数点前从右往左共有 3 个位置，分别为个、十、百位或 10^0、10^1、10^2，此处的 10^0、10^1、10^2 称为这 3 个位置的位权值。小数点后从左往右的两个位置的位权值分别为 10^{-1}、10^{-2}。所谓"用位权值计数"的原则，即每个位置上的数符所表示的数值等于该数符乘以该位置上的位权值。如十进制数 752.65 可以表示为

$$752.65 = 7 \times 10^2 + 5 \times 10^1 + 2 \times 10^0 + 6 \times 10^{-1} + 5 \times 10^{-2}$$
$$= 7 \times 100 + 5 \times 10 + 2 \times 1 + 6 \times 0.1 + 5 \times 0.01$$

3. R 进制数按位权值展开

对于任意一个 R 进制数 $S = K_nK_{n-1}\cdots K_1K_0.K_{-1}K_{-2}\cdots K_{-m}$，它都可以用位权值展开成和式来表示，即

$$S = K_n \times R^n + K_{n-1} \times R^{n-1} + \cdots + K_1 \times R^1 + K_0 \times R^0 + K_{-1} \times R^{-1} + K_{-2} \times R^{-2} + \cdots + K_{-m} \times R^{-m}$$

2.1.2　不同数制间的转换

计算机中不同数制之间的转换是指十进制、二进制、八进制、十六进制之间的相互转换。

1. 二、八、十六进制转换为十进制

对任意一个二进制、八进制或十六进制数，均可按照前述 R 进制数位权值展开成和式的方式计算出相应的十进制数。

例如：

R = 2:　　$(1101.01)_2 = 1 \times 2^3 + 1 \times 2^2 + 0 \times 2^1 + 1 \times 2^0 + 0 \times 2^{-1} + 1 \times 2^{-2}$
$$= 8 + 4 + 1 + 0.25 = 13.25$$

R = 8： $(237.4)_8 = 2 \times 8^2 + 3 \times 8^1 + 7 \times 8^0 + 4 \times 8^{-1}$

$= 128 + 24 + 7 + 0.5 = 159.5$

R = 16： $(A05.C)_{16} = 10 \times 16^2 + 0 \times 16^1 + 5 \times 16^0 + 12 \times 16^{-1}$

$= 2560 + 5 + 0.75 = 2565.75$

2. 十进制转换为二、八、十六进制

十进制数转换为 R 进制数分整数转换与小数转换两种情况。

1) 十进制整数转换为 R 进制整数

将一个十进制整数转换为 R 进制整数的转换规则：除以 R 取余数，直到商为 0 时结束；所得余数序列，先余为低位，后余为高位。

2) 十进制小数转换为 R 进制小数

将一个十进制小数转换为 R 进制小数的转换规则：乘以 R 取整数，直到余下的小数部分为 0 时结束，如果余下的小数部分始终不能为 0，则根据精度需要取相应的位数；所得整数序列，先整为高位，后整为低位。

如果一个十进制数既有整数又有小数，则需要写成整数部分和小数部分之和的形式，在分别取得整数转换结果和小数转换结果后，再把两个部分合起来，得到最后结果。

下面举两个例题，例 2.1 是将十进制数转换成二进制数，例 2.2 是将十进制数转换成八进制数。

例 2.1 求 $(11.375)_{10} = ($ $)_2$。

解 首先把十进制数写成整数部分和小数部分之和的形式：

$$11.375 = 11 + 0.375$$

然后进行整数部分转换。按照转换规则，将十进制数 11 除以 2 取余数，直到商为 0，即

商	余数
11/2 = 5	1
5/2 = 2	1
2/2 = 1	0
1/2 = 0	1

先余为低位，后余为高位，则

$$(11)_{10} = (1011)_2$$

其次进行小数部分转换。按照转换规则，将十进制数 0.375 乘以 2 取整，直到余数为 0，即

整数部分		取整后余下的小数部分
$0.375 \times 2 = 0.75 = 0$	+	0.75
$0.75 \times 2 = 1.5 = 1$	+	0.5
$0.5 \times 2 = 1$	+	0(结束)

先整为高位，后整为低位，则

$$(0.375)_{10} = (0.011)_2$$

最后将两部分合起来，得到结果：

$$(11.375)_{10} = (1011.011)_2$$

例 2.2　求$(93.4375)_{10} = ($　　　$)_8$。

解　首先把十进制数写成整数部分和小数部分之和的形式：

$$93.4375 = 93 + 0.4375$$

然后进行整数部分转换。按照转换规则，将十进制数 93 除以 8 取余数，直到商为 0，即

商	余数
93/8 = 11	5
11/8 = 1	3
1/8 = 0	1

先余为低位，后余为高位，则

$$(93)_{10} = (135)_8$$

其次进行小数部分转换。按照转换规则，将十进制数 0.4375 乘以 8 取整，直到余数为 0，即

整数部分		取整后余下的小数部分
$0.4375 \times 8 = 3.5 = 3$	+	0.5
$0.5 \times 8 = 4$	+	0(结束)

先整为高位，后整为低位，则

$$(0.4375)_{10} = (0.34)_8$$

最后将两部分合起来，得到结果：

$$(93.4375)_{10} = (135.34)_8$$

3. 八、十六进制转换为二进制

八进制转换成二进制规则：将每位八进制数转换为 3 位二进制数，见表 2.1。

十六进制转换成二进制规则：将每位十六进制数转换为 4 位二进制数，见表 2.2。

转换后，去掉整数前面的 0 和小数后面的 0，不影响数值的大小，但数值表述更规范，也更符合习惯。

表 2.1　二进制与八进制转换表

1 位八进制数	0	1	2	3	4	5	6	7
3 位二进制数	000	001	010	011	100	101	110	111

表 2.2　二进制与十六进制转换表

1 位十六进制数	0	1	2	3	4	5	6	7
4 位二进制数	0000	0001	0010	0011	0100	0101	0110	0111
1 位十六进制数	8	9	A	B	C	D	E	F
4 位二进制数	1000	1001	1010	1011	1100	1101	1110	1111

下面举两个例题，分别将八进制和十六进制数转换成二进制数。

例 2.3　求$(30.14)_8 = ($　　　$)_2$。

解　首先将题中八进制数中的每一位数按照表 2.1 展开，即每位八进制数展开成 3 位二进制数，小数点位置保持不变，则

$$(30.14)_8 = (\,011\ 000.001\ 100)_2$$

转换后，再将整数前面的 0 和小数后面的 0 去掉，这样做不影响结果，数值表述更规范，得到结果：

$$(30.14)_8 = (11000.0011)_2$$

例 2.4　求 $(70C.A)_{16} = ($　　　 $)_2$。

解　首先将题中十六进制数中的每一位数按照表 2.2 展开，即每位十六进制数展开成 4 位二进制数，小数点位置保持不变，则

$$(70C.A)_{16} = (0111\ 0000\ 1100.1010)_2$$

转换后，再将整数前面的 0 和小数后面的 0 去掉，这样做不影响结果，数值表述更规范，得到结果：

$$(70C.A)_{16} = (11100001100.101)_2$$

4. 二进制转换为八、十六进制

二进制转换成八进制的规则：以小数点为中心，整数部分向左、小数部分向右每 3 位一组，首尾不足 3 位添加 0 补足，将每组 3 位二进制数转换为 1 位八进制数，见表 2.1。

二进制转换成十六进制的规则：以小数点为中心，整数部分向左、小数部分向右每 4 位一组，首尾不足 4 位添加 0 补足，将每组 4 位二进制数转换为 1 位十六进制数，见表 2.2。

例 2.5　求 $(1111100110.10111)_2 = ($　　　 $)_8$。

解　首先将二进制数以小数点为中心，分别向左、向右每 3 位一组，首尾不足 3 位添加 0 补足，即

$$(1111100110.10111)_2 = (001\ 111\ 100\ 110.101\ 110)_2$$

然后按照表 2.1 将每组 3 位二进制数转换为 1 位八进制数，结果如下：

$$(1111100110.10111)_2 = (001\ 111\ 100\ 110.101\ 110)_2 = (1746.56)_8$$

例 2.6　求 $(1111100110.10111)_2 = ($　　　 $)_{16}$。

解　首先将二进制数以小数点为中心，分别向左、向右每 4 位一组，首尾不足 4 位添加 0 补足，即

$$(1111100110.10111)_2 = (0011\ 1110\ 0110.1011\ 1000)_2$$

然后按照表 2.2 将每组 4 位二进制数转换为 1 位十六进制数，结果如下：

$$(1111100110.10111)_2 = (0011\ 1110\ 0110.1011\ 1000)_2 = (3E6.B8)_{16}$$

请注意：例题 2.5、例题 2.6 中，按照 3 位或 4 位一组分组时，首尾组不足 3 位或 4 位的，都添加 0 来补足。

通过以上例题我们可以看到：用八进制和十六进制表示一个同样大小的二进制数，位数少了许多。这样，用八进制或十六进制表示二进制数简单方便，不容易出错。同时，八进制或十六进制和二进制之间的互相转换非常容易。这就是为什么计算机选用八进制、十六进制表示二进制数的原因。

2.2　数值型数据的表示方法

计算机处理的数据包括两大类型：数值型数据和非数值型数据。

数值型数据是可以按照算术运算规则处理的数据。比如：某班级有 30 个人，某同学身高 1.7 米，我有 5 本书等，这些数据中的 30、1.7、5 都是数值型数据。这类数据是实际生活中最常见的数据，可以按照算术运算的规则进行运算。再比如：我有 5 本书，他有 4 本书，我们共有 9 本书，其中就进行了加法运算：5 + 4 = 9。

非数值型数据是指不能按照一般的算术运算规则处理的数据。生活中最常见的这类数据有：英文字符、汉字、图像、声音等。我们不能说字符 teacher 加上字符 student 等于某个值。但是计算机在文字处理软件中却需要处理这些字符，比如设置字体、字号等。同样，计算机也能进行图像、声音的处理，但不是简单地按照算术运算方法来处理。

本节介绍数值型数据。计算机中处理数值型数据分为两种情况，一种是无符号数；另外一种是有符号数。

2.2.1　无符号数

生活中的数据，有些始终是整数，而且不会是负数。这样的数据很多，例如：班级的学号、房间的门牌号、单位的员工人数等，计算机在处理它们的时候不需要考虑数据的符号，在计算机中这样的数就称为无符号数。

实际上计算机处理数据时采用的二进制数的位数是有长度的，计算机工程师一般根据精度要求选用 8 位、16 位、32 位、64 位等几种形式。为了说明简单方便，本书中约定都用 8 位二进制数(N = 8)来举例说明。

所谓无符号数，就是二进制中的每一位都是数值位，不需要考虑符号位。

一个 8 位二进制数(N = 8)能表示的最大无符号数如下：

1	1	1	1	1	1	1	1

转换成十进制数：

$$2^8 - 1 = 255$$

一个 8 位二进制数(N = 8)能表示的最小无符号数如下：

0	0	0	0	0	0	0	0

转换成十进制数就是 0。

由此，我们可以得到，用 8 位二进制数(N = 8)表示的无符号数的范围为 0～255。

N 位二进制数表示的无符号数的范围为 $0 \sim 2^N - 1$。

下面我们把十进制数 12 写成计算机中的无符号数，用 8 位二进制数(N = 8)表示，其步骤如下：

首先把十进制数 12 转换成二进制数：$(12)_{10} = (1100)_2$，然后用 8 位二进制数(N = 8)来表示$(12)_{10}$的无符号数如下：

0	0	0	0	1	1	0	0

在这里由于采用 8 位二进制数($N=8$)来表示，而十进制数 12 转换成二进制数 1100 后有效位数只有 4 位，所以要在前面添 0 凑够 8 位二进制数。为了书写方便，实际工作中常常把二进制数转换成十六进制数，所以十进制数 12 在计算机中的无符号数对应的十六进制数为 0CH。这一点请初学者一定要注意。

2.2.2　有符号数

1. 真值与机器数

实际生活中的数据除无符号数以外，更多的是有符号数，比如：秋天温度为 +12℃，冬天温度为 −5℃。这些数据需要用符号来描述，其中 +12、−5，我们称为真值。

所谓真值，就是生活中的真实数据。

由于计算机采用二进制处理数据，所以上面两个十进制真值数据转换成二进制真值分别为

$$(+12)_{10} = (+1100)_2$$
$$(-5)_{10} = (-101)_2$$

对于有符号的二进制数如何在计算机硬件电路中表示正、负号呢？

我们知道，二进制数中的数字在计算机硬件电路中可以采用高电平表示数字 1，低电平表示数字 0，对于正、负号在计算机中的表示，我们约定：正号(+)使用数字 0 表示，负号(−)使用数字 1 表示，同时规定符号位于二进制数据的最高位。这样就解决了计算机中数据的符号问题，我们称为"符号数值化"。

由于数值采用二进制、符号数值化的有符号数能被计算机这个机器接受和处理，所以称为"机器数"。

注意：在写机器数的时候，和无符号数一样需要确定计算机是采用多少位二进制数表示机器数。计算机同样可以采用 8 位、16 位、32 位、64 位二进制数等几种情况，具体采用哪一种，计算机工程师根据所需精度自己选定。为了简单起见，本书都采用 8 位二进制数表示($N=8$)，其中最高位为符号位，余下 7 位二进制为数值位，如果数值位不够 7 位的，在符号位和有效数值位之间添 0。

下面我们将有符号数 $(+12)_{10} = (+1100)_2$ 和 $(-5)_{10} = (-101)_2$ 的机器数写出来。

$(+12)_{10} = (+1100)_2$ 用 8 位二进制数($N=8$)表示 $(+12)_{10}$ 的机器数如下(最高位为符号位)：

0	0	0	0	1	1	0	0

$(-5)_{10} = (-101)_2$ 用 8 位二进制数($N=8$)表示 $(-5)_{10}$ 的机器数如下(最高位为符号位)：

1	0	0	0	0	1	0	1

在这两个例子中，8 位二进制数的最高位为符号位，其余 7 位为数值位。

2. 原码、反码、补码

我们已经用机器数解决了符号的数值化问题，符号数值化的有符号数称为机器数。实际上，计算机对有符号数(机器数)有三种表示形式：原码、反码、补码。

1) 原码

原码是机器数中最简单的一种表示形式。

原码规则：用最高位表示数值的符号，其后各位用该数值的绝对值表示，称为原码表示法，其中符号位为 0 表示该数值为正，符号位为 1 表示该数值为负。

例 2.7 求 $(+19)_{10}$ 的原码。

解 首先把十进制真值 $(+19)_{10}$ 转换成二进制真值：

$$(+19)_{10} = (+10011)_2$$

用 8 位二进制数 $(N = 8)$ 表示 $(+19)_{10}$ 的原码如下 (最高位为符号位)：

0	0	0	1	0	0	1	1

例 2.8 求 $(-15)_{10}$ 的原码。

解 首先把十进制真值 $(-15)_{10}$ 转换成二进制真值：

$$(-15)_{10} = (-1111)_2$$

用 8 位二进制数 $(N = 8)$ 表示 $(-15)_{10}$ 的原码如下 (最高位为符号位)：

1	0	0	0	1	1	1	1

接下来，我们研究一个 8 位二进制数 $(N = 8)$ 能表示的原码数值范围。由于原码的最高位为符号位，所以数值位只有 7 位。我们先看一个 8 位二进制数 $(N = 8)$ 原码能表示的最大数值。

一个 8 位二进制数 $(N = 8)$ 能表示的最大原码数值如下：

0	1	1	1	1	1	1	1

转换成十进制数：

$$+(2^7 - 1) = +127$$

一个 8 位二进制数 $(N = 8)$ 能表示的最小原码数值如下：

1	1	1	1	1	1	1	1

转换成十进制数：

$$-(2^7 - 1) = -127$$

由此，我们可以得到，用 8 位二进制数 $(N = 8)$ 表示的原码数值范围为 $-127 \sim +127$，N 位二进制数表示的原码数值范围为 $-(2^{N-1} - 1) \sim +(2^{N-1} - 1)$。

2) 反码

反码规则：正数的反码和原码相同，负数的反码为其原码除符号位以外的各数值位按位取反。

例 2.9 求 $(+19)_{10}$ 的反码。

解 首先把十进制真值 $(+19)_{10}$ 转换成二进制真值：

$$(+19)_{10} = (+10011)_2$$

用 8 位二进制数 $(N = 8)$ 表示 $(+19)_{10}$ 的原码如下 (最高位为符号位)：

0	0	0	1	0	0	1	1

由于该数值为正数，根据反码规则，正数的反码和原码是相同的，故得出$(+19)_{10}$的反码如下：

0	0	0	1	0	0	1	1

例 2.10　求$(-15)_{10}$的反码。

解　首先把十进制真值$(-15)_{10}$转换成二进制真值：

$$(-15)_{10} = (-1111)_2$$

用 8 位二进制数$(N = 8)$表示$(-15)_{10}$的原码如下(最高位为符号位)：

1	0	0	0	1	1	1	1

由于该数值为负数，根据反码规则，负数的反码为其原码除符号位以外的各位按位取反，故得出$(-15)_{10}$的反码如下：

1	1	1	1	0	0	0	0

注意：一个 8 位二进制数$(N = 8)$能表示的反码数值范围和原码数值范围是相同的，均为 $-127\sim+127$，N 位二进制数表示的反码数值范围为 $-(2^{N-1}-1)\sim+(2^{N-1}-1)$。

3) 补码

补码规则：正数的补码和原码相同，负数的补码为其反码在最低位加 1。

例 2.11　求$(+19)_{10}$的补码。

解　首先把十进制真值$(+19)_{10}$转换成二进制真值：

$$(+19)_{10} = (+10011)_2$$

用 8 位二进制数$(N = 8)$表示$(+19)_{10}$的原码如下(最高位为符号位)：

0	0	0	1	0	0	1	1

由于该数值为正数，根据补码规则，正数的补码和原码是相同的，故得出$(+19)_{10}$的补码如下：

0	0	0	1	0	0	1	1

例 2.12　求$(-15)_{10}$的补码。

解　首先把十进制真值$(-15)_{10}$转换成二进制真值：

$$(-15)_{10} = (-1111)_2$$

用 8 位二进制数$(N = 8)$表示$(-15)_{10}$的原码如下(最高位为符号位)：

1	0	0	0	1	1	1	1

由于该数值为负数，根据反码规则，负数的反码为其原码除符号位以外的各位按位取反，故得出$(-15)_{10}$的反码如下：

1	1	1	1	0	0	0	0

再根据补码规则：负数的补码为其反码在最低位加 1，故得出$(-15)_{10}$的补码如下：

1	1	1	1	0	0	0	1

最后，我们研究一下 8 位二进制数(N = 8)能表示的补码数值范围。

根据补码规则我们知道：正数的补码和原码是相同的，因此一个 8 位二进制数(N = 8)能表示的最大补码数值如下：

0	1	1	1	1	1	1	1

转换成十进制数就是：$+(2^7-1) = +127$。

根据补码规则，负数的补码和原码不相同。一个 8 位二进制数(N = 8)能表示的最小补码为一个特殊数值：

1	0	0	0	0	0	0	0

这个数值是一个特例，其中最高位既看成符号位(是负数)，又看成数值位(权值为 2^7)。转换成十进制数就是：$-(2^7) = -128$。

由此，我们可以得到，用 8 位二进制数(N = 8)表示的补码数值范围为 $-128 \sim +127$，N 位二进制数表示的补码数值范围为 $-2^{N-1} \sim +(2^{N-1}-1)$。

3. 补码与原码之间的转换

如果一台计算机中采用原码设计算术运算器电路，则称之为原码计算机；如果采用反码设计算术运算器电路，则称之为反码计算机；如果采用补码设计算术运算器电路，则称之为补码计算机。

目前世界上绝大多数计算机都是补码计算机，这是因为采用补码设计的算术运算器电路，比用其他码设计的更为简单，所以计算机组成原理更多的讲解补码的各种算术运算规则。

前面已经讲解了如何将一个 8 位二进制数(N = 8)原码转换成补码，由于绝大多数计算机采用补码，因此我们看到计算机内存中的某个数，如果是有符号数，它其实是某个数的补码，我们需要把它转换成原码才能知道它究竟是多少。所以我们需要学习已知一个 N 位二进制数补码，如何将其转换成原码的方法。

如果已知某个 N 位二进制数补码，可以通过如下规则求出其原码：

(1) 正数的补码，其原码等于补码本身。

(2) 负数的补码，其原码为除符号位以外将补码的数值位按位求反后在末位加 1。

例 2.13 已知某数(N = 8)的补码为 $(01110110)_2$，求其原码和它对应的十进制数。

解 这是一个 8 位二进制数，最高位为符号位，符号位为 0，表示该数是一个正数，根据规则，正数的补码，其原码等于补码本身，故得出其原码如下：

0	1	1	1	0	1	1	0

把这个二进制数去掉符号位后的 7 位二进制数转换成十进制数就是其对应的十进制数 +118。

例 2.14 已知某数(N = 8)的补码为 $(10010101)_2$，求其原码和它对应的十进制数。

解 这是一个 8 位二进制数，最高位符号位为 1，表示该数是一个负数，根据规则，负数的补码，其原码为除符号位以外将补码的数值位按位求反后在末位加 1，故得出其原码如下：

1	1	1	0	1	0	1	1

把这个二进制数去掉符号位后的 7 位二进制数转换成十进制数就是其对应的十进制数 −107。

补充说明：在本节中求原码、反码、补码都是在假定计算机是用 8 位二进制数(N = 8)的情况下求得的。如果计算机采用 16 位二进制数(N = 16)，对同样一个十进制数的表达式是不一样的。而且，计算机工程师在实际工作中，如果都用十六进制来表示，则对于初学者会很不习惯的，下面举例说明。

例 2.15　在计算机采用 8 位二进制数(N = 8)和 16 位二进制数(N = 16)时，分别求 $(-21)_{10}$ 的原码、反码、补码，同时写出相应的十六进制原码、反码、补码。

解　(1) 计算机采用 8 位二进制(N = 8)时，首先把十进制真值 $(-21)_{10}$ 转换成二进制真值：
$$(-21)_{10} = (-10101)_2$$

求原码：用 8 位二进制数(N = 8)表示 $(-21)_{10}$ 的原码如下(最高位为符号位)：

1	0	0	1	0	1	0	1

如果采用十六进制表示，则把二进制原码转换为十六进制表示为 95H。

求反码：由于该数值为负数，根据反码规则，负数的反码为其原码除符号位以外的各位按位取反，故得出 $(-21)_{10}$ 的反码如下：

1	1	1	0	1	0	1	0

如果采用十六进制表示，则把二进制反码转换为十六进制表示为 EAH。

求补码：由于该数值为负数，根据补码规则，负数的补码为其原码除符号位以外的各位按位取反加 1，故得出 $(-21)_{10}$ 的补码如下：

1	1	1	0	1	0	1	1

如果采用十六进制表示，则把二进制补码转换为十六进制表示为 EBH。

(2) 计算机采用 16 位二进制(N = 16)时，首先把十进制真值 $(-21)_{10}$ 转换成二进制真值：
$$(-21)_{10} = (-10101)_2$$

求原码：用 16 位二进制数(N = 16)表示 $(-21)_{10}$ 的原码如下(最高位为符号位)：

1	0	0	0	0	0	0	0	0	0	0	1	0	1	0	1

如果采用十六进制表示，则把二进制原码转换为十六进制表示为 8015H。

求反码：由于该数值为负数，根据反码规则，负数的反码为其原码除符号位以外的各位按位取反，故得出 $(-21)_{10}$ 的反码如下：

1	1	1	1	1	1	1	1	1	1	1	0	1	0	1	0

如果采用十六进制表示，则把二进制反码转换为十六进制表示为 FFEAH。

求补码：由于该数值为负数，根据补码规则，负数的补码为其原码除符号位以外的各位按位取反加 1，故得出 $(-21)_{10}$ 的补码如下：

1	1	1	1	1	1	1	1	1	1	1	0	1	0	1	1

如果采用十六进制表示，则把二进制补码转换为十六进制表示为 FFEBH。

补充说明：如果计算机工程师在设计中根据精度采用 8 位二进制(N = 8)表示一个数，这个数是有符号数还是无符号数都是由他自己来约定的。所以计算机中的一个二进制数究竟代表十进制数多少，是由计算机工程师自己来约定的。我们以 8 位二进制位($N = 8$)举例如下。

例 2.16　已知两个十六进制数 5CH、A7H，如果用 8 位二进制($N = 8$)表示，请问把它们看成无符号数、有符号数原码和补码时，分别对应的十进制数是多少？

解　(1) 第一个十六进制数 5CH：

首先把十六进制数 5CH 转换成二进制数：

$$5CH = (01011100)_2$$

① 如果 5CH 表示为无符号数，则每一位二进制都是数值位，故可以直接把 8 位二进制数转换成十进制数，即

$$5CH = (01011100)_2 = (92)_{10}$$

由此可以得出：5CH 作为无符号数对应的十进制数是 92。

② 如果 5CH 表示为有符号数原码，则最高位为符号位，其余 7 位为数值位。由于最高位符号位为 0，所以这是个正数，余下的 7 位二进制数值位代表的十进制数值为 92。

由此可以得出：5CH 作为原码对应的十进制数是 +92。

③ 如果 5CH 表示为有符号数补码，则最高位为符号位，其余 7 位为数值位。由于最高位符号位为 0，所以这是个正数，根据规则，正数的原码和补码是相同的，因此余下的 7 位二进制数值位代表的十进制数值为 92。

由此可以得出：5CH 作为补码对应的十进制数是 +92。

(2) 第二个十六进制数 A7H：

首先把十六进制数 A7H 转换成二进制数：

$$A7H = (10100111)_2$$

① 如果 A7H 表示为无符号数，则每一位二进制都是数值位，故可以直接把 8 位二进制数转换成十进制数，即

$$A7H = (10100111)_2 = (167)_{10}$$

由此可以得出：A7H 作为无符号数对应的十进制数是 167。

② 如果 A7H 表示为有符号数原码，则最高位为符号位，其余 7 位为数值位。最高位符号位为 1，所以这是个负数，余下的 7 位二进制数值位代表的十进制数值为 39。

由此可以得出：A7H 作为原码对应的十进制数是 −39。

③ 如果 A7H 表示为有符号数补码，则最高位为符号位，其余 7 位为数值位。由于最高位符号位为 1，所以这是个负数，根据规则，已知负数的补码求原码的方法是：符号位不变，其数值位取反后加 1。因此 A7H 转换成二进制$(10100111)_2$后，按照规则，转换成原码为$(11011001)_2$，再把这个原码去掉符号位的余下的 7 位二进制数值转换为十进制数值为 89。

由此可以得出：A7H 作为补码对应的十进制数是 −89。

综上所述，本题答案见表 2.3。

表 2.3　例 2.16 答案

	无符号数	原码	补码
5CH	92	+ 92	+ 92
A7H	167	− 39	− 89

补充说明：

N = 8 时，80H 看成补码对应的十进制数为 $-128(-2^{8-1})$；

N = 16 时，8000H 看成补码对应的十进制数为 $-32768(-2^{16-1})$；

N = 32 时，80000000H 看成补码对应的十进制数为 $-2147483648(-2^{32-1})$。

这几个数初学者不容易理解，如果不理解也可以记住它们。现代计算机都使用补码，所以在实际计算机研究过程中会常常用到这几个特殊的补码。

2.3　非数值型数据的表示方法

计算机除了用于数值计算外，还要进行大量的文字信息、图像和声音等非数值型数据的处理，尤其是对中、英文字符和各种符号的处理最为常见，所以，在计算机数据中字符型数据占有很大比重。字符数据包括各种文字、数字、符号等，它们都是非数值型数据。

非数值型数据和数值型数据一样，也需要用二进制数进行编码才能存储在计算机中进行处理。下面主要介绍西文字符和汉字字符的编码方法。

2.3.1　美国标准信息交换码

我们每次敲击微机键盘输入一个英文字符时，我们敲击的是键盘，但是输入计算机的是键盘上对应字符的二进制编码。键盘作为输入设备其主要作用就是把生活中的文字信息转换成计算机能识别处理的二进制编码信息。比如说，你敲击键盘 a 键，输入计算机的是 a 字符的二进制编码$(01100001)_2$，这个值是怎么来的呢？它是依据美国标准信息交换码(American Standard Code for Information Interchange，ASCII)而来的。如果我们设计的键盘输入的二进制编码值是美国标准信息交换码(ASCII 码)，这种键盘称之为标准的 ASCII 码键盘，如果我们按照自己的编码设计的键盘称为非 ASCII 码键盘。微机(PC)键盘就是标准的 ASCII 码键盘。

计算机对所有的数据在存储和运算时都使用二进制数表示(因为计算机用高电平和低电平分别表示 1 和 0)，例如 a、b、c、d 这样的 52 个字母(包括大写)以及 0、1 等数字，还有一些常用的符号(例如*、#、@等)存储在计算机中时也使用二进制数来表示，而具体用哪些二进制数表示哪个符号，每个人都可以约定自己的规则(这就叫编码)。但是大家如果要互相通信而不造成混乱，那么就必须使用相同的编码规则，于是美国有关的标准化组织就出台了 ASCII 编码，统一规定了上述常用符号用哪些二进制数表示。

美国标准信息交换代码是由美国国家标准学会(American National Standard Institute，ANSI)制定的标准的单字节字符编码方案，用于基于文本的数据。它起始于 50 年代后期，在 1967 年定案。该标准最初是美国国家标准，供不同计算机在相互通信时共同遵守的西文字符编码标准，后来被国际标准化组织(International Organization for Standardization，ISO)定为国际标准，称为 ISO 646 标准，适用于所有拉丁文字母。

标准 ASCII 码也叫基础 ASCII 码，使用 7 位二进制数表示所有的大写和小写字母、数字 0 到 9、标点符号以及在美式英语中使用的特殊控制字符(见表 2.4)。表中第一行包括高

3 位二进制数(D_6、D_5、D_4)，第一列包括低 4 位二进制数(D_3、D_2、D_1、D_0)，通过查表可以知道任何一个字符和数字对应的 ASCII 码。比如大写字母 A 在第 6 列、第 3 行，第 6 列对应的二进制高 3 位是 100，第 3 行对应的二进制低 4 位是 0001，两者合起来后的 7 位二进制数是 1000001，转换成十进制数是 65，转换成十六进制数是 41H。需要说明的是，在实际计算机项目研发中，大多数时候是采用十六进制。所以，专业学习一定要熟悉 ASCII 码表中字符对应 ASCII 码的十六进制数值。现在对 ASCII 码表进行说明如下(在这里把 ASCII 码分别用十进制数和十六进制数表示，括弧外是十进制，括弧内是十六进制)：

(1) 0(00H)～31(1FH)及 127(7FH)共 33 个是控制字符或通信专用字符(其余为可显示字符)，如控制符：LF(换行)、CR(回车)、FF(换页)、DEL(删除)、BS(退格)、BEL(响铃)等，通信专用字符：SOH(文头)、EOT(文尾)、ACK(确认)等。ASCII 值为 8(08H)、9(09H)、10(0AH)和 13(0DH)分别对应为退格、制表、换行和回车字符，它们并没有特定的图形显示，但会依不同的应用程序，而对文本显示有不同的影响。在这组字符中我们使用最多的是 LF(换行)、CR(回车)，其对应的 ASCII 码值分别为 10(0AH)和 13(0DH)。

表 2.4　标准 ASCII 码表

$D_3D_2D_1D_0$	$D_6D_5D_4$							
	000	001	010	011	100	101	110	111
0000	NUL	DLE	SP	0	@	P	、	p
0001	SOH	DC1	!	1	A	Q	a	q
0010	STX	DC2	*	2	B	R	b	r
0011	ETX	DC3	#	3	C	S	c	s
0100	EOT	DC4	$	4	D	T	d	t
0101	ENQ	NAK	%	5	E	U	e	u
0110	ACK	SYN	&	6	F	V	f	v
0111	BEL	ETB	'	7	G	W	g	w
1000	BS	CAN	(	8	H	X	h	x
1001	HT	EM	9	I	Y	i	y
1010	LF	SUB	*	:	J	Z	j	z
1011	VT	ESC	+	;	K	[	k	{
1100	FF	FS	,	<	L	\	l		
1101	CR	GS	-	=	M	]	m	}
1110	SO	RS	>	N	^	n	~
1111	SI	US	/	?	O	_	o	DEL

(2) 32(20H)～126(7EH)(共 95 个)是字符，其中 32(20H)是空格 SP，48(30H)～57(39H)对应 0 到 9 共 10 个阿拉伯数字。

(3) 65(41H)～90(5AH)对应 26 个大写英文字母(A～Z)，97(61H)～122(7AH)号为 26 个小写英文字母(a～z)，其余为一些标点符号、运算符号等。

在初学 ASCII 码时需要注意以下两点：

(1) 标准 ASCII 码使用 7 位二进制数表示西文字符，但是由于计算机都以字节为单位存储数据，所以，输入计算机的标准 ASCII 码实际上是 8 位二进制数(1 个字节)，最高位补一个 0。

(2) 在介绍某个字符的 ASCII 码时，我们有时使用十进制，有时使用二进制，有时候又使用十六进制。这是刚开始学习 ASCII 码容易搞混淆的地方。比如，字母 A 的 ASCII 码可以写成 65(十进制表示)、41H(十六进制表示)、01000001(二进制表示)三种表示形式，但真正输入计算机存储和处理的是二进制编码。十进制表示是因为生活中我们习惯于十进制；十六进制表示是为了书写方便。一个字符的 ASCII 码有三种表示形式只是运用的场合不同，其本质都是一样的。

2.3.2　汉字编码

计算机中汉字的表示也是采用二进制编码，同样也是人为编码。根据应用目的的不同，汉字编码分为外码、交换码、机内码。

1. 外码(输入码)

外码也叫输入码，是用来将汉字输入计算机的一组键盘符号，不同的汉字输入法就有不同的汉字输入码。目前常用的输入码有拼音码、五笔字型码、自然码、表形码、认知码、区位码和电报码等，一种好的编码应具有编码规则简单、易学好记、操作方便、重码率低、输入速度快等优点，每个人可根据自己的需要进行选择。

输入码只是一种输入方法，不管你用什么方法输入一个汉字，实际输入计算机存储和处理的是这个汉字的机内码。比如，"大"这个汉字，不同的人可能采用不同的输入法输入，有人采用拼音码，有人采用五笔字型码等，但是不论哪种输入法，都要保证输入计算机存储和处理的是这样一组二进制编码：$(10110100\ 11110011)_2$。这个编码值是怎么来的呢？接下来介绍国标码和机内码。

2. 交换码(国标码)

计算机内部处理的信息，都是用二进制编码表示的，汉字也不例外。每一个汉字都有确定的二进制编码，中国国家标准总局于 1980 年发布了中华人民共和国国家标准 GB2312—80《信息交换用汉字编码字符集(基本集)》，即国标码。它共包括 6763 个常用汉字(其中一级汉字 3755 个，二级汉字 3008 个)，英、俄、日文字母及其符号共 687 个。

国标码规定：每个字符的二进制编码占有 2 个字节，每个字节的最高位为 0，每个字符对应一个编码。例如：汉字"大"的国标码为$(00110100\ 01110011)_2$。

3. 机内码

我们知道，"大"字的国标码是$(00110100\ 01110011)_2$，但是真正输入计算机存储的汉字编码不是国标码而是机内码。从理论上讲，国标码也可以作为汉字的机内编码，但是为什么不这么做呢？这是为了避免和 ASCII 码相冲突。因为，标准 ASCII 码使用一个字节，最高位为 0，汉字的国标码使用两个字节，每个字节的最高位也是 0，这样一个汉字的国标码很可能会被误认为是两个标准 ASCII 码字符。

为了避免这种现象，将国标码两个字节的最高位均改为 1，这样就得到了汉字的机内码。我们可以用公式表示机内码和国标码的关系：机内码 = 国标码 + $(10000000\ 10000000)_2$，使用十六进制表示：机内码 = 国标码 + 8080H。

由此我们可以由"大"字的国标码得出"大"字的机内码为$(10110100\ 11110011)_2$。

2.4　数的定点表示与浮点表示方法

前面讲解了计算机如何表示数学中正、负号的问题。它通过有符号数方法来表示，其中规定最高位为符号位，且约定"+"号用"0"表示，"−"号用"1"表示。

但数学中还有一个小数点的问题在计算机中如何解决呢？也就是计算机如何表示小数点的问题。在计算机中，小数点不用专门的器件表示，而是按照约定的方式标出。共有两种约定方法表示小数点的存在，即定点表示和浮点表示。定点表示的数称为定点数，浮点表示的数称为浮点数。

2.4.1　数的定点表示

我们约定小数点在某一个位置不动，以后所有数的小数点都按照这个位置来计算，这样的表示称为定点数表示。所谓定点，就是小数点固定。

从理论上讲，小数点可以约定在任何位置，只要计算机中所有的数都按照这个约定，一样都可以计算。比如：一个 8 位二进制数 10001001，如果我们约定小数点固定在倒数第二位，那么这个数实际上就代表二进制数 100010.01，而且计算机中所有的参加运算的数都按照这个方式约定计算。这样做就解决了计算机如何表示小数点和参与计算的问题。

这种采用小数点固定的定点数计算机被称为定点计算机。

下面我们介绍两种特别格式的定点数：定点整数和定点小数。

1. 定点整数

定点整数格式如下：

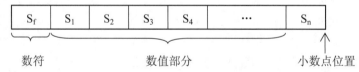

其中：S_f 表示数的符号位；S_1, S_2, S_3, S_4, $\cdots$, S_n 表示数值部分。小数点约定在 S_n 后，这样这个数实际上就只有整数部分，也就是纯整数，我们称之为定点整数。

以 8 位定点数 10001001(原码)为例，这个数作为定点整数，它实际代表二进制数 −1001。最高位是符号位，1 表示这个数是负数，小数点在最后，所以是一个纯整数。

2. 定点小数

定点小数格式如下：

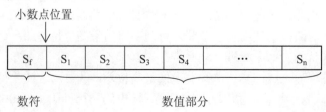

其中：S_f 表示数的符号位；S_1, S_2, S_3, S_4, $\cdots$, S_n 表示数值部分。小数点约定在 S_f 后，这样这个数实际上就只有小数部分，整数部分的零，我们采用默认，不再占 1 位二进制数，这样这个数就是一个纯小数，我们称之为定点小数。

同样以 8 位定点数 10001001(原码)为例，如果这个数作为定点小数，它实际代表二进制数 -0.0001001，最高位是符号位，1 表示这个数是负数，小数点在数符位后，所以是一个纯小数。

在定点计算机中，由于小数点的位置固定不变，故当计算机处理的数不是纯小数和纯整数时，要约定乘上一个比例因子。而且，定点计算机处理的数不是纯小数和纯整数时，有时计算精度会有影响。

2.4.2　数的浮点表示

在实际应用中，我们遇到的数大多数都是既有整数也有小数的数据，计算机为了处理这种不是纯小数和纯整数的数据采用的是浮点数的格式。

所谓浮点数，是指小数点的位置可以浮动的数。

例如：一个十进制数可表示为

$$35.26 = 3.526 \times 10^1$$
$$= 0.3526 \times 10^2$$
$$= 0.03526 \times 10^3$$

显然这里小数点的位置是浮动变化的，但因为乘了不同的 10 的方幂，所以值不变。同时从这个例子中我们发现：任何一个十进制数都可以表示成一个纯小数和 10 的某次幂的乘积。

同样，一个二进制数可表示为

$$11.0101 = 1.10101 \times 2^1$$
$$= 0.110101 \times 2^{10}$$
$$= 0.0110101 \times 2^{11}$$

需要注意的是 2^{10} 中的指数 10 是二进制(转换成十进制是 2)，不是十进制的 10。这是初学者容易搞错的地方。

和十进制一样，这里的小数点的位置也是浮动变化的，因为乘了不同的 2 的方幂，所以值不变。同理我们也可以得出结论：任何一个二进制数都可以表示成一个纯小数和 2 的某次幂的乘积。

通常，计算机中的浮点数用数学表达式来表示：

$$N = S \times R^j$$

式中，S 称为尾数(可以为正，可以为负)，R 称为基数，j 称为阶码(可以为正，可以为负)。

由于计算机采用二进制，因此基数 R=2 是不变的，这样我们如果知道了尾数 S 和阶码 j，就可以确定这个数的值。换句话说就是任何一个数都可以用尾数和阶码的形式表示，也就是都可以用浮点数表示，其中，基数 R=2 是隐含的。

1. 浮点数的表示形式

计算机表示浮点数的格式如下：

j_f	j_1	j_2	j_3	j_4	...	j_m	S_f	S_1	S_2	S_3	S_4	...	S_n

其中：j_f 表示阶码部分的符号位；$j_1, j_2, \cdots, j_m$ 表示阶码部分的数值位；S_f 表示尾数部分的符号位；$S_1, S_2, \cdots, S_n$ 表示尾数部分的数值位。

对于计算机规定：浮点数由阶码 j 和尾数 S 两部分组成。阶码部分放在前面采用定点整数，共 $m+1$ 位；尾数部分放在后面采用定点小数，共 $n+1$ 位。

注意：在本小节介绍浮点数时，由于浮点数是由阶码和尾数两部分组成的，所以，在用方格表示浮点数的格式时，为了描述方便和表示起来更清楚，阶码和尾数间使用加粗的竖线，其中加粗线条前的部分是阶码，加粗线条后的部分是尾数。

2. 浮点数的规格化

对于上面例子中的二进制数 11.0101，如果进行小数点浮动的话是可以表示成很多种浮点数形式，例如：

$11.0101 = 0.110101 \times 2^{10}$　　　　这时阶码是 10，尾数是 0.110101

$11.0101 = 0.0110101 \times 2^{11}$　　　　这时阶码是 11，尾数是 0.0110101

$11.0101 = 0.00110101 \times 2^{100}$　　　这时阶码是 100，尾数是 0.00110101

我们选择哪一种形式作为计算机中的表示形式呢？如果不统一规定，就会在计算时出现问题，因此我们需要对浮点数进行规格化。不同的计算机设计者可以有不同的规格化标准，但在同一个计算机系统中必须统一标准。将非规格化数转换成规格化数的过程称为对浮点数的规格化。

但在大多数教材中，计算机规格化标准规定如下：

尾数 S 的范围：$1/2 \leqslant |S| < 1$。

(1) 当尾数 S 用原码表示时，如果把最高位设定为符号位，其原码规格化形式为

$$S > 0 \text{ 时，} [S]_{原} = 0.1 \times \times \cdots \times$$
$$S < 0 \text{ 时，} [S]_{原} = 1.1 \times \times \cdots \times$$

(2) 当尾数 S 用补码表示时，其补码规格化形式为

$$S > 0 \text{ 时，} [S]_{补} = 0.1 \times \times \cdots \times$$
$$S < 0 \text{ 时，} [S]_{补} = 1.0 \times \times \cdots \times$$

可见在补码情况下，符号位和最高数值位不同即为规格化形式。但如果 $S < 0$，则有以下两种情况需要特殊处理。

① $S = -1/2$，则 $[S]_{补} = 1.100 \cdots 0$，此时对于真值而言，它满足 $1/2 \leqslant |S| < 1$，但对于补码而言，当它不满足 $S < 0$ 时，$[S]_{补} = 1.0 \times \times \cdots \times$，即补码规格化形式是符号位和最高数值位不同。为了便于硬件判断电路设计，特规定 $S = -1/2$ 在补码情况下不属于规格化数。

② $S = -1$，则 $[S]_{补} = 1.000 \cdots 0$，因为小数补码允许表示 -1，故 -1 视为规格化数。

例2.17 将二进制数 11.0101 转换成规格化的浮点数。

解 二进制数 11.0101 可以写成如下形式：

$$11.0101 = 1.10101 \times 2^1$$

这时阶码是 1，尾数是 1.10101。由于尾数的整数部分是 1，不是纯小数，因此这不是规格化数。如果要使尾数的整数部分为 0，需要小数点向前移动 1 位(也可以看成整个尾数右移 1 位)，这时要保持数的大小不变，阶码要加 1 变成如下形式：

$$11.0101 = 0.110101 \times 2^{10}$$

这时阶码是 10，尾数是 0.110101。由于尾数的整数部分是 0，是纯小数，而且小数点后的第一位数是 1，所以是规格化数。

这样，二进制数 11.0101 转换成规格化的浮点数为 0.110101×2^{10}。

二进制数 11.0101 在转换成浮点数的过程中，尾数不断右移，每移动一次，阶码加 1，这种规格化称为向右规格化，简称右规。

例 2.18　将二进制数 0.001101 转换成规格化的浮点数。

解　二进制数 0.001101 可以写成 $0.001101 = 0.01101 \times 2^{-1}$，这时阶码是 -1，尾数是 0.01101。由于尾数的整数部分是 0，是纯小数，但小数点后的第一位数是 0 不是 1，所以这不是规格化数。如果要使尾数的小数点后的第一位数是 1，需要小数点向后移动 1 位(也可以看成整个尾数左移 1 位)，这时要保持数的大小不变，阶码要减 1 变成如下形式：

$$0.001101 = 0.1101 \times 2^{-10}$$

这时阶码是 -10，尾数是 0.1101。由于尾数的整数部分是 0，是纯小数，小数点后的第一位数是 1，所以是规格化数。

这样，二进制数 0.001101 转换成规格化的浮点数为 0.1101×2^{-10}。

二进制数 0.001101 在转换成浮点数的过程中，尾数不断左移，每移动一次，阶码减 1，这种规格化称为向左规格化，简称左规。

3. 浮点数的上溢和下溢

由于我们在计算机中采用了有限的二进制位数来表示浮点数，所以浮点数的表示是有一定的范围的。我们以 16 位二进制数为例，分析在阶码和尾数都为原码时，这种格式的浮点数表示范围有多大。假定 N = 16，其中阶码 8 位(含 1 位阶符)，尾数 8 位(含 1 位尾符)。

(1) 最大正数。这种格式浮点数的最大正数情况是：阶码为最大正数，尾数为最大正数。例如：

0	1	1	1	1	1	1	1	0	1	1	1	1	1	1	1

按照浮点数阶码和尾数的设计规则，表示成二进制数是 $(0.1111111) \times 2^{+1111111}$，表示成十进制数为

$$+(1-2^{-7}) \times 2^{127} = +127 \times 2^{120}$$

(2) 最小正数。这种格式浮点数的最小正数情况是：阶码为最小负数，尾数为最小正数。例如：

1	1	1	1	1	1	1	1	0	0	0	0	0	0	0	1

按照浮点数阶码和尾数的设计规则，表示成二进制数是 $(0.0000001) \times 2^{-1111111}$，表示成十进制数为

$$+2^{-7} \times 2^{-127} = +2^{-134}$$

(3) 最小负数。这种格式浮点数的最小负数情况是：阶码为最大正数，尾数为最小负数。也就是在最大正数格式基础上，把尾数的符号取负数。例如：

0	1	1	1	1	1	1	1	1	1	1	1	1	1	1	1

按照浮点数阶码和尾数的设计规则，表示成二进制数是 $-(0.1111111)\times 2^{+1111111}$，表示成十进制数为

$$-(1-2^{-7})\times 2^{127}=-127\times 2^{120}$$

(4) 最大负数。这种格式浮点数的最大负数情况是：阶码为最小负数，尾数为最大负数。也就是在最小正数格式基础上，把尾数的符号取负数。例如：

1	1	1	1	1	1	1	1	1	1	0	0	0	0	0	1

按照浮点数阶码和尾数的设计规则，表示成二进制数是 $-(0.0000001)\times 2^{-1111111}$，表示成十进制数为

$$-2^{-7}\times 2^{-127}=-2^{-134}$$

通过上面分析我们知道，如果某浮点数采用 16 位二进制数，其中阶码 8 位(含 1 位阶符)，尾数 8 位(含 1 位尾符)，在阶码和尾数都采用原码的情况下，正、负数范围如下：

负数范围：$-(0.1111111)\times 2^{+1111111}\sim-(0.0000001)\times 2^{-1111111}$；

正数范围：$(0.0000001)\times 2^{-1111111}\sim(0.1111111)\times 2^{+1111111}$。

如果计算机运算的浮点数超出了这个范围，我们称之为浮点数溢出。

如果计算机运算的浮点数出现大于最大正数或者小于最小负数的情况，我们称之为上溢。计算机在运行时出现上溢，则机器停止运算，要进行溢出处理。如果计算机运算的浮点数出现小于最小正数或者大于最大负数的情况，我们称之为下溢。此时这个数的绝对值已经很小了，通常会将尾数的各位强制置零，按照"0"来处理，称为机器零，此时机器可以正常运行，不需要进行溢出处理。

2.4.3 浮点数与定点数的比较

前面我们已经介绍了计算机对于定点数和浮点数的表示方法，其实这只是一个设定，但只要计算机中所有的数都这么设定，就能解决问题。比如计算机中一个 16 位二进制数：

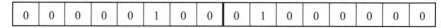

我们不能确定这个数是多少，要看计算机工程师在具体研发设计中如何约定。如果我们约定它是一个 16 位有符号的定点整数(假定为原码)，按照前面所介绍的定点整数的规则，最高位是符号位，其余位是数值位，那么这个数是正数 $+(10001000000)_2$，表示成十进制数为

$$2^{10}+2^6=1024+64=+1088$$

如果我们约定它是一个浮点数，同时假定前 8 位是阶码(最高位为阶符)，后 8 位为尾数(最高位为尾符)，阶码和尾数都采用原码。按照前面浮点数的约定规则，这个数是正数 $+(0.1\times 2^{100})_2$，表示成十进制数为

$$0.5\times 2^4=8$$

下面，我们以 16 位二进制数这种格式为例，比较一下，同为 16 位数(假定为原码)，作为定点整数和作为浮点数(8 位阶码原码、8 位尾数原码)哪种情况表示数的范围更大。

首先，作为 16 位定点整数，除最高位为符号位外，有 15 位数值位。

它的最大正数为

0	1	1	1	1	1	1	1	1	1	1	1	1	1	1	1

表示成十进制数为

$$+(2^{15}-1)=+32\ 767$$

它的最小负数为

1	1	1	1	1	1	1	1	1	1	1	1	1	1	1	1

表示成十进制数为

$$-(2^{15}-1)=-32\ 767$$

也就是说，16 位二进制数(原码)作为定点数表示的范围为 $-32\ 767\sim+32\ 767$。

其次，作为 16 位浮点数(8 位阶码、8 位尾数)，假定阶码和尾数都采用原码，那么它的最大正数情况是阶码为最大正数，尾数为最大正数，即

0	1	1	1	1	1	1	1	0	1	1	1	1	1	1	1

按照浮点数的阶码和尾数的设计规则，表示成二进制数是$(0.1111111)\times2^{+1111111}$，表示成十进制数为

$$+(1-2^{-7})\times2^{127}=+127\times2^{120}$$

它的最小负数的情况是阶码为最大正数，尾数为最小负数，即

0	1	1	1	1	1	1	1	1	1	1	1	1	1	1	1

按照浮点数的阶码和尾数的设计规则，表示成二进制数是 $-(0.1111111)\times2^{+1111111}$，表示成十进制数为

$$-(1-2^{-7})\times2^{127}=-127\times2^{120}$$

也就是说，16 位二进制数，如果约定作为浮点数(8 位阶码原码、8 位尾数原码)，它表示的范围为 $-127\times2^{120}\sim+127\times2^{120}$。

通过比较我们发现：第一，当我们采用相同位数时，浮点数表示的范围比定点数大得多；第二，浮点数的相对精度比定点数高。

如果是这样，为什么还要给计算机设置定点整数呢？是否可以在计算机中只采用浮点数的约定呢？答案是否定的。我们从上面这个例子中可以看到，如果两个数做加法(假定符号相同)，定点整数可以每一位数直接相加，这样设计加法运算电路非常简单；但如果两个同号的浮点数做加法，由于浮点数涉及阶码和尾数，所以不能直接相加，因而浮点数运算电路的设计会很复杂，运算速度也慢很多，成本会增高。衡量一台计算机性能指标的一个重要参数就是每秒所执行的浮点运算次数(Floating-Point Operation Per Second，FLOPS)。

在实际应用中，如果知道要处理的数据类型是定点数，那么采取定点数做运算的速度会比采取浮点数快很多。在学习计算机语言课程中，通常编程的第一步就是约定数据类型。

像在 C 语言中，"int a;"的意思就是把 a 变量定义为定点整数，"float a;"的意思就是把 a 变量定义为浮点数。

定点数和浮点数运算电路的具体设计方法，在后面小节中介绍。

前面介绍浮点数时，都采用的是原码表示形式，即在浮点数规格化后，阶码用原码，尾数也使用原码。那么浮点数的补码表示形式是怎样的呢？很简单，首先写成规格化浮点数的原码形式，然后再把阶码和尾数分别转换成补码即可。

上面我们介绍了浮点数设计的基本原则，在现代计算机中，浮点数采用的是 IEEE 制定的国际标准，其规定的基本原理是一样的，只是具体约定不一样。详细情况可以参看相关书籍。

例 2.19 请将十进制数 −72 表示成二进制定点整数(原码)和规格化浮点数(分别写成原码形式和补码形式)。设二进制数字长 16 位，如果作为浮点数，则其中阶码 8 位(含 1 位阶符)，尾数 8 位(含 1 位尾符)。

解 令 X = −72，将其转换成二进制真值：X = −1001000。

(1) 定点整数。其 16 位定点整数格式(原码)为

1	0	0	0	0	0	0	0	0	1	0	0	1	0	0	0

最高位为阶符 1，表示是负数，后面为 15 位数值位。

(2) 规格化浮点数。其 16 位浮点数格式求解过程如下：

首先把 X = −1001000 转换成规格化的浮点数：

$$X = -1001000 = -(0.1001) \times 2^{111}$$

然后按照规定的浮点数格式：阶码 8 位(含 1 位阶符)，尾数 8 位(含 1 位尾符)。

阶码 8 位(含 1 位阶符)的原码表示为

0	0	0	0	0	1	1	1

尾数是负数，最高位尾符为 1。由于尾数是小数，因此数值位不足 7 位数，要在后面添零(这点一定要注意)。

由此，尾数 8 位(含 1 位尾符)的原码表示为

1	1	0	0	1	0	0	0

合并写成 16 位浮点数的原码格式为

0	0	0	0	0	1	1	1	1	1	0	0	1	0	0	0

再把阶码 8 位(含 1 位阶符)的原码转换成补码形式，即阶码为正数，原码和补码形式相同，得出阶码的补码形式如下：

0	0	0	0	0	1	1	1

把尾数 8 位(含 1 位尾符)的原码转换成补码形式，即尾数为负数，按照已知原码求补码规则，得出尾数的补码形式如下：

1	0	1	1	1	0	0	0

合并写成 16 位浮点数的补码格式为

0	0	0	0	0	0	1	1	1	1	0	1	1	1	0	0	0	0

2.5　定 点 运 算

定点运算包括：移位运算、加法运算、减法运算、乘法运算、除法运算等。限于篇幅，本章我们重点讲解移位运算、加法运算、减法运算、乘法运算、除法运算的运算电路设计基本原理，电路的具体设计流程图和硬件结构方框图就不作详细介绍了。

2.5.1　移位运算

1. 移位运算的产生

首先，移位运算在实际应用中是很常见的。比如：12 和 120 相比较，从数字上看，就是在 12 后面添加 1 个 0，如果相对小数点而言，相当于把 12 整个数左移了 1 位，后面添加 1 个 0；12 和 1200 相比较，相当于把 12 整个数左移了 2 位，后面添加 2 个 0。由此不难得出结论：对于十进制数而言，每左移 1 位后添加 1 个 0，相当于乘以 10，左移 2 位后添加 2 个 0，相当于乘以 100，左移 n 位后添 n 个 0，相当于乘以 10^n。

同理，120 和 12 相比较，从数字上看，就是在 120 后面删除 1 个 0，如果相对小数点而言，相当于把 120 整个数右移了 1 位，丢掉移去的 0；1200 和 12 相比较，从数字上看，就是在 1200 后面删除 2 个 0，如果相对小数点而言，相当于整个数右移了 2 位，丢掉移去的 0。由此也不难得出结论：对于十进制数而言，在不丢失有效数字位(0 除外)的前提下，每右移 1 位，相当于除以 10，右移 2 位，相当于除以 100，右移 n 位，相当于除以 10^n。

由十进制数的结果，不难推出二进制也具有同样的结论：

(1) 对于二进制数而言，每左移 1 位，相当于乘以 2，左移 2 位，相当于乘以 4，左移 n 位，相当于乘以 2^n；

(2) 在不丢失有效数字位的前提下，每右移 1 位，相当于除以 2，右移 2 位，相当于除以 4，右移 n 位，相当于除以 2^n。

其次，从设计运算电路而言，移位运算电路的设计比较容易，电路简单，运算速度快，而乘法和除法电路的设计要复杂得多，运算速度也慢得多。因此，对于计算机而言，如果要将一个数乘以 2，只需要将数左移 1 位即可；同样，如果要把一个数除以 2，只需要将数右移 1 位即可。这种方法对于乘以 2^n 和除以 2^n 的运算十分方便，计算机运算速度也快。

这就是计算机为什么会有移位运算。在此也请大家思考一下：如果乘以(或除以)的数不是 2^n，比如说是乘以 3，计算机的运算电路又该怎么设计呢？其实，这就是后面章节要介绍的加法电路和乘法电路设计方法。

2. 移位运算的规则

移位运算分为算术移位运算和逻辑移位运算。所谓算术移位是指把一个数看成有符号数的移位，也就是最高位看成符号位。逻辑移位是把一个数看成无符号数的移位，也就是每一位都是数值位。

1) 算术移位规则

由于现代计算机都使用补码，因此这里介绍补码算术移位规则。

补码算术移位规则：左移时，最高位符号位不变，其余每位依次左移，其中次高位移去，最低位添 0；右移时，最高位符号位不变，其余每位依次右移，其中次高位添符号位，最低位移去。

例 2.20　请将 8 位二进制数补码 X = 11001010 分别进行算术左移 1 位和算术右移 1 位。

解　(1) 算术左移 1 位：按照算术左移规则，最高位符号位不变，其余位依次左移，次高位移去，最低位添 0。

移位前 X = 11001010：

1	1	0	0	1	0	1	0

左移 1 位后：

1	0	0	1	0	1	0	0

这样，算术左移 1 位后：X = 10010100。

(2) 算术右移 1 位：按照算术右移规则，最高位符号位不变，其余位依次右移，次高位添符号位，最低位移去。

移位前 X = 11001010：

1	1	0	0	1	0	1	0

右移 1 位后(注意：由于最高位符号位是 1，所以次高位添 1，如果符号位是 0 就添 0)：

1	1	1	0	0	1	0	1

这样，算术右移 1 位后：X = 11100101。

在这里我们只介绍了补码算术移位的规则，没有作理论推导。为什么是这样的规定？我们把算术移位规则的数学意义作一个简单说明：第一，现代计算机采用补码，所以，我们这里介绍的算术移位规则又称为补码算术移位规则，很显然，原码算术移位规则不是这样的。第二，之所以这样规定，就是要使移位后的数据在不丢失有效数据位时满足左移 1 位后是乘以 2，右移 1 位后是除以 2 的结果。

注意：补码算术移位后的结果还是补码。也就是说，-6 的补码算术左移 1 位后应该是 -12 的补码；-6 的补码算术右移 1 位后应该是 -3 的补码。按照这个规则就能保证这样的结果。

2) 逻辑移位规则

逻辑移位是把整个二进制数看成无符号数。

逻辑移位规则：左移时，每位依次左移，最高位移去，最低位添 0；右移时，每位依次右移，最高位符号位添 0，最低位移去。

例 2.21　请将 8 位二进制数 X = 11001010 分别进行逻辑左移 1 位和逻辑右移 1 位。

解　(1) 逻辑左移 1 位：按照逻辑左移规则，左移时，每位依次左移，最高位移去，最低位添 0；

移位前 X = 11001010：

1	1	0	0	1	0	1	0

左移 1 位后：

1	0	0	1	0	1	0	0

这样，逻辑左移 1 位后：X = 10010100。

(2) 逻辑右移 1 位：按照逻辑右移规则，右移时，每位依次右移，最高位符号位添 0，最低位移去。

移位前 X = 11001010：

1	1	0	0	1	0	1	0

右移 1 位后：

0	1	1	0	0	1	0	1

这样，逻辑右移 1 位后：X = 01100101。

逻辑移位规则的数学意义和算术移位一样，也是要保证在不丢失有效数据位时左移 1 位后是乘以 2，右移 1 位相当于原数除以 2，只是数都看成是无符号数，所以不用考虑原码、反码、补码的问题。

2.5.2　加法与减法运算

为了简化计算机电路，我们实现了加法和减法的统一，也就是说只需要设计加法器电路，不用设计减法器电路，这也是为什么在"数字逻辑"课程中没有讲解如何设计减法器电路的原因。由于计算机引入了"补码"的概念，通过补码可以把加法和减法统一起来，这也是现代计算机为什么采用补码的原因。

我们来看看如何通过补码实现加法和减法统一的。其实,在日常生活中也有补码的概念,例如：现在手表的指针指向 5 点，想要使它指向 3 点，需要把指针逆时针回退 2 大格，也就是要做一个减法：5 − 2 = 3。但有生活经验的人知道，也可以做加法，即顺时针拨动指针增加 10 大格，5 + 10 = 15，而 15 点在手表上就是 3 点，即 15 − 12 = 3。

这段生活中的经验其数学意义是这样的：指针式手表总共 12 点，其中 12 点在生活中就是 0 点，当手表指针拨到 12，也就是归零了。在数学上，我们称这个 12 为模。上面计算式：5 − 2 = 3，如果用补码来描述，则算式可以写成：

$$(5-2)_补=(3)_补$$

换一种写法：

$$(5-2)_补=(5)_补+(-2)_补$$

根据前面介绍的求补码的规则，正数的补码不变，$(5)_补=5$，那么 −2 的补码是

$$(-2)_补=12-2=10$$

所以

$$(5-2)_补=(5)_补+(-2)_补=5+10=15$$

因为手表的指针只有 12 点，其模为 12，所以当你向前拨动 10 时，会自动丢失模值

12，15 − 12 = 3，这样就指向 3 点。

通过这个例子，我们可以总结出补码和补码加减法的一些规律。

第一，2.2.2 节中求补码规则为什么这样规定？其实，负数的补码就等于用模减去这个数的绝对值，例如在前面指针式钟表里：$(-2)_{补} = 12 - 2 = 10$，这里的 12 就是指针式钟表的模。第二，为什么补码的减法可以通过加法来实现？因为补码巧妙地通过丢失它的模，使得结果正确。

那么一个二进制数的模是多少呢？如果一个负数按照模减去这个数的绝对值的方式求补码和按照 2.2.2 节中规则求补码的结果是否一样呢？

我们来看一个二进制的例子：A = −1001，用两种方法分别求它的补码。

首先按照 2.2.2 节中二进制求补码的规则，我们要确定机器字长，也就是 N 等于多少。为了简化计算，我们假定 N = 8，由此，我们写出 N = 8 时的原码机器数如下：

1	0	0	0	1	0	0	1

按照 2.2.2 节中求补码的规则：负数的补码为原码的符号位不变，数值位按位取反后加 1。这样可以得出 N = 8 时的补码为

1	1	1	1	0	1	1	1

接下来我们按照模减去这个数的绝对值的方式求补码。N = 8 时，按照前面手表指针归零的原理：手表上的指针最大数为 11，在 11 上再加 1 为 12，从手表上看指针就会回到 0 点，由此，它的模为 12。根据这个道理，8 位二进制数最大的数为

1	1	1	1	1	1	1	1

再加 1 后，运算结果为 11111111 + 1 = 100000000，我们看到运算结果必须用 9 位二进制来表示，但如果只看低 8 位就是归零。所以 N = 8 时二进制数的模为 2^8 = 100000000。按照模减去这个数的绝对值的方式求补码的结果为

$$100000000 - 1001 = 11110111$$

可以看到，结果和按照 2.2.2 节中求补码的规则求出的结果是完全一样的。

也许有人会问：如果机器字长 N = 16，它的模又为多少呢？对于 N 位二进制数，它的模等于 2^N。

上面我们通过一个生活中的实际例子介绍了补码在加减法中的作用，可以看到：补码把加法和减法统一成做加法。生活中手表的例子是十进制，同理，二进制也是一样。

使用二进制补码做加减法还有一个好处：它的最高位符号位可以看成数值 0 或 1 参与运算，如果计算结果没有产生溢出，那么在运算后，我们再把最高位看成符号位，即把 0 看成正数，1 看成负数，结果依然正确。也就是说，符号位可以看成数值参与运算，只要计算结果没有溢出，运算完成后，最高位依然可以看成运算结果的符号位。这就是二进制补码的神奇之处，它使得计算机使用补码设计加减法运算电路比使用原码简单，它把符号位直接看成数值参与运算，同时也不需要进行是做加法还是做减法的判断，一律做加法。

下面我们通过几个二进制补码的具体例子来说明二进制补码的加减法计算过程。为了描述方便，后面章节中有符号数的原码、补码我们都约定：整数的符号位和数值位之间用逗号隔开，比如 N = 8 时，$(+1110)_2$ 的原码为 0, 0001110。

1. 补码的加减法运算

补码加减法运算的基本公式：

$$[A+B]_{补}=[A]_{补}+[B]_{补}$$
$$[A-B]_{补}=[A]_{补}+[-B]_{补}$$

这个公式成立的前提是模为 2^N。为了计算简单、方便，我们假设 N=8。

例 2.22　设机器字长为 N=8(最高位为符号位)，若 A = (+14)₁₀，B = (+25)₁₀，采用二进制补码的方式求[A−B]_{补}，并将结果还原成十进制真值。

解　首先把 A 和 B 的十进制真值转换成二进制真值：

$$A=(+14)_{10}=(+1110)_2$$
$$B=(+25)_{10}=(+11001)_2$$

然后写出 N=8 时的补码：

$$[A]_{补}=0,0001110,\ [B]_{补}=0,0011001,\ [-B]_{补}=1,1100111$$
$$[A-B]_{补}=[A]_{补}+[-B]_{补}=0,0001110+1,1100111=1,1110101$$

接下来，我们要把运算结果还原成十进制真值，看看结果是否正确。

注意：这里的运算结果是补码，这是初学者不习惯的地方，我们必须先把补码还原成原码，再转换成十进制数。

按照 2.2.2 节中介绍的补码还原成原码的规则我们得到：

$$[A-B]_{原}=1,0001011$$

符号位为 1，说明这是一个负数，二进制真值为 −1011，转换成十进制值为 −11。

$$A-B=(+14)_{10}-(+25)_{10}=(-11)_{10}$$

通过这个例题，我们模拟了计算机采用补码做加减法计算的过程。下面再举个例子，是模拟巧妙利用自动丢失模后，保证运算结果正确的例题。

例 2.23　设机器字长为 N = 8(最高位为符号位)，若 A = (+11)₁₀，B = (−5)₁₀，采用二进制补码的方式求[A+B]_{补}，并将结果还原成十进制真值。

解　首先把 A 和 B 的十进制真值转换成二进制真值：

$$A=(+11)_{10}=(+1011)_2,\ B=(-5)_{10}=(-101)_2$$

然后写出 N = 8 时的补码：

$$[A]_{补}=0,0001011，[B]_{补}=1,1111011$$
$$[A+B]_{补}=[A]_{补}+[B]_{补}=0,0001011+1,1111011=10,0000110$$

两个 8 位数相加后出现了 9 位二进制数，由于 N = 8，所以我们能看到的数值只有 8 位，也就是最前面那一位数 1 会自行丢失，如果从整个数值上看就是丢失 2^8 = 10000000，也就是丢失了模值。

这样计算机运算电路计算出的结果为

$$[A+B]_{补}=0,0000110$$

符号位为 0，说明这是一个正数，由于正数的原码、补码是相同的，它的二进制真值

为 +110，转换成十进制值为 +6。

$$A + B = (+11)_{10} + (-5)_{10} = (+6)_{10}$$

可见，不论操作数是正还是负，在做补码加减法时，只需要将符号位和数值位一起参加运算，并且将符号位的进位自动丢掉即可，所谓自动丢掉其实就是指：运算结果只看低 8 位。这样使设计计算机的加减法电路变得较为简单。

2. 溢出判断

当然，例 2.22、例 2.23 的运算结果正确的前提是不产生溢出。那什么是溢出？如何判断是否溢出？简单地讲，溢出就是超出了计算机数据的表示范围。

计算机的数据是有字长约定的，比如 C 语言中，int(整型)数据规定所占位数为 N = 16 位二进制数，其中 16 位二进制数的最高位为符号位，数值位为 15 位。

因为 N 位二进制数表示的补码数值范围为 $-2^{N-1} \sim +(2^{N-1}-1)$，N = 16 位二进制数的范围为 $-2^{16-1} \sim +(2^{16-1}-1)$，写成十进制数，即 $-32\,768 \sim +32\,767$。也就是说，在 C 语言中的 int(整型)变量能表示的数据最大只能达到 +32 767，最小只能是 −32 768。超出这个范围就产生了溢出，其运算结果就会出现错误。所以在计算机的程序设计中，有时候程序语言没有任何语法和算法错误，但如果运算结果超出数据范围，也会产生溢出错误。

对于加法，只有在正数加正数和负数加负数两种情况下才可能产生溢出，符号不同的两个数相加是不会溢出的。对于减法，只有在正数减负数和负数减正数的情况下才可能产生溢出，符号相同的两个数相减是不会溢出的。计算机怎么在电路中判断计算是否溢出呢？补码定点运算判断溢出有两种方法：一种是用一位符号位判断溢出，另一种是用两位符号位判断溢出。

(1) 用一位符号位判断溢出。判断溢出的方法：用符号位产生的进位与最高数值位产生的进位做"异或 ⊕"操作后，按照其结果进行判断。若"异或"结果为 1，即为溢出；若"异或"结果为 0，则无溢出。

下面采用两个正数相加的例题来说明。

例 2.24 设机器字长为 N = 8(最高位为符号位)，若 A = $(+21)_{10}$，B = $(+26)_{10}$，采用二进制补码的方式求[A + B]补，用一位符号位的方法判断是否溢出。

解 首先把 A 和 B 的十进制真值转换成二进制真值：

$$A = (+21)_{10} = (+10101)_2$$
$$B = (+26)_{10} = (+11010)_2$$

然后写出 N = 8 时的补码：

$$[A]_补 = 0,0010101, \quad [B]_补 = 0,0011010$$
$$[A + B]_补 = [A]_补 + [B]_补 = 0,0010101 + 0,0011010 = 0,0101111$$

在计算过程中，当两个数相加时，最高位符号位相加没有产生进位，次高位(数值位的最高位)相加也没产生进位，两个进位位均为 0，0 ⊕ 0 = 0，所以没有溢出。

也就是说，$(+21)_{10} + (+26)_{10} = (+47)_{10}$ 没有超过机器字长 N = 8 时补码数值范围 $-128 \sim +127$。

例 2.25 设机器字长为 N = 8(最高位为符号位)，若 A = $(+100)_{10}$，B = $(+30)_{10}$，采用二进制补码的方式求[A + B]补，用一位符号位的方法判断是否溢出。

解 首先把 A 和 B 的十进制真值转换成二进制真值：

$$A = (+100)_{10} = (+1100100)_2$$
$$B = (+30)_{10} = (+11110)_2$$

然后写出 N = 8 时的补码：

$$[A]_{补} = 0,1100100, \quad [B]_{补} = 0,0011110$$
$$[A + B]_{补} = [A]_{补} + [B]_{补} = 0,1100100 + 0,0011110 = 1,0000010$$

在计算过程中，两个数相加时，最高位符号位相加没有产生进位，进位位为 0，次高位(数值位的最高位)相加产生了进位，进位位为 1，$0 \oplus 1 = 1$，所以有溢出。

也就是说，$(+100)_{10} + (+30)_{10} = (+130)_{10}$，超过机器字长 N = 8 时补码数值范围 $-128 \sim +127$。

(2) 用两位符号位判断溢出。采用两位符号位的补码，就是把补码的符号位重复地多用一位来表示，也称双符号位补码(变形补码)。例如：$[A]_{补} = 0,1100100$，这是采用一位符号位的补码，写成双符号位补码(变形补码)的形式为$[A]_{变形补码} = 00,1100100$。

变形补码判断溢出的规则是：当双符号位像一位符号位一样进行计算后，如果出现两位符号位不同时，表示有溢出；如果两位相同，表示无溢出。用逻辑表达式来说明，就是用两位符号位做异或，若结果为 0，则无溢出，若结果为 1，则有溢出。

下面我们把前面例 2.24、例 2.25 分别用变形补码的规则运算，看溢出判断的结果是否相同。

例 2.26　设机器字长为 N = 8，若 $A = (+21)_{10}$，$B = (+26)_{10}$，采用二进制补码的方式求$[A + B]_{补}$，用两位符号位的方法判断是否溢出。

解　首先把 A 和 B 的十进制真值转换成二进制真值：
$$A = (+21)_{10} = (+10101)_2, \quad B = (+26)_{10} = (+11010)_2$$

然后写出 N = 8 时的变形补码：

$$[A]_{变形补码} = 00,0010101, \quad [B]_{变形补码} = 00,0011010$$
$$[A + B]_{变形补码} = [A]_{变形补码} + [B]_{变形补码} = 00,0010101 + 00,0011010 = 00,0101111$$

两个数相加后，两位符号位相同，所以没有溢出。

例 2.27　设机器字长为 N = 8，若 $A = (+100)_{10}$，$B = (+30)_{10}$，用二进制补码的方式求$[A+B]_{补}$，用两位符号位的方法判断是否溢出。

解　首先把 A 和 B 的十进制真值转换成二进制真值：
$$A = (+100)_{10} = (+1100100)_2, \quad B = (+30)_{10} = (+11110)_2$$

然后写出 N = 8 时的变形补码：

$$[A]_{变形补码} = 00,1100100, \quad [B]_{变形补码} = 00,0011110$$
$$[A + B]_{变形补码} = [A]_{变形补码} + [B]_{变形补码} = 00,1100100 + 00,0011110 = 01,0000010$$

两个数相加后，两位符号位不相同，所以有溢出。

由此可见，两种判断溢出的方法其结果是相同的。

2.5.3　乘法运算

在计算机中，乘法运算是一种很重要的运算，但在一些早期的和简单的计算机 CPU 芯片里没有设计乘法器硬件运算电路，所以其指令系统中没有乘法指令。如果要完成乘法运算，必须用加法指令和移位指令来模拟机器乘法器硬件电路的方法做乘法，用软件编程实现乘法。

下面我们学习乘法器的设计思路和方法，了解这些思路和方法，既有利于我们掌握计算机乘法器设计的原理，也有利于在没有乘法指令的前提下实现软件编程。

1. 乘法运算分析

为了说明方便，我们选择定点小数来说明乘法的运算过程。

被乘数 A 和乘数 B 相乘：设 A=0.1101，B=0.1011，求 A×B。通过笔算，结果为 A×B = 0.10001111。

通过数学的方法，我们也可以这样描述 A×B 的过程：

$$A \times B = A \times 0.1011 = 0.1A + 0.00A + 0.001A + 0.0001A$$
$$= 0.1A + 0.00A + 0.001(A + 0.1A)$$
$$= 0.1A + 0.01[0A + 0.1(A + 0.1A)]$$
$$= 0.1\{A + 0.1[0A + 0.1(A + 0.1A)]\}$$
$$= 2^{-1}\{A + 2^{-1}[0A + 2^{-1}(A + 2^{-1}A)]\}$$
$$= 2^{-1}\{A + 2^{-1}[0A + 2^{-1}(A + 2^{-1}(A + 0))]\}$$

注意：2^{-1} 就是除以 2，由 2.5.1 节中的移位运算可知，一个数每右移一位，相当于除以 2。由上面推导的 $A \times B = 2^{-1}\{A + 2^{-1}[0A + 2^{-1}(A + 2^{-1}(A + 0))]\}$ 的表达式可以看出：两个数相乘的过程，可以看成是加法和移位(右移)两种运算按照表达式进行结合运算。我们在"数字逻辑"课程中学习了设计加法器和移位寄存器电路，两者结合就可以比较容易地设计乘法器电路。

下面，我们从表达式 $A \times B = 2^{-1}\{A + 2^{-1}[0A + 2^{-1}(A + 2^{-1}(A + 0))]\}$ 最里层做起，分步写出整个过程，其中 2^{-1} 就是右移 1 位。这个过程就是计算机里乘法器对被乘数 A 和乘数 B 做乘法的一个实际过程：

从部分积的初始值 0 开始：

第一步，被乘数 A 加 0：

$$A + 0 = 0.1101 + 0.0000 = 0.1101$$

第二步，右移 1 位，得到新的部分积：

$$2^{-1}(A + 0) = 0.01101$$

第三步，被乘数 A 加部分积：

$$A + 2^{-1}(A + 0) = 0.1101 + 0.01101 = 1.00111$$

第四步，右移 1 位，得到新的部分积：

$$2^{-1}[A + 2^{-1}(A + 0)] = 0.100111$$

第五步，0 乘被乘数 A 后加部分积：

$$0A + 2^{-1}[A + 2^{-1}(A + 0)] = 0.100111$$

第六步，右移 1 位，得到新的部分积：

$$2^{-1}\{0A + 2^{-1}[A + 2^{-1}(A + 0)]\} = 0.0100111$$

第七步，被乘数 A 加部分积：

$$A + 2^{-1}\{0A + 2^{-1}[A + 2^{-1}(A + 0)]\} = 0.1101 + 0.0100111 = 1.0001111$$

第八步，右移 1 位，得到新的部分积：

$$2^{-1}\{A + 2^{-1}[0A + 2^{-1}(A + 2^{-1}(A + 0))]\} = 0.10001111$$

我们看到通过一次次的相加、右移，得出和笔算一样的结果：0.10001111

我们把上述运算过程归纳如表 2.5 所示(在描述过程中把表中第一列称为部分积，第二列称为乘数)。

表 2.5　乘法的运算过程

部分积	乘数	说　　明
0.0000 +0.1101	1011<u></u>	初始条件，首先部分积为 0； 由于乘数的最低位为 1(加下划线的数字)，则加被乘数
0.1101 0.0110 +0.1101	 1101<u></u>	部分积和乘数一起→1 位(逻辑右移 1 位)，形成新的部分积； 再看移位后的乘数的最低位为 1(加下划线的数字)，则加被乘数
1.0011 0.1001 +0.0000	1 1110<u></u>	部分积和乘数一起→1 位(逻辑右移 1 位)，形成新的部分积； 再看移位后的乘数的最低位为 0(加下划线的数字)，则加 0
0.1001 0.0100 +0.1101	11 1111<u></u>	部分积和乘数一起→1 位(逻辑右移 1 位)，形成新的部分积； 再看移位后的乘数的最低位为 1(加下划线的数字)，则加被乘数
1.0001 0.1000	111 1111	部分积和乘数一起→1 位(逻辑右移 1 位)，形成最后结果，此时，乘数完全被移去，乘数部分是整个积的低位

(1) 乘法运算可用移位和加法来实现，两个 4 位数相乘，共需要进行 4 次加法运算和 4 次移位运算。

(2) 乘法开始时先设定部分积的初值为 0，然后每次由乘数的末位数值来确定被乘数是否与原部分积相加，并且右移 1 位，形成新的部分积。如果乘数的末位数值为 1，则被乘数和原部分积相加，并且右移 1 位形成新的部分积；如果乘数的末位数值为 0，则加 0，再右移 1 位，形成新的部分积。由于每次只是拿乘数的一位来做判断，所以，这种方法又称为"一位乘法"。

注意：右移时部分积和乘数一起右移 1 位，而且是按照逻辑右移的方法进行(部分积最高位右移后空出位添 0)，同时移位后乘数的最低位被移去，由次低位作为乘数新的末位，乘数空出的最高位放部分积的最低位。

(3) 每次做加法时，被乘数仅仅与原部分积的最高位相加，其低位被移至乘数所空出的高位位置。

(4) 当 4 位乘数全部移去后，整个乘法运算结束。部分积和乘数两列合起来的这个二进制数据(0.10001111)就是 A × B 的结果。其中部分积的数值是乘积的高位，乘数的数值是乘积的低位，故

$$A \times B = 0.10001111$$

在计算机中很容易用数字逻辑电路来实现这种运算规则，用一个寄存器存放被乘数 A，

一个寄存器存放乘积的高位，另外一个寄存器存放乘数 B 及乘积的低位，再配上加法器和其他的移位电路等，就可以组成乘法器硬件电路。

2. 原码乘法运算

由于原码表示和真值极为相似，只是原码最高位为符号位。两个原码相乘，只需要把两个原码的最高位符号位相"异或"就可以得到乘积的符号。因此，上述讨论的结果可以直接用于原码"一位乘法"，所谓"一位乘法"，是指拿乘数的一位来判断是否加被乘数。

下面我们来讲解原码一位乘法。

(1) 原码一位乘法运算规则。

以小数为例。设被乘数 $[x]_原 = x_0.x_1x_2 \cdots x_n$，乘数 $[y]_原 = y_0.y_1y_2 \cdots y_n$，其中 x_0 和 y_0 分别代表被乘数和乘数的符号位，则

$$[x]_原 \times [y]_原 = x_0 \oplus y_0.(0.x_1x_2 \cdots x_n)(0.y_1y_2 \cdots y_n)$$

由于把符号位单独拿出来处理，因此 $0.x_1x_2 \cdots x_n$ 为 x 的绝对值，记作 x^*，$0.y_1y_2 \cdots y_n$ 为 y 的绝对值，记作 y^*。

原码一位乘法的运算规则如下：

① 乘积的符号位由两原码符号位"异或"运算结果决定。

② 乘积的数值部分由两数绝对值相乘，其通式为

$$x^* \times y^* = x^*(0. y_1y_2 \cdots y_n) = x^*(y_12^{-1} + y_22^{-2} + \cdots + y_n2^{-n})$$
$$= 2^{-1}(y_1 x^* + 2^{-1}(y_2 x^* + 2^{-1}(\cdots + 2^{-1}(y_{n-1} x^* + 2^{-1}(y_n x^* + 0)) \cdots)))$$

令 $z_0 = 0$，我们可以把 z_0 看成部分积初值，再令 z_i 为第 i 次部分积，上面式子可写成如下递推公式：

$$z_0 = 0$$
$$z_1 = 2^{-1}(y_n \cdot x^* + z_0)$$
$$z_2 = 2^{-1}(y_{n-1} \cdot x^* + z_1)$$
$$\vdots$$
$$z_i = 2^{-1}(y_{n-i+1} \cdot x^* + z_{i-1})$$
$$\vdots$$
$$z_n = 2^{-1}(y_1 \cdot x^* + z_{n-1})$$
$$z_i = 2^{-1}(y_{n-i+1} \cdot x^* + z_{i-1})$$

其中：$z_0 = 0$，表示部分积的初值为 0；$z_1 = 2^{-1}(y_n \cdot x^* + z_0)$，表示根据乘数最低位的数值 y_n 来决定部分积 z_0 是否加被乘数 x^*。如果 $y_n = 1$，则部分积 z_0 加上 x^*，然后乘以 2^{-1}，即相加的和值右移 1 位；如果 $y_n = 0$，则部分积 z_0 加上 0，然后乘以 2^{-1}，即右移 1 位。做完这一步后得到一个新的部分积 z_1，接下来判断次低位 y_{n-1}，依次类推，一直到乘数 y^* 的最后一位数值位 y_1，用同样的方法求得 z_n，即 $x^* \times y^*$。

我们从递推公式可以看到，绝对值相乘和真值相乘是完全一样的。下面通过例题进一步巩固、理解原码一位乘法。

例 2.28　已知 $x = -0.1110$，$y = -0.1101$，求 $[x \times y]_原$。

解　因为 $x = -0.1110$，所以 $[x]_原 = 1.1110$，x 的绝对值为 $x^* = 0.1110$，$x_0 = 1$；

又因为 $y = -0.1101$，所以 $[y]_原 = 1.1101$，y 的绝对值为 $y^* = 0.1101$，$y_0 = 1$。

根据原码一位乘法的规则,$[x \times y]_原$的数值部分计算过程如表 2.6 所示。

按照表 2.6 最后一行所示,最后计算得到 z_4 的值为 $x^* \cdot y^* = 0.10110110$。

表 2.6　例 2.28 的运算过程

部分积	乘数	说　　明
0.0000 +0.1110	1101	初始条件,首先部分积 $z_0 = 0$; 乘数最低位为 1(加下划线的数字),则加被乘数 x^*
0.1110 0.0111 +0.0000	0110	部分积和乘数一起→1 位(逻辑右移 1 位),形成新的部分积 z_1; 再看移位后的乘数的最低位为 0(加下划线的数字),则加 0
0.0111 0.0011 +0.1110	0 1011	部分积和乘数一起→1 位(逻辑右移 1 位),形成新的部分积 z_2; 再看移位后的乘数的最低位为 1(加下划线的数字),则加被乘数 x^*
1.0001 0.1000 +0.1110	10 1101	部分积和乘数一起→1 位(逻辑右移 1 位),形成新的部分积 z_3; 再看移位后的乘数的最低位为 1(加下划线的数字),则加被乘数
1.0110 0.1011	110 0110	部分积和乘数一起→1 位(逻辑右移 1 位),形成最后结果 z_4,此时,乘数完全被移去,乘数部分是整个积的低位

因为乘积的符号位为 $x_0 \oplus y_0 = 1 \oplus 1 = 0$,故$[x \times y]_原 = 0.10110110$。

值得注意的是:这里部分积取 $n + 1$ 位,以便存放乘法过程中部分积相加形成的大于或等于 1 的值。另外,表中的右移(→1)都是逻辑右移,因为原码乘法的数值部分是采用绝对值相乘。

(2) 实现原码一位乘法运算所需要的硬件配置。我们总结出原码一位乘法的规律,目的是要根据这个规则设计相应的乘法器电路,图 2.1 所示是实现原码一位乘法运算的基本硬件配置框图。图中 A、X、Q 均为 $n + 1$ 位的寄存器,其中 X 存放被乘数的原码,Q 存放乘数的原码。移位和加控制电路受末位乘数 Q_n 的控制(当 $Q_n = 1$ 时,A 和 X 相加后,A、Q 右移 1 位;当 $Q_n = 0$ 时,只做 A、Q 右移 1 位的操作)。计数器 C 控制逐位相乘的次数,S 存放乘积的符号,GM 为乘法标志。

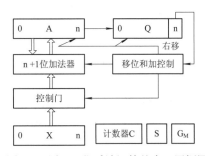

图 2.1　原码一位乘法运算基本配置框图

(3) 原码一位乘法控制流程。

原码一位乘法控制流程如图 2.2 所示。乘法运算前,A 寄存器被清零,作为部分积的初始值,被乘数的原码在 X 中,乘数的原码在 Q 中,计数器 C 中存放乘数的位数 n。乘法开始后,首先通过“异或”运算,求出乘积的符号并存入 S 中;接着将被乘数和乘数从原码形式变为绝对值;然后根据 Q_n 的状态决定部分积是否加上被乘数,再逻辑右移 1 位;如此重复 n 次,即得运算结果。

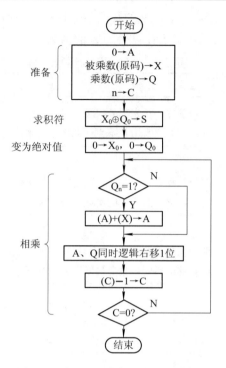

图 2.2　原码一位乘法运算控制流程

3. 补码乘法运算

我们在表 2.5 中描述的是二进制无符号数的乘法。现代计算机采用补码，补码是有符号数，那么补码符号位怎么处理？补码乘法的方法又是怎样的呢？

下面我们介绍补码一位乘法，补码一位乘法有两种方法：校正法和比较法。下面我们以小数为例，分别介绍补码一位乘法的两种方法。

1) 校正法

设被乘数$[x]_{\text{补}} = x_0.x_1x_2\cdots x_n$，乘数$[y]_{\text{补}} = y_0.y_1y_2\cdots y_n$，其中 x_0 和 y_0 分别代表被乘数和乘数的符号位。

校正法的补码运算规则分为两种情况：乘数为正和乘数为负。

(1) 被乘数 x 符号任意，乘数 y 符号为正。

乘数 y 符号为正，即 $y_0 = 0$，通过数学证明(证明过程略)，我们得知，若乘数符号为正，补码乘法运算规则和表 2.5 所描述的二进制无符号数的乘法规则是一样的，用递推的数学表达式描述如下：

$$[z_0]_{\text{补}} = 0$$
$$[z_1]_{\text{补}} = 2^{-1}(y_n[x]_{\text{补}} + [z_0]_{\text{补}})$$
$$[z_2]_{\text{补}} = 2^{-1}(y_{n-1}[x]_{\text{补}} + [z_1]_{\text{补}})$$
$$\vdots$$
$$[z_i]_{\text{补}} = 2^{-1}(y_{n-i+1}[x]_{\text{补}} + [z_{i-1}]_{\text{补}})$$
$$\vdots$$
$$[x \times y]_{\text{补}} = [z_n]_{\text{补}} = 2^{-1}(y_1[x]_{\text{补}} + [z_{n-1}]_{\text{补}})$$

其中：$[z_0]_{补} = 0$，表示部分积的初值为 0；$[z_1]_{补} = 2^{-1}(y_n [x]_{补} + [z_0]_{补})$，表示根据乘数最低位的数值 y_n 来决定部分积$[z_0]_{补}$是否加上被乘数$[x]_{补}$。如果 $y_n = 1$，则部分积$[z_0]_{补}$加上$[x]_{补}$，然后乘以 2^{-1}，即相加的和值右移 1 位；如果 $y_n = 0$，则部分积$[z_0]_{补}$加上 0，然后乘以 2^{-1}，即右移 1 位。做完这一步后得到一个新的部分积$[z_1]_{补}$，接下来判断次低位 y_{n-1}，依次类推，一直到乘数$[y]_{补}$的最后一位数值位 y_1，用同样的方法求得$[z_n]_{补}$，即$[x×y]_{补}$。

注意：相加和右移移位要采用补码加法和补码移位规则，同时部分积和被乘数要采用双符号位，保证运算时不丢失有效数值位。

下面我们通过例题详细说明具体运算方法，在本节补码乘法运算例题中，"→1 位"表示补码右移 1 位，特此说明。

例 2.29　已知$[x]_{补} = 1.0101$，$[y]_{补} = 0.1101$，用校正法求$[x × y]_{补}$。

解　由题意可知 y＞0，所以按照表 2.5 所示的方法运算，但是在相加和移位时要按照补码加法和补码右移移位规则进行，同时部分积和被乘数要采用双符号位，保证运算时不丢失有效数值位，见表 2.7。

请注意表 2.7 和表 2.5 的不同之处在于：第一，部分积采用两位符号位，比如初值为 00.0000；第二，被乘数$[x]_{补} = 1.0101$，也要写成双符号位 11.0101；第三，右移时采用算术右移规则，即最高位不变，次高位添最高位(符号位)的值。

当 4 位乘数全部移去后，整个乘法运算结束。部分积和乘数两列合起来的这个二进制数据(11.01110001)就是$[x×y]_{补}$的结果，其中部分积中的数值是乘积的高位，乘数中的数值是乘积的低位。

表 2.7　例题 2.29 的运算过程

部分积	乘数	说　　明
00.0000 +11.0101	110<u>1</u>	初始条件，首先部分积$[z_0]_{补} = 0$； 乘数的最低位 y_4 为 1(加下划线的数字)，则加被乘数$[x]_{补}$
11.0101 11.1010 11.1101 +11.0101	 111<u>0</u> 011<u>1</u> 	部分积和乘数一起→1 位，形成新的部分积$[z_1]_{补}$； $y_3 = 0$，部分积和乘数一起→1 位，得$[z_2]_{补}$； $y_2 = 1$，加被乘数$[x]_{补}$
11.0010 11.1001 +11.0101	01 001<u>1</u>	部分积和乘数一起→1 位，形成新的部分积$[z_3]_{补}$； 再看 $y_1 = 1$，则加被乘数$[x]_{补}$
10.1110 11.0111	001 0001	部分积和乘数一起→1 位，得到最后结果$[x × y]_{补}$；此时，乘数完全被移去，乘数部分是整个乘积的低位

部分积在运算中采用双符号，但最后结果只需要一位符号位，故$[x × y]_{补} = 1.01110001$。

(2) 被乘数 x 符号任意，乘数 y 符号为负。

乘数$[y]_{补} = y_0.y_1y_2\cdots y_n$ 为负，即 $y_0 = 1$，$[y]_{补} = 1.y_1y_2\cdots y_n$。通过数学证明(证明过程略)得知，可以先把 y_0 看成 0，把乘数 y 当成正数与$[x]_{补}$相乘，最后加上$[-x]_{补}$进行校正。

用递推的数学表达式描述如下：

$$[z_0]_补 = 0$$

$$[z_1]_补 = 2^{-1}(y_n[x]_补 + [z_0]_补)$$

$$[z_2]_补 = 2^{-1}(y_{n-1}[x]_补 + [z_1]_补)$$

$$\vdots$$

$$[z_i]_补 = 2^{-1}(y_{n-i+1}[x]_补 + [z_{i-1}]_补)$$

$$\vdots$$

$$[z_n]_补 = 2^{-1}(y_1[x]_补 + [z_{n-1}]补)$$

$$[x \times y]_补 = [z_n]_补 + [-x]_补$$

和乘数符号为正时相比较，乘数为负的补码乘法和乘数为正时类似，只需要在最后加上一个校正项$[-x]_补$即可。所以，这种方法也称校正法。

例 2.30 已知$[x]_补 = 0.1101$，$[y]_补 = 1.0101$，用校正法求$[x \times y]_补$。

解 由题意可知 $y < 0$，故先不考虑符号位，把乘数$[y]_补 = 1.0101$(不管符号位)只取 0101 放入表 2.8 所示的乘数栏，再按照表 2.5 描述的方法运算，只是在运算完成后再加上校正项$[-x]_补$ 即可，解题运算过程见表 2.8。

表 2.8　例 2.30 的运算过程

部分积	乘数	说　明
00.0000 +00.1101	0101<u>1</u>	初始条件，首先部分积$[z_0]_补 = 0$； 乘数的最低位 y_4 为 1(加下划线的数字)，则加被乘数$[x]_补$
00.1101 00.0110 00.0011 +00.1101	1010<u>0</u> 0101<u>1</u>	部分积和乘数一起→1 位，形成新的部分积$[z_1]_补$； $y_3 = 0$，部分积和乘数一起→1 位，得$[z_2]_补$； $y_2 = 1$，加被乘数$[x]_补$
01.0000 00.1000 00.0100 +11.0011	01 0010<u>0</u> 0001	部分积和乘数一起→1 位，形成新的部分积$[z_3]_补$； 再看 $y_1 = 1$，则部分积和乘数一起→1 位，得$[z_4]_补$； 最后$+[-x]_补$进行校正
11.0111	0001	得到最后结果$[x \times y]_补$

故$[x \times y]_补 = 1.01110001$。

注意：在补码校正法中，如果 $y < 0$，我们需要求出$[-x]_补$，以便最后校正时使用。

根据$[x]_补$求$[-x]_补$的方法是：先根据$[x]_补$求$[x]_原$，然后把$[x]_原$的符号取反得到$[-x]_原$，再由$[-x]_原$求得$[-x]_补$的值。

在本题中，已知$[x]_补 = 0.1101$，最高位符号位为 0，说明 x 是一个正数，正数的原码和补码形式是相同的，故得出$[x]_原 = 0.1101$，再把$[x]_原$的符号位取反得到$[-x]_原 = 1.1101$，最终根据学过的已知原码求补码的规则可得$[-x]_补 = 1.0011$。

由以上两例题可以看到，补码乘法其乘积的符号是在运算过程中自然形成的，这是使用补码的优点。但是校正法与乘数的符号有关，在运算时需要根据乘数的符号决定是否要加$[-x]_补$进行校正，在乘数为正的时候，不需要加$[-x]_补$进行校正，而在乘数为负的时候，必须加$[-x]_补$进行校正，这样会使控制电路比较复杂。

能否不考虑乘数的符号，用统一的规则进行运算呢？答案是肯定的，这就是接下来介绍的比较法。

2) 比较法

比较法是由英国 Booth 夫妇提出的，所以又叫 Booth 法。它的运算规则可以由校正法导出，具体推导过程略，我们直接写出递推公式。

设被乘数 $[x]_补 = x_0.x_1x_2\cdots x_n$，乘数 $[y]_补 = y_0.y_1y_2\cdots y_n$，则递推公式如下：

$$[z_0]_补 = 0$$
$$[z_1]_补 = 2^{-1}\{[z_0]_补 + (y_{n+1} - y_n)[x]_补\}$$
$$[z_2]_补 = 2^{-1}\{[z_1]_补 + (y_n - y_{n-1})[x]_补\}$$
$$\vdots$$
$$[z_i]_补 = 2^{-1}\{[z_{i-1}]_补 + (y_{n-i+2} - y_{n-i+1})[x]_补\}$$
$$\vdots$$
$$[z_n]_补 = 2^{-1}\{[z_n]_补 + (y_2 - y_1)[x]_补\}$$
$$[x \times y]_补 = [z_{n+1}]_补 = [z_n]_补 + (y_1 - y_0)[x]_补$$

从递推公式 $[z_1]_补 = 2^{-1}\{[z_0]_补 + (y_{n+1} - y_n)[x]_补\}$ 中的 $(y_{n+1} - y_n)[x]_补$ 部分我们可以看到，比较法和校正法的不同之处在于：是否加 $[x]_补$ 不是由 y_n 决定的，而是由 $(y_{n+1} - y_n)$ 来决定的，也就是要通过 y_{n+1} 和 y_n 相比较的结果来决定是加 0 还是加 $[x]_补$，或者加 $-[x]_补$（即加 $[-x]_补$）。而且多了一个 y_{n+1} 位，我们把 y_{n+1} 称为附加位，其初值为 0。每一步（除最后一步）都有乘以 2^{-1}，说明相加完后，需要右移。

从最后一步 $[x \times y]_补 = [z_{n+1}]_补 = [z_n]_补 + (y_1 - y_0)[x]_补$ 我们可以看到乘数的符号位 y_0 也参与比较，而且最后一步没有乘以 2^{-1}，所以最后一步完成后不要右移。

我们总结比较法（Booth 法）的运算规则如下（见表 2.9）：

① 增加一个附加位 $y_{n+1} = 0$，同时乘数的符号位也参与运算。

② 如果 $y_{i+1} - y_i = 0$，则加 0；如果 $y_{i+1} - y_i = 1$；则加 $[x]_补$；如果 $y_{i+1} - y_i = -1$，则加 $[-x]_补$。

③ 部分积和乘数、附加位一起右移 1 位（→1 位）。

④ 最后一步不要右移。

表 2.9　比较法相邻两位不同情况采取的不同运算

y_i	y_{i+1}	$y_{i+1} - y_i$	说　　明
0	0	0	部分积加 0，然后部分积和乘数、附加位一起右移 1 位（→1 位）
0	1	1	部分积加 $[x]_补$，然后部分积和乘数、附加位一起右移 1 位（→1 位）
1	0	−1	部分积加 $[-x]_补$，然后部分积和乘数、附加位一起右移 1 位（→1 位）
1	1	0	部分积加 0，然后部分积和乘数、附加位一起右移 1 位（→1 位）

例 2.31　已知 $[x]_补 = 0.1101$，$[y]_补 = 0.1011$，用比较法求 $[x \times y]_补$。

解　(1) 由于比较法和校正法不同，需确定一个附加位 $y_{n+1} = 0$，所以在表 2.10 中需增加一列附加位，同时乘数连同符号位都参与运算。

(2) 已知 $[x]_补 = 0.1101$，可得 $[x]_原 = 0.1101$，从而得到 $[-x]_原 = 1.1101$，由此得出 $[-x]_补 = 1.0011$。

(3) 根据附加位和乘数相邻两位的值，对照表 2.9 决定部分积是加 0 还是加 $[x]_补$，或者加 $[-x]_补$。

(4) 相加后，部分积和乘数、附加位一起右移一位（→1 位），最后一步不右移。

表 2.10　例 2.31 的运算过程

部分积	乘数 y_n	附加位 y_{n+1}	说　明
00.0000 +11.0011	0101$\underline{1}$	$\underline{0}$	初始条件，首先部分积 $[z_0]_补$=0; 上一行中 $y_n y_{n+1} = 10$，则部分积加 $[-x]_补$
11.0011 11.1001 11.1100 +00.1101	 1010$\underline{1}$ 1101$\underline{0}$ 	 $\underline{1}$ $\underline{1}$ 	部分积和乘数、附加位一起 →1 位，得 $[z_1]_补$; 上一行中 $y_n y_{n+1} = 11$，部分积和乘数、附加位一起 →1 位，得 $[z_2]_补$; 上一行中 $y_n y_{n+1} = 01$，则部分积加 $[x]_补$
00.1001 00.0100 +11.0011	11 1110$\underline{1}$ 	 $\underline{0}$ 	部分积和乘数、附加位一起 →1 位，形成新的部分积 $[z_3]_补$; 上一行中 $y_n y_{n+1} = 10$，则部分积加 $[-x]_补$
11.0111 11.1011 +00.1101	111 1111$\underline{0}$ 	 $\underline{1}$ 	部分积和乘数、附加位一起 →1 位，得 $[z_4]_补$; 上一行中 $y_n y_{n+1} = 01$，则部分积加 $[x]_补$
00.1000	1111		最后一步不右移，得 $[x \times y]_补$

故 $[x \times y]_补 = 0.10001111$。

例 2.32　已知 $[x]_补 = 1.0101$，$[y]_补 = 1.0011$，用比较法求 $[x \times y]_补$。

解　(1) 解题运算过程见表 2.11，由于比较法和校正法不同，需确定一个附加位 $y_{n+1} = 0$，所以在表 2.11 中需增加一列附加位，同时乘数连同符号位都参与运算。

(2) 已知 $[x]_补 = 1.0101$，可得 $[x]_原 = 1.1011$，从而得到 $[-x]_原 = 0.1011$，由此得出 $[-x]_补 = 0.1011$。

(3) 由附加位和乘数相邻两位的值，对照表 2.9 决定部分积是加 0 还是加 $[x]_补$，或者加 $[-x]_补$。

(4) 相加后，部分积和乘数、附加位一起右移 1 位（→1 位），最后一步不右移。

表 2.11　例 2.32 的运算过程

部分积	乘数 y_n	附加位 y_{n+1}	说　明
00.0000 +00.1011	1001$\underline{1}$	$\underline{0}$	初始条件，首先部分积 $[z_0]_补$=0; 上一行中 $y_n y_{n+1} = 10$，则部分积加 $[-x]_补$
00.1011 00.0101 00.0010 +11.0101	 1100$\underline{1}$ 1110$\underline{0}$ 	 $\underline{1}$ $\underline{1}$ 	部分积和乘数、附加位一起 →1 位，得 $[z_1]_补$; 上一行中 $y_n y_{n+1} = 11$，部分积和乘数、附加位一起 →1 位，得 $[z_2]_补$; 上一行中 $y_n y_{n+1} = 01$，则部分积加 $[x]_补$
11.0111 11.1011 11.1101 +00.1011	11 1111$\underline{0}$ 1111$\underline{1}$ 	 $\underline{0}$ $\underline{0}$ 	部分积和乘数、附加位一起 →1 位，形成新的部分积 $[z_3]_补$; 上一行中 $y_n y_{n+1} = 00$，则部分积和乘数、附加位一起 →1 位，得 $[z_4]_补$; 上一行中 $y_n y_{n+1} = 10$，则部分积加 $[-x]_补$
00.1000	1111		最后一步不右移，得 $[x \times y]_补$

故 $[x \times y]_{补} = 0.10001111$。

由于比较法的补码乘法运算规则不受乘数符号位的约束，同时符号位参与运算，充分体现了计算机使用补码的优点，因此，控制电路简单，在计算机的乘法器设计中普遍采用。

2.5.4　除法运算

在除法运算的这一节里，我们只介绍原码除法，补码除法的基本原理和方法与原码除法相同，限于篇幅，就不作详细介绍了，有兴趣的读者可以参考相关书籍。

1. 笔算除法分析

为了说明方便，我们选择定点小数来说明除法的运算过程。

设 $A = 0.1011$，$B = 0.1101$，求 A 除以 B 的结果。

通过列算式，其数值部分的运算如下：

$$
\begin{array}{r}
0.1101 \\
0.1101 \enclose{longdiv}{0.10110} \\
0.01101 \\
\hline
0.010010 \\
0.001101 \\
\hline
0.00010100 \\
0.00001101 \\
\hline
0.00000111 \\
\end{array}
$$

我们可以得到除法的结果：A 除以 B 的商为 0.1101，余数是 0.00000111。

如果我们回顾一下除法的笔算过程，就会发现有以下几个特点：

① 每次上商都是由心算来比较余数(被除数)和除数的大小，确定商为 1 还是为 0。

② 每做一次减法，总是保存余数不动，低位补 0，再减去右移后的除数。

③ 每次上商的位置不同。

④ 符号需要单独处理。

把上面这几个步骤分别用计算机的硬件电路来实现，从而设计出计算机的除法电路。

① 机器不能心算，它是通过比较被除数(或余数)和除数的绝对值的大小来确定商值，即|A|-|B|，若差值为正(够减)上商 1，差值为负(不够减)上商 0。

② 按照每做一次减法总是保存余数不动，低位补 0，再减去右移后的除数这一规则，则要求加法器的位数必须为除数的两倍。经过分析发现，右移除数可以用左移余数来代替，其运算结果是一样的，但电路设计更方便。

③ 对商的处理采取将每一位的商直接写到寄存器的最低位，并把原来的部分左移 1 位的方法，这样更利于硬件电路的实现。

④ 对符号的处理采取把被除数和除数的符号位异或的方法来实现。

通过这样的方法我们可以得到原码除法的运算规则。

2. 原码除法规则

设被除数 $[x]_{原} = x_0.x_1x_2\cdots x_n$，除数 $[y]_{原} = y_0.y_1y_2\cdots y_n$，则

$$[x \div y]_{原} = (x_0 \oplus y_0).(0.x_1x_2\cdots x_n) \div (0.y_1y_2\cdots y_n)$$

式中：$0.x_1x_2\cdots x_n$ 为 x 的绝对值，记作 x^*；$0.y_1y_2\cdots y_n$ 为 y 的绝对值，记作 y^*。

商的符号由两数符号位异或 $(x_0 \oplus y_0)$ 运算求得，商值由两数的绝对值相除 $(x^* \div y^*)$ 求得。

由于采用定点小数除法，所以我们还对被除数和除数有如下约定：

$$0 < |被除数| < |除数|$$

做除法时还应该首先判断除数是否为 0，如果为 0，结果为无限大；其次判断被除数是否为 0，如果为 0，为了减少机器运算时间，就不需要做除法了，结果直接为 0。

在原码除法中，根据对余数的处理不同，又可以分为恢复余数法和加减交替法(不恢复余数法)两种。下面通过两个例题分别介绍。

(1) 恢复余数法。我们在做除法时，通过余数(被除数)和除数做减法来比较两者绝对值的大小，确定商 0 还是商 1。如果够减，则商 1；但如果不够减，则商 0 后还需要加上除数，将其恢复成原来的余数，以便做下一步运算。这一种方法称为恢复余数法。

由上所述，商值是通过比较余数(被除数)和除数的绝对值大小即 $x^* - y^*$ 实现的，而计算机只设计有加法器，故需要将 $x^* - y^*$ 的操作变为 $[x^*]_补 + [-y^*]_补$ 的操作。

例 2.33 已知 x = −0.1011，y = −0.1101，求 $[x \div y]_原$。

解 由 x = −0.1011 可得

$$[x]_原 = 1.1011，x^* = 0.1011，[x^*]_补 = 0.1011$$

由 y = −0.1101 可得

$$[y]_原 = 1.1101，y^* = 0.1101，[y^*]_补 = 0.1101$$
$$[-y^*]_原 = 1.1101，[-y^*]_补 = 1.0011$$

例 2.33 的运算过程见表 2.12。

表 2.12 例 2.33 的运算过程

被除数(余数)	商	说　明
0.1011 +1.0011	0.0000	+$[-y^*]_补$(减去除数)
1.1110 +0.1101	0	余数为负，上商 0； +$[y^*]_补$，恢复余数
0.1011 1.0110 +1.0011	0	被恢复的被除数； ←1 位(左移 1 位)； +$[-y^*]_补$(减去除数)
0.1001 1.0010 +1.0011	01 01	余数为正，上商 1； ←1 位(左移 1 位)； +$[-y^*]_补$(减去除数)
0.0101 0.1010 +1.0011	011 011	余数为正，上商 1； ←1 位(左移 1 位)； +$[-y^*]_补$(减去除数)
1.1101 +0.1101	0110	余数为负，上商 0； +$[y^*]_补$，恢复余数
0.1010 1.0100 +1.0011	0110	被恢复的被除数； ←1 位(左移 1 位)； +$[-y^*]_补$(减去除数)
0.0111	01101	余数为正，上商 1

从表 2.12 的最后一行可以看到，$[x \div y]_原$ 的商为 0.1101。

由于计算时逻辑左移了 4 次，所以在表 2.12 中余数的结果要右移 4 次才是最终正确的结果。

$[x \div y]_原$ 的余数为 0.00000111。

商的符号：$x_0 \oplus y_0 = 1 \oplus 1 = 0$。

最后计算结果为 $[x \div y]_原 = 0.1101$，余数为 0.00000111。

(2) 加减交替法。在恢复余数法中，每当余数为负时，都需要恢复余数，这样就延长了机器做除法的时间，操作也不规则，电路设计要考虑的因素较多，对线路结构设计不利。加减交替法克服了这些缺点。

加减交替法又称为不恢复余数法，可以认为它是恢复余数法的一种改进算法。

分析原码恢复余数法可知：

当余数 $R_i > 0$ 时，可商上 1，再对 R_i 左移一位后减去余数。通过前面的学习我们知道，左移 1 位相当于乘以 2，这样用数学表达式来描述即 $2R_i - y^*$。

当余数 $R_i < 0$ 时，可商上 0，然后先做 $R_i + y^*$，完成恢复余数的运算，再做 $2(R_i + y^*) - y^*$，即 $2R_i + y^*$。

综上所述，加减交替法规则如下：

(1) 当余数 $R_i > 0$ 时，商上 1，做 $2R_i - y^*$ 的运算；

(2) 当余数 $R_i < 0$ 时，商上 0，做 $2R_i + y^*$ 的运算。

这里不必考虑恢复余数的问题，只做加 y^* 或减 y^* 的运算，因此，我们把这个规则称为加减交替法或不恢复余数法。

这样做实际是把恢复余数法的一些步骤通过数学变换一步完成，从而减少了运算步骤，简化了运算电路，加快了运算速度。

例 2.34　已知 x = −0.1011，y = 0.1101，求 $[x \div y]_原$。

解　由 x = −0.1011 可得

$$[x]_原 = 1.1011, \quad x^* = 0.1011, \quad [x^*]_补 = 0.1011$$

由 y = 0.1101 可得

$$[y]_原 = 0.1101, \quad y^* = 0.1101, \quad [y^*]_补 = 0.1101$$
$$[-y^*]_原 = 1.1101, \quad [-y^*]_补 = 1.0011.$$

例 2.34 的运算过程见表 2.13。从表 2.13 的最后一行可以看到，$[x \div y]_原$ 的商为 0.1101。

由于计算时逻辑左移了 4 次，所以在表 2.13 中余数的结果要右移 4 次才是最终正确的结果。

$[x \div y]_原$ 的余数为 0.00000111。

商的符号：$x_0 \oplus y_0 = 1 \oplus 0 = 1$。

最后计算结果为 $[x \div y]_原 = 1.1101$，余数为 0.00000111。

由于篇幅所限，我们这里只介绍了原码除法的两种方法，同理，补码也有恢复余数法和加减交替法。具体内容可参考相关书籍。

表 2.13　例题 2.34 的运算过程

被除数(余数)	商	说　　　　　明
0.1011 +1.0011	0.0000	+$[-y^*]_{补}$(减去除数)
1.1110 1.1100 +0.1101	0 0	余数为负，上商 0； ←1 位(左移 1 位)； +$[y^*]_{补}$(加除数)
0.1001 1.0010 +1.0011	01 01	余数为正，上商 1； ←1 位(左移 1 位)； +$[-y^*]_{补}$(减去除数)
0.0101 0.1010 +1.0011	011 011	余数为正，上商 1； ←1 位(左移 1 位)； +$[-y^*]_{补}$(减去除数)
1.1101 1.1010 +0.1101	0110 0110	余数为负，上商 0； ←1 位(左移 1 位)； +$[y^*]_{补}$(加除数)
0.0111	01101	余数为正，上商 1

2.6　浮　点　运　算

我们前面介绍了定点运算，包括加、减、乘、除法和移位。同样，浮点运算也包括加、减、乘、除法，很显然，和定点运算相比较，浮点运算电路更复杂，运算速度也更慢。

限于篇幅，本教材主要介绍浮点数的加减法，浮点数的乘除法请读者参考相关教材。

大家在学习过程中可以把浮点数的加减法运算和定点数的加减法运算相比较，以便了解浮点运算为什么会更复杂。

2.6.1　浮点加减法运算

设两个浮点数如下：

$$x = S_x \times R^{jx}$$
$$y = S_y \times R^{jy}$$

则

$$x + y = S_x \times R^{jx} + S_y \times R^{jy}$$

从数学表达式可以看出，如果要实现 x 的尾数 S_x 和 y 的尾数 S_y 相加，则 x 和 y 这两个数的阶码 j_x 和 j_y 必须相同，这是由于浮点数的阶码大小直接反映尾数有效数值小数点的实际位置，因此当两个浮点数阶码不等时，两尾数小数点的实际位置不一样，尾数部分无法直接进行加减运算。

如果两个浮点数 x 和 y 的阶码 j_x 和 j_y 相等($j_x = j_y$)，则

$$x+y = S_x \times R^{jx} + S_y \times R^{jy}$$

可以写成

$$x+y = S_x \times R^{jx} + S_y \times R^{jy} = (S_x + S_y) \times R^{jx}$$

由于浮点数尾数的小数点均固定在第一数值位前,所以单从尾数来说,浮点数尾数的加减法运算规则与定点数尾数的加减法完全相同。

为此,浮点数的加减法运算必须按照以下几步进行,而不是像定点数一样直接做加减法。

① 对阶:使得两个数的小数点位置对齐。

② 尾数求和:将对阶后的两尾数按照定点数加减法运算规则求和/差。

③ 规格化:为增加有效数字的位数,提高运算精度,必须将求和/差后的尾数规格化。

④ 舍入:为提高精度,要考虑尾数右移时丢失的数值位。

⑤ 溢出判断:判断结果是否溢出。

1. 对阶

和定点整数不同的是,浮点数的加减法不能直接把两个浮点数的数值相加减,因为它的数值部分由阶码和尾数组成,两个数的阶码有可能不同。浮点数加减法的规则是通过移位使两个数的阶码相同,然后尾数相加减。通过移位使两个浮点数的阶码相同的步骤称为对阶。

在这小节里,为了方便描述,我们统一规定浮点数的格式如下:阶码采用 4 位,其中符号位占 2 位(双符号位),符号位和数值位用逗号隔开;尾数采用 6 位,其中符号位也占 2 位(双符号位),尾数的符号位和数值位用小数点隔开;阶码和尾数部分用分号隔开,同时采用浮点数补码形式。

例 2.35 已知两个浮点数 $x = 0.1101 \times 2^{01}$,$y = (-0.1010) \times 2^{11}$,求 $x + y$。

解 首先按照上面的格式规定分别写出两个数的浮点数补码表达式。

从 $x = 0.1101 \times 2^{01}$ 得知,阶码为 01,尾数为 0.1101。阶码和尾数都为正数,所以原码和补码相同。得出 x 浮点数的补码形式为

$$[x]_{补} = 00,01;00.1101$$

从 $y = (-0.1010) \times 2^{11}$ 得知,阶码为 11,尾数为 1.1010。阶码为正数,原码和补码相同,尾数为负数,则尾数的补码为 1.0110。得出 y 的补码形式为

$$[y]_{补} = 00,11;11.0110$$

在进行加法前,必须先对阶,故先求两个浮点数的阶差:

$$\Delta_j = j_y - j_x = 11 - 01 = 10$$

也就是两个阶码差值为十进制数 2。

浮点数对阶的规则是采用小阶对大阶的方法,这里 x 的阶码比 y 的阶码小,所以把 x 的阶码由 01 变成 11。为了保证 x 的数值不变,阶码增加了,尾数就要相应地右移两位,即

$$x = 0.1101 \times 2^{01} = 0.001101 \times 2^{11}$$

这样,对阶后新的 $[x]_{补} = 00,11;00.0011$。

注意:由于尾数的数值位只有 4 位,所以对阶后的 $[x]_{补} = 00,11;00.0011$,它的数值位和对阶前相比丢失了 2 位数值位。

2. 尾数求和

将对阶后的两个尾数按定点加减法运算规则进行。

如例 2.35 中的两个数对阶后为

$$[x]_补 = 00,11;00.0011$$

$$[y]_补 = 00,11;11.0110$$

阶码相同后的两个浮点数做加法，就是把两者的尾数相加，即

$$
\begin{array}{ll}
\quad 00.0011 & \quad [S_x]_补 \\
+11.0110 & \quad [S_y]_补 \\
\hline
\quad 11.1001 & \quad [S_x + S_y]_补
\end{array}
$$

故 $[x+y]_补 = 00,11;11.1001$。

3. 规格化

经过尾数求和后，两个浮点数的加法到这里还没结束，因为浮点数每次运算完成后，必须规格化。

在前面我们讲的是原码规格化的规则，如果采用补码，我们可以推导出补码双符号位的规格化形式如下：

当 S>0 时，其补码的规格化形式为

$$[S]_补 = 00.1 \times \times \times \cdots \times$$

当 S<0 时，其补码的规格化形式为

$$[S]_补 = 11.0 \times \times \times \cdots \times$$

从上面的规格化形式可以看出，当尾数的最高数值位与符号位不同时，即为补码规格化形式。

当尾数的和或差的结果不满足规格化要求时，就需要进行规格化，和原码规格化一样，也有左规和右规两种。

(1) 左规。当尾数出现 $00.0 \times \times \times \cdots \times$ 或 $11.1 \times \times \times \cdots \times$ 时，需要左规。左规时尾数左移 1 位，阶码减 1，直到符合规格化数为止。

如例 2.35 中求和后的结果为

$$[x + y]_补 = 00,11;11.1001$$

尾数的第一数值位和符号位相同，需要左规，即将其左移 1 位，阶码减 1 得

$$[x + y]_补 = 00,10;11.0010$$

由于浮点数的补码形式不能直接看出这个数的真值，必须先转换成原码得

$$[x + y]_原 = 00,10;11.1110$$

由浮点数原码形式得到真值为

$$x + y = (- 0.1110) \times 2^{10}$$

(2) 右规。当尾数出现符号位不等($01. \times \times \times \cdots \times$ 或 $10. \times \times \times \cdots \times$)时，在定点运算应该是溢出，但在浮点运算这不算溢出(这也是浮点运算为什么要采用双符号位的原因)，可

以通过右规处理。右规时尾数右移 1 位，阶码加 1。

例 2.36　已知两个浮点数 $x = 0.1101 \times 2^{10}$，$y = 0.1011 \times 2^{01}$，求 $x + y$。

解　按照浮点数补码规则，分别写出浮点数 x 和 y 的补码形式如下：

$$[x]_补 = 00,10;00.1101$$
$$[y]_补 = 00,01;00.1011$$

① 对阶。$\Delta_j = j_x - j_y = 10 - 01 = 01$，也就是两个阶码差值为十进制数 1。y 的阶码比 x 的阶码小 1，因此将 y 的尾数右移 1 位，阶码加 1 得到新的 $[y]_补$ 如下：

$$[y]_补 = 00,10;00.0101$$

② 求和。求和过程如下：

$$
\begin{array}{ll}
\quad 00.1101 & \quad [S_x]_补 \\
+00.0101 & \quad [S_y]_补 \\
\hline
\quad 01.0010 & \quad [S_x + S_y]_补
\end{array}
$$

即

$$[x + y]_补 = 00,10;01.0010$$

③ 右规。运算结果的两符号位不等，需要右规，即把尾数之和向右移动 1 位，阶码加 1，故得

$$[x + y]_补 = 00,11;00.1001$$

由于尾数是正数，正数的补码和原码是相同的，故由上面浮点数补码形式可得到真值如下：

$$x + y = 0.1001 \times 2^{11}$$

浮点数加减法除了经过对阶、求和、规格化三个步骤外，还要考虑舍入和溢出的问题，在这里我们就不作更多介绍。

总之，从例题可以看出，浮点数的加减法比定点数的加减法要复杂得多，计算速度也慢得多，所以，能用定点数解决问题，就尽量不要使用浮点数。

2.6.2　浮点乘除法运算

浮点数的乘除法运算比定点数更复杂。下面我们从数学角度简单介绍浮点乘除法运算原理。

设两个浮点数为 $x = S_x \times R^{jx}$，$y = S_y \times R^{jy}$，则

$$x \times y = (S_x \times S_y) \times R^{jx+jy}$$
$$x \div y = (S_x \div S_y) \times R^{jx-jy}$$

从数学表达式我们可以看出：浮点数乘法的规则是"尾数相乘，阶码相加"；浮点数除法的规则是"尾数相除，阶码相减"。

浮点数乘法的计算步骤：① 阶码相加；② 尾数相乘；③ 规格化；④ 舍入处理。

浮点数除法的计算步骤：① 阶码相减；② 尾数相除；③ 规格化。

所以，浮点数的乘除法涉及两个部分的运算：阶码的加减运算和尾数的乘除运算。很显然，浮点数的乘除法运算步骤更多，电路也更复杂，和定点数相比运算速度更慢。

分析浮点数的四则运算发现，对于阶码只有加减运算，对于尾数则有加、减、乘、除四种运算。可见浮点数运算器电路主要是由两个定点运算部件组成：一个是阶码运算部件，用来完成阶码的加减，以及控制对阶时的移位和规格化时对阶码的调整；另外一个是尾数运算部件，用来完成尾数的四则运算以及判断尾数是否已经规格化。此外，还要有判断运算结果是否溢出的电路等。

思考与练习 2

一、单选题

1. 计算机中的数据可以存放在_____中。

A. 寄存器　　　　　　B. 主存　　　　　　C. 硬盘　　　　　　D. 都可以

2. 通常浮点数被表示成 $N = S \times R^j$ 的形式，其中_____。

A. S 为尾数，j 为阶码，R 为基数　　　　B. S 为尾符，j 为阶符，R 为基数

C. S 为尾数，R 为阶码，j 为基数　　　　D. S 为阶码，j 为尾数，R 为基数

3. 已知 $X = 0.a_1a_2a_3a_4a_5a_6$(a_i 为 0 或 1)，则当 X>1/2 时，a_i 取值为_____。

A. $a_1 = 1$，$a_2 \sim a_6$ 任意　　　　　　B. $a_1 = 1$，$a_2 \sim a_6$ 至少有一个为 1

C. $a_1 \sim a_6$ 至少有一个为 1　　　　　　D. $a_1 \sim a_6$ 任意

4. 设机器数字长为 8 位(其中 1 位为符号位)，对于整数，当其分别表示无符号数、原码、补码和反码时，对于其可以表示的真值范围正确的是_____。

A. 补码：$-128, -127, -126, \cdots, 128$

B. 原码：$-128, -127, -126, \cdots, 127$

C. 无符号数：$0, 1, 2, \cdots, 255$

D. 反码：$-128, -127, -126, \cdots, 127$

5. 设 x 为真值，x^* 为绝对值，则 $[-x^*]_{补} = [-x]_{补}$_____。

A. 当 x 为正数时成立　　　　　　B. 当 x 为负数时成立

C. 任何时候都成立　　　　　　　D. 任何时候都不成立

6. 计算机将数据的小数点保存在_____。

A. 存储单元的最高位　　　　　　B. 不保存

C. 存储单元的次高位　　　　　　D. 存储单元的最低位

7. 在以下各类表示法中，无论表示正数还是负数，_____的数值位永远都是其真值的绝对值。

A. 反码　　　　　　B. 补码　　　　　　C. 原码　　　　　　D. 都不对

8. 计算机的机器字长一般是指_____。

A. 总线发的带宽　　　　　　　　B. 存储器的位数

C. 缓存的位数　　　　　　　　　D. 寄存器的位数

9. 在以下各类表示法中，引入_____的概念是为了消除减法操作。

A. ASCII 码　　　　　　B. 原码　　　　　　C. 反码　　　　　　D. 补码

10. 当 8 位寄存器中的二进制数为 11111111 时，若其为补码则对应的真值是_____。

A. +1　　　　　　　　B. −1　　　　　　　C. +127　　　　　　　D. −127

11. 将一个十进制数 −129 表示成补码时，至少应采用_____位二进制代码表示。

A. 9　　　　　　　　　B. 8　　　　　　　　C. 10　　　　　　　　D. 7

12. 在计算机运行过程中，当浮点数发生溢出时，计算机仍可以继续运行的条件是_____。

A. 都可以　　　　　　　B. 上溢　　　　　　　C. 下溢　　　　　　　D. 都不可以

13. 在小数定点机中，以下说法正确的是_____。

A. 只有补码能表示 −1

B. 只有原码能表示 −1

C. 原码和补码都能表示 −1

D. 原码和补码都不能表示 −1

14. 在以下各类表示法中，"零"只有一种表示形式的是_____。

A. 反码　　　　　　　　B. 原码　　　　　　　C. 补码　　　　　　　D. 都不可以

15. 下列数中最小的数为_____。

A. 二进制数 01010101

B. 十六进制数 1A

C. 八进制数 40

D. 十进制数 21

16. 设 x 为整数，$[X]_{补} = 1,1110$ 对应的真值是_____。

A. −14　　　　　　　　B. −2　　　　　　　　C. 0　　　　　　　　　D. −1

17. 下列对算术移位和逻辑移位叙述错误的是_____。

A. 有符号数的移位为算数移位，无符号数的移位为逻辑移位

B. 寄存器内容为 10110010 时，逻辑右移为 01011001，算术右移为 11011011

C. 逻辑左移时，高位移丢，低位填 0；逻辑右移时，低位移丢，高位填 0

D. 寄存器内容为 01010011 时，逻辑左移为 10100110，算术左移为 00100110

18. 移位运算对计算机的实用价值是_____。

A. 可以采用移位和加法相结合，实现乘除运算

B. 只采用移位运算就可以实现乘法

C. 只采用移位运算就可以实现除法

D. 采用移位运算可以防止数据溢出

19. 设机器数字长 8 位(含 1 位符号位)，若机器数 DAH 为补码，分别对其进行算术左移 1 位和算术右移 1 位，则结果分别为_____。

A. B4H，6DH　　　B. B5H，EDH　　　C. B4H，EDH　　　D. B5H，6DH

20. 在定点运算器中，无论采用双符号位还是单符号位，均需要设置_____，它一般用异或门来实现。

A. 移位电路　　　　　B. 编码电路　　　　C. 译码电路　　　　D. 溢出判断电路

21. 在定点机中执行算术运算时，有时会发生溢出，其主要原因是_____。

A. 操作数地址过长

B. 内存容量不足

C. 运算结果无法表示

D. 操作数地址过短

22. 已知 A = 0.1011，B = −0.0101，则 $[A + B]_{补}$ 为_____。

A. 1.1011　　　　　B. 1.0110　　　　　C. 0.1101　　　　　D. 0.0110

23. 设机器数字长 16 位，阶码 5 位(含 1 位阶符)，基值为 2，尾数 11 位(含 1 位数符)。对于两个阶码相等的数按补码浮点加法完成后，由于规格化操作可能出现的最大误差的绝

对值是_____。

　　A. (01000)$_2$　　　　B. (10000)$_2$　　　　C. (00100)$_2$　　　　D. (00010)$_2$

24. 浮点数中_____的位数反映了浮点数的精度。

　　A. 尾数　　　　　B. 阶码　　　　　C. 基数　　　　　D. 阶符

25. 计算机的乘法运算是一种很重要的运算，有的机器由硬件乘法器直接完成乘法运算，有的机器内没有乘法器，但可以按机器做乘法运算的方法，用软件编程实现。分析笔算乘法过程发现，两个数相乘的过程，可视为_____两种对计算机很容易实现的运算。

　　A. 加法和取反　　　　　　　　B. 加法和移位

　　C. 取反和移位　　　　　　　　D. 移位和求补

26. 已知 [x]$_补$ = 0.1101，[y]$_补$ = 0.1011，则 [x×y]$_补$ 为_____。

　　A. 0.10011111　　　　B. 0.10001000　　　　C. 0.10001111　　　　D. 0.10001011

27. 已知 x = −0.1011，y = 0.1101，则 [x/y]$_原$ 为_____。

　　A. 1.1101　　　　B. 0.1101　　　　C. 1.1001　　　　D. 1.0101

28. 计算机运算中对于正数的三种机器数移位后符号位均不变，但若右移时最低数位丢 1，则_____。

　　A. 影响运算精度　　　　　　　B. 运算结果出错

　　C. 无任何影响　　　　　　　　D. 无正确答案

29. 在浮点机中_____是隐含的。

　　A. 数符　　　　　B. 基数　　　　　C. 阶码　　　　　D. 尾数

30. 在计算机的浮点数加减运算中，规格化的作用是_____。

　　A. 增加有效数字的位数，提高运算精度

　　B. 对齐参与运算两数的小数点

　　C. 判断结果是否溢出

　　D. 减少运算步骤，提高运算速度

31. 在计算机的浮点数加减运算中，对阶的原则是_____。

　　A. 大阶码向小阶码看齐

　　B. 小阶码向大阶码看齐

　　C. 被加(减)数的阶码向加(减)数的阶码看齐

　　D. 加(减)数的阶码向被加(减)数的阶码看齐

32. 以下关于 ALU 的描述正确的是_____。

　　A. ALU 电路只能完成逻辑运算

　　B. ALU 电路只能完成算术运算

　　C. ALU 电路既能完成算术运算又能完成逻辑运算

　　D. ALU 是 CPU 中的控制器

33. 以下关于浮点数乘除法运算的描述错误的是_____。

　　A. 商的尾数为被除数的尾数除以除数的尾数

　　B. 乘积的尾数应为相乘两数的尾数之积

　　C. 商的阶码为被除数的阶码减去除数的阶码

　　D. 乘积的阶码应为相乘两数的阶码之差

34. 在浮点数中，判断补码规格化形式的原则是_____。

A. 尾数的最高数值位为 1 时，数符任意

B. 尾数的符号位与最高数值位不同

C. 尾数的符号位与最高数值位相同

D. 阶符与数符不同

二、多选题

1. 下列关于定点数和浮点数的叙述正确的是_____。

A. 当浮点机和定点机中数的位数相同时，浮点数的表示范围比定点数的范围大得多

B. 当浮点数为规格化数时，其相对精度远比定点数高

C. 浮点数运算要分阶码部分和尾数部分，而且运算结果都要求规格化，故浮点运算步骤比定点运算步骤多，运算速度比定点运算低，运算线路比定点运算复杂

D. 在溢出的判断方法上，浮点数是对规格化数的阶码进行判断，而定点数是对数值本身进行判断

E. 浮点数在数的表示范围、数的精度和溢出处理方面均优于定点数

F. 定点数在运算规则、运算速度及硬件成本方面优于浮点数

2. 以下关于机器数和真值的说法正确的是_____。

A. 把符号"数字化"的数称为机器数

B. 把带"+"或"-"符号的数称为真值

C. 把符号"数字化"的数称为真值

D. 把带"+"或"-"符号的数称为机器数

3. 设 x 为整数，x 的真值为 25，以下选项与 x 相等的有_____。

A. 补码二进制串为 0,11001 的数　　　　B. 反码二进制串为 0,11001 的数

C. 原码二进制串为 0,11001 的数　　　　D. 补码二进制串为 1,11001 的数

E. 反码二进制串为 1,11001 的数　　　　F. 原码二进制串为 1,11001 的数

4. 在补码定点加减法运算的溢出判别中，以下说法正确的是_____。

A. 对于加法，符号不同的两个数相加永不会发生溢出

B. 对于减法，符号相同的两个数相减永不会发生溢出

C. 对于减法，符号不同的两个数相减可能发生溢出

D. 对于加法，符号相同的两个数相加必定发生溢出

5. 以下关于算数移位和逻辑移位的描述正确的是_____。

A. 有符号数的移位称为算术移位

B. 无符号数的移位称为逻辑移位

C. 逻辑左移时，高位丢失，低位添 0

D. 逻辑右移时，低位丢失，高位添 1

E. 算数左移时，符号位丢失，低位添 1

6. 浮点加减运算过程的步骤包含下列内容中的_____。

A. 对阶　　　B. 尾数求和　　　C. 规格化　　　D. 舍入　　　E. 溢出判断

7. 下列叙述中正确的是_____。

A. 浮点运算可由阶码运算和尾数运算两部分组成

　　B. 浮点数的正负由阶码的正负符号决定

　　C. 定点补码运算时，其符号位不参加运算

　　D. 阶码部件在乘除运算时只进行加减操作

　　8. 在浮点数加减法运算"规格化"这一步骤中，以下_____是需要进行"左规"运算的。(以下各数均为二进制表示)

　　A. 00.0111　　B. 00.1000　　　　C. 11.1000　　　　　D. 01.0101　　E. 10.0100

三、问答与计算题

　　1. 计算机中为什么采用二进制？有了二进制，为什么还要有八进制和十六进制？在八进制和十六进制中，计算机使用十六进制的时候更多，为什么？

　　2. 请把二进制数$(1101.11)_2$转换成十进制数；请把十六进制数$(3AB)_{16}$转换成二进制数；请把二进制数$(1011101)_2$分别转换成十六进制和八进制数；请把十进制数 14.125 转换成二进制数。

　　3. 十六进制是实际应用时使用最多的一种进制，请问在数字后面加哪个大写字母表示这是一个十六进制数？请把 13.1AH、5AH、4ADEH、9BCFH 这 4 个十六进制数转换成二进制数。

　　4. 请把二进制数$(11110010011.11011)_2$和$(110111101011010)_2$分别转换成十六进制数。

　　5. 什么是数值型数据？什么是非数值型数据？

　　6. 什么是真值？什么是机器数？什么无符号数？什么是有符号数？

　　7. 什么是原码？什么是反码？什么是补码？计算机为什么有这么多码？现代计算机中采用的是什么码？为什么？

　　8. 分别求$(+30)_{10}$和$(-30)_{10}$的原码、反码、补码，用 8 位二进制数(N = 8，最高位为符号位)表示，同时写出十六进制表达式。

　　9. 已知两个 8 位二进制数(N = 8，最高位为符号位)用补码表示为$(01011010)_2$、$(10110111)_2$，分别求其原码，并写出原码的十六进制形式。

　　10. 已知 3 个十六进制数 6AH、B8H、80H，如果用 8 位二进制数(N = 8，最高位为符号位)表示，请问将它们分别看成无符号数、有符号数原码、补码时对应的十进制数是多少？

　　11. 什么是标准 ASCII 码？请按照 ASCII 码表查出字母 C、d、空格控制字符回车(CR)和换行(LF)对应的 ASCII 值。

　　12. 请将十进制数 +67 和 -94 分别表示成二进制定点整数和规格化浮点数(同时分别写成原码形式和补码形式)。设二进制数字长 16 位，如果作为浮点数，则其中阶码 8 位(含1 位阶符)，尾数 8 位(含 1 位尾符)。

　　13. 请将 8 位二进制数 X = 11100110 分别进行算术左移 1 位和算术右移 1 位。

　　14. 请将 8 位二进制数 X = 10100110 分别进行逻辑左移 1 位和逻辑右移 1 位。

　　15. 设机器字长为 N = 8(最高位为符号位)，若 A = $(+17)_{10}$，B = $(+20)_{10}$，则采用二进制补码的方式求$[A-B]_补$，并将结果还原成十进制真值。

　　16. 设机器字长为 N = 8(最高位为符号位)，若 A = $(+21)_{10}$，B = $(-7)_{10}$，则采用二进制补码的方式求$[A+B]_补$，并将结果还原成十进制真值。

　　17. 设机器字长为 N = 8(最高位为符号位)，若 A = $(+19)_{10}$，B = $(+30)_{10}$，则采用二进制补码的方式求$[A+B]_补$，用一位符号位的方法判断是否溢出。

18. 设机器字长为 N = 8(最高位为符号位)，若 A = $(+110)_{10}$，B = $(+30)_{10}$，则采用二进制补码的方式求$[A+B]_{补}$，用一位符号位和双符号位(变形补码)的方法判断是否溢出。

19. 已知 x = 0.1101，y = −0.1110，求$[x×y]_{原}$。

20. 已知$[x]_{补}$ = 0.1011，$[y]_{补}$= 1.1101，用校正法求$[x×y]_{补}$。

21. 已知$[x]_{补}$ = 1.1101，$[y]_{补}$= 0.1011，用比较法求$[x×y]_{补}$。

22. 已知 x = −0.1001，y = 0.1011，分别用恢复余数法、加减交替法求$[x÷y]_{原}$。

23. 已知两个浮点数 x = $0.1101 × 2^{10}$，y = $(0.1100) × 2^{01}$，求 x+y。

思考与练习 2
参考答案

第3章　系统总线

3.1　总线的基本概念

第1章我们介绍了计算机硬件是由运算器、控制器、存储器、输入设备、输出设备五大部分组成的。如何把这几部分电路连接起来组成一台计算机，哪种连接方式能使计算机的速度更快，更易于扩展，维护更方便，这是计算机硬件工程师要解决的问题，也是本章的重点内容。

从电路设计的角度来说，计算机的五大部件之间的连接方式有两种：一种是各个部件单独设计连接电路，也就是说每个部件的连接电路方式都不同，这种称为分散连接；另外一种是将各个部件连接到一组公共信息传输线上，这组公共信息传输线按照某一个标准设计，所有连接到这组线上的部件都要满足这个标准，这组公共信息传输线就称为总线，这种连接方式称为总线连接。

早期的计算机都采取分散连接的方式，每个部件的连接电路都单独设计。随着计算机的发展，这种设计方式就带来一些问题，比如：计算机每增加一个外设，都需要单独设计电路，这使得计算机功能的扩展十分不方便，甚至变得不可能，同时计算机各个部件的维护也很麻烦。

为了解决这一问题，出现了总线连接方式。什么是总线(BUS)呢？总线就是连接各个部件的一组公共信息传输线，是各个部件共享的传输介质。

总线设计的优点是：总线提供一种技术标准，任何一个部件只要它的连接端按照这个标准设计就能连接到这个总线上。这样做的好处是使计算机系统设计简化，可以模块化设计部件，计算机系统可以随时增添和减撤设备，便于计算机系统的扩展和维护。

现在计算机系统中最常见的 USB 总线就是一种总线的技术标准。所有的设备，只要它的连接端是按照 USB 总线标准设计的，就都可以连接到计算机 USB 总线上，不管它是什么样的设备。如键盘、鼠标、打印机、扫描仪、数码相机等，虽然这些设备的功能不同，内部的电路结构不同，生产厂家也不同，但只要它有一个接口是满足 USB 总线的技术标准，就可以随时增添到计算机系统上，也可以随时减撤。

这样做还有一个优点，就是如果你的计算机升级换代，新一代计算机只要有同样的总线标准接口，就能确保原来的外设能与新一代计算机相连。

为了使计算机产品成为即插即用的工业化组装件，总线技术得到了广泛应用，近几十年来计算机工业界制定了许多总线标准。

3.2 总线的分类

总线的应用十分广泛，从不同角度有不同的分类方法。

3.2.1 按传输方式分类

按数据传输方式可将总线分为并行传输总线和串行传输总线。

1. 串行通信

串行通信是指计算机主机与外设之间以及主机系统与主机系统之间数据的串行传输。

串行传输使用一条数据线，将数据一位一位地依次传输，每一位数据占据一个固定的时间长度。

假定有一个 8 位的二进制数据 01001001，从源传输到终点，在串行传输中，只需要通过一条传输线分 8 次由低位到高位按照顺序逐位传输，每一位对应一个固定的时间长度。如图 3.1 所示，其中高电平为 "1"，低电平为 "0"。如果我们假定传输一位数据对应的固定时间长度是 T，则串行传输一个 8 位的二进制数据需要的时间为 8T。

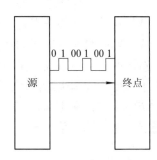

图 3.1 串行传输示意图

从串行传输的工作原理我们发现，如果采用串行传输方式，不管多少位二进制数据都可以只使用一条传输线，只是传输的时间增加而已。比如串行传输一个 16 位二进制数据，在固定时间长度为 T 时，串行传输时间为 16T。

在串行通信方式中，有如下三种工作模式：

(1) 单工模式。单工模式一般用在只向一个方向传输数据的场合。例如计算机与打印机之间的通信是单工模式，因为只有计算机向打印机传输数据，而没有相反方向的数据传输。

(2) 半双工模式。半双工模式使用同一条传输线，既可以发送数据又可以接收数据，但不能同时进行发送和接收。数据传输时允许数据在两个方向上传输，但是，在任何时刻都只能由其中的一方发送数据，另一方接收数据。它实际上是一种切换方向的单工通信，比如对讲机。

(3) 全双工模式。全双工模式允许数据同时在两个方向上传输，因此，全双工通信是两个单工通信方式的结合，它要求发送设备和接收设备都有独立的接收和发送能力，比如电话。在全双工模式中，每一端都有发送器和接收器，有两条传输线，可在交互式应用和远程监控系统中使用，信息传输效率高。

串行总线通信过程的显著特点是抗干扰能力强，通信线路少，布线简便易行，施工方便，自由度及灵活度较高。串行总线通信方式特别适用于计算机与计算机、计算机与外设之间的远距离通信，因此在电子电路设计、信息传递等诸多方面的应用越来越多。目前，在现代计算机中，串行总线的应用越来越多，比如 USB 总线就是串行总线的典型代表。

2. 并行通信

并行通信是指计算机主机内部、计算机主机与外设之间以及主机系统与主机系统之间数据的并行传输。

并行传输采用多位二进制数据同时通过并行线进行传输，这样数据传输速度大大提高，但并行传输的线路长度受到限制，因为长度增加，干扰就会增加，数据也就容易出错。

并行传输方式中，数据传输是多位同时传输的。假定有一个8位的二进制数据01001001，从源传输到终点，在并行传输中，要通过8条传输线同时由源传输到终点。如图 3.2 所示。如果我们同样假定传输一位数据对应的

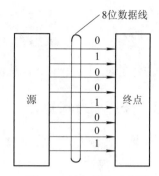

图 3.2　并行传输示意图

固定时间长度是 T，不管是多少位二进制数据，理论上都只需要一个 T 的时间。很显然，如果在同样的工作频率，并行传输方式要比串行传输方式快得多。

并行传输方式的缺点是需要更多的传输线，远距离传输成本高，而且传输线之间的干扰也成为影响数据传输率的重要因素。

对比两种通信方式，在同样的时钟下，并行传输比串行传输要快得多，需要的线数也多得多，传输成本也高得多。因此，并行通信适用于短距离、速度要求高的场合。在计算机系统中，CPU 和主存之间都是采用并行通信。而串行通信适用于长距离和速度相对较低的场合，在计算机系统中，主机和外设经常采用串行通信。

3.2.2　按连接部件分类

按连接部件的不同可将总线分为片内总线、系统总线、通信总线三种类型。

1. 片内总线

由于总线技术给工程师设计电路带来了极大的方便，所以在设计集成电路芯片时也采用了总线技术，例如 CPU 内部的运算器、控制器、寄存器等电路连接时采用了总线设计方式，由于总线位于芯片内部，故称为芯片内部总线(片内总线)，用于 CPU 内部 ALU、CU 和各种寄存器等部件间的互连及信息传输。

我们在第1章中介绍的模型机(图 1.20)，其 CPU 内部就采用了内部数据总线设计方式，AC、BX、IR、PC 等寄存器都连接在这个内部数据总线上，这个内部数据总线就是一种片内总线。

2. 系统总线

系统总线是指连接 CPU、主存、I/O 设备等各大部件之间的公共信息传输线，因为该总线用来连接计算机各功能部件从而构成一个完整的计算机系统，所以称之为系统总线。

由于 CPU、主存、I/O 接口插口都在计算机的主板上，所以又称为板级总线。"计算机组成原理"课程重点讲述系统总线的结构、控制原理。

系统总线是计算机系统中最重要的总线，人们平常所说的微机总线就是指系统总线，早期的微机中的 PC 总线、AT 总线(ISA 总线)、PCI 总线和现在微机中的 PCI-E 及 USB 等都是系统总线。按照数据传输方式，系统总线中也有串行系统总线和并行系统总线之分。

物理上总线就是由一组导线组成,如果是并行总线,那么这组导线一般由数十条到数百条导线组成,物理上的每条"线"在计算机理论描述时称为每一"位"。

这么多条系统总线是怎样分类的呢?按照系统总线每条线所传输的信息的不同又可以将其分为三类:数据总线 DB(Data Bus)、地址总线 AB(Address Bus)、控制总线 CB(Control Bus)。第 1 章介绍的模型机的 CPU 和主存就是通过数据总线 DB、地址总线 AB、控制总线 CB 相连接的。

1) 数据总线 DB

数据总线用于传输数据信息。数据总线是双向三态形式的总线,双向是指可以从两个方向传输,可以从 A 端传输给 B 端,也可以从 B 端传输给 A 端;三态是指每条数据线上可以有三种电平状态:"0"电平状态、"1"电平状态和"高阻"状态。通过数据总线既可以把 CPU 的数据传输到存储器或 I/O 接口等其他部件,也可以将其他部件的数据传输到 CPU。

数据总线的位数称为数据总线宽度,是计算机的一个重要指标,通常与 CPU 的机器字长一致。例如 Intel 8086 CPU 机器字长 16 位,其数据总线宽度也是 16 位,换句话说,Intel 8086 CPU 有 16 条数据线。

2) 地址总线 AB

地址总线是专门用来传输地址的,由于地址只能从 CPU 传向存储器或 I/O 端口,所以地址总线是单向三态的,这与数据总线不同。

第 1 章我们介绍过存储器中的每个存储单元都有自己的编号,这个编号在计算机中称为地址。地址总线的位数决定了 CPU 可直接编号的存储器空间的大小。比如一个 CPU 的地址总线为 8 位,则其最大可编号的地址范围为 $2^8 = 256$,也就是说它可以给 256 个存储器单元编号,从十进制 0 号地址编号开始到最后一个 255 号地址编号,共计 256 个地址编号,对应的二进制编号范围是 00000000～11111111。

一般来说,若地址总线为 n 位,则其最大可编号的地址范围为 2^n 个地址空间(存储单元)。

3) 控制总线 CB

由于数据总线和地址总线都是由被连接在总线上的所有部件所共享的,所以如果出现几个部件都要使用数据总线怎么办?数据总线是双向的,如何确定数据的传输方向?这时候就需要依靠控制总线上的相关控制信号来确定。

控制总线用来传输控制信号和时序信号。控制信号中,有的是 CPU 送往存储器和 I/O 接口电路的,如读/写信号、片选信号、中断响应信号等;也有的是其他部件反馈给 CPU 的,比如中断申请信号、复位信号、总线请求信号、准备就绪信号等。因此,控制总线的传输方向由具体控制信号决定,有单向的也有双向的,控制总线的位数要根据系统的实际控制需要而定。实际上控制总线的具体情况主要取决于 CPU。

常见的控制信号如下:

时钟信号:用来同步计算机电路的各种操作。

复位信号:初始化所有部件。

总线请求信号:表示某部件需要获得总线使用权。

总线允许信号:表示需要获得总线使用权的部件已经获得了控制权。

中断请求信号：表示某部件提出中断请求。

中断响应信号：表示中断请求已经被接收。

存储器写信号：将数据总线上的数据写入存储器的指定单元。

存储器读信号：将指定存储器单元的数据读到数据总线上。

I/O 读信号：从指定的 I/O 端口将数据读到数据总线上。

I/O 写信号：将数据总线上的数据输出到指定的 I/O 端口内。

3. 通信总线

通信总线是指用于计算机系统之间(计算机网络)或计算机系统和其他系统(如某种工业控制系统、移动通信系统等)之间的通信。通信总线的类别很多，按照传输方式可分为两种：串行通信和并行通信。

3.3　总线特性及性能指标

3.3.1　总线特性

从物理角度来看，系统总线就是许多直接印制在电路板上的导线，这些导线延伸连接到各部件的插槽引脚上，为了确保各个部件能正确插入相应的插槽中，保证连接在总线上的部件之间能相互交换数据，必须从电平、电流、机械尺寸、引脚的功能等方面做一些规定，这种规定称为总线特性。

总线特性包括以下几项：

(1) 机械特性。机械特性是指总线在机械连接方式上的一些性能，如插头和插座使用的标准，它们的几何尺寸、形状、引脚数目、排列顺序等。

(2) 电气特性。电气特性是指总线的每一条传输线上信号的传递方向和有效的电平范围，例如 RS-232C，其电平特性和 TTL 电平特性是不相同的。

(3) 功能特性。功能特性是指总线中每条传输线的功能。比如总线中有些线是传输地址的，有些线是传输数据的，有些线是传输控制信号的，各条线的功能不同。

(4) 时间特性。时间特性是指在什么时间相应的信号有效。每条总线上的各种信号按照一定的时间顺序出现，形成一种时序关系，因此，时间特性一般用时序图来描述。

3.3.2　总线性能指标

总线性能指标是衡量总线性能的参数，总线性能指标很多，我们重点介绍如下几个指标：

(1) 总线宽度。总线宽度通常是指并行传输时数据总线的位数。在物理上，总线是由一条条的导线组成，其中有些导线用来传输数据信号，有些导线用来传输地址信号，有些用来传输控制信号。总线宽度是指传输数据信号的导线的条数，理论描述是把物理上的一条导线称为一个二进制位(bit)，如果总线宽度是 8 位(bit)，实际上就是在总线这组导线里面，有 8 条导线是用来传输数据信号的。

(2) 总线带宽。总线带宽是指总线的数据传输速率，即单位时间内总线上传输数据的位数，通常用每秒传输信息的字节数来衡量，单位可用 MB/s(兆字节每秒)表示，有时候也使用 Mb/s(兆位每秒)表示，由于 1 个字节是 8 位二进制位，所以 1 MB/s = 8 Mb/s。总线带宽是最重要的参数，我们看一个总线性能，常常首先看其总线带宽。

总线带宽的计算公式：

$$总线带宽 = 总线频率 \times 总线宽度$$

例如：总线工作频率为 33 MHz，总线宽度为 32 bit(4 Byte)，则总线带宽为

$$33 \times (32 \div 8) = 132 \text{ MB/s}$$

(3) 总线复用。总线复用是指一条信号线上分时传输两种信号。例如，通常地址总线和数据总线在物理上是分开的两种总线，地址总线上传输地址码，数据总线上传输数据信息。但有些 CPU 设计上为了提高总线的利用率，优化设计，特将地址总线和数据总线共用一组物理线路，因为，总线上地址码和数据信号不是同时传输的，所以可以做到在同一组线路上在不同时间分开传输地址码和数据信号，即为总线的分时复用。这样设计可以减少总线的线数总和。

(4) 信号线数。信号线数指传输时地址总线、数据总线和控制总线三种总线数的总和。

(5) 其他指标。其他指标包括负载能力、电源电压(5 V 或者 3.3 V)、总线宽度能否扩展等。

3.3.3 总线标准

总线是计算机系统模块化设计的产物，随着计算机应用领域的不断扩大，计算机系统中外接的设备越来越多，各种计算机外设的生产厂家也越来越多，如何使计算机系统设计简化，实现通用化且便于维护，这就成了一个需要解决的问题。于是，人们开始研究制定统一的总线标准，有了统一的总线标准，不论哪一个生产厂家的计算机外设接口，只要按照统一的总线标准进行设计，就能和计算机系统相互连接。这样，系统与系统之间、设备与设备之间不通用及不匹配的问题就迎刃而解了。

所谓总线标准，就是系统与各个设备模块之间、设备模块与设备模块之间互连的标准界面。这个界面对于它两端的模块都是透明的，即界面的任一方只需要按照总线标准的要求完成自己一方的接口功能设计，无需了解对方接口与总线的连接要求。

因此，按照总线标准设计的接口可以看成通用接口。比如说目前 PC 中最常见的 PCI 接口、PCI-E 接口、USB 接口等。

下面就简单介绍这几个总线标准。

1. PCI 总线

1991 年，Intel 公司首先提出了 PCI(Peripheral Component Interconnect)，即外围部件互连总线的概念，1992 年 6 月推出了 PCI 1.0 版，1995 年和 1999 年又先后推出了 2.1 版和 2.2 版。PCI 总线采用并行互连方式，传输速度快，支持即插即用(Plug and Play)，它和早期的 ISA、EISA 总线相比性能十分优越，所以 PCI 总线成为了当时最流行的总线标准，现在有的 PC 主板上仍然有 PCI 总线插槽。

PCI 1.0 版总线的性能指标：总线宽度为 32 bit，总线工作频率为 33 MHz，总线带宽

为 132 MB/s，信号线数为 120 条，支持 5 V 和 3.3 V 两种工作电压标准。

PCI 2.1 版总线的性能指标中总线宽度提高到 64 bit，总线工作频率提高到 66 MHz，所以总线带宽可以达到 528 MB/s。随着 PCI 总线版本的提高，总线的工作频率也在不断地提高。不同版本的 PCI 总线应用在不同场合。

2. PCI-E 总线

PCI-E(PCI-Express)是现在最为流行的一种总线标准，最早也是由 Intel 公司提出和倡导的。PCI-E 总线和 PCI 总线不同，PCI 总线采用的是并行互连方式，PCI-E 总线采用的是串行互连方式，PCI-E 以点对点的形式进行数据传输，每个设备都可以单独享用带宽。由于不用考虑干扰问题，PCI-E 总线的工作频率高达 2.5 GHz，大大提高了传输速率，达到 PCI 总线所不能提供的高带宽。

另外，PCI-E 总线还可以采用同时双向数据传输(全双工)串行互连方式，这比单向串行数据传输(单工)的数据传输率提高了一倍。

同时，PCI-E 总线还有多种不同速度的接口模式，包括 1X、2X、4X、8X、16X 以及更高速的 32X。PCI-E 1X 模式的单向传输速率可以达到 256 MB/s，接近原有 PCI 接口 132 MB/s 的两倍，如果采用双向传输，数据传输率可以达到 512 MB/s，大大提升了系统总线的数据传输能力。而其他模式，如 8X、16X 的传输速率更是 1X 的 8 倍和 16 倍。

3. USB 总线

USB(Universal Serial Bus)通用串行总线是 Compaq、DEC、IBM、Intel、Microsoft、NEC(日本)、Northern Telecom(加拿大)等七大公司于 1994 年 11 月联合推出的计算机串行接口总线标准，1996 年 1 月颁布了 USB 1.0 版本。它的主要特点如下：

(1) 实现真正的即插即用，可以在不关机的情况下，很方便地对外设进行安装和拆卸。

(2) 最大数据传输率可达 12 Mb/s，USB 2.0 版本最大数据传输率可达 480 Mb/s，USB 3.0 版本最大数据传输率可达 5 Gb/s。

(3) 标准统一。鼠标、键盘、打印机、扫描仪等都可以改成以统一的 USB 标准接入系统。

(4) 连接电缆轻巧。USB 使用 4 芯电缆，其中 2 条用于信号连接，2 条用于电源与地。可为外设提供+5 V 的直流电源，方便用户。

3.4　总线结构和总线控制

3.4.1　总线结构

计算机总线是一组连接计算机硬件系统中各个部件的公共信号传输线，是各个部件共享的传输介质。计算机硬件系统是由运算器、控制器、主存、输入设备、输出设备五大部件组成的，我们采用什么样的总线方式把这五大部件连接起来才能使计算机系统的性能更好、成本更低呢？总线结构就是研究不同总线连接方式的结构特点，供计算机工程师在设计不同计算机系统时选用。

总线结构分为单总线结构和多总线结构。每种总线结构都有自己的特点，计算机工程师可根据不同计算机应用产品的实际需要和成本考虑，在设计时采用不同的总线结构方式。

1. 单总线结构

图 3.3 是单总线结构示意图。从图 3.3 可以看到，在单总线结构中，CPU、主存、I/O 设备(通过 I/O 接口)都连接在同一组总线上，这种总线结构方式允许 I/O 设备之间、I/O 设备与 CPU 之间或 I/O 设备与主存之间直接交换信息。

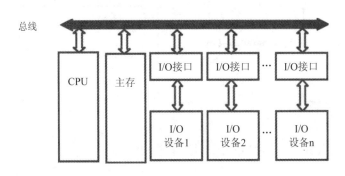

图 3.3　单总线结构示意图

单总线结构的优点是结构简单、易于设计、便于扩充、利于维护、成本低。

但单总线结构由于所有部件的数据都通过这组共享总线传输，所以在同一时刻，只能有一个部件通过总线传输数据，不允许两个以上的部件在同一时刻向总线传输数据，而且单总线的数据传输速率(带宽)只能以连接在这个总线上数据传输率最低的部件为标准来设计，如果设计的单总线数据传输速率(带宽)高于数据传输率最低的部件，则这个部件就不能可靠地传输数据，这就极大地限定了总线的带宽(数据传输速率)，必然会影响系统工作效率。

单总线结构的优点和缺点表明，它最适合现场工业控制类的计算机系统，比如控制的对象是变化速度较慢的温度、压力、流量等参数，这种类型的计算机控制系统对运算速度要求不高，运行的现场环境较差，特别适合采用单总线结构。

现在，随着计算机技术的不断发展，其外设的种类和数量越来越多，它们对数据传输数量和传输速度的要求也越来越高。在对计算机速度要求很高的计算机系统中，如果仍然采用单总线结构，就会带来许多问题。第一，当 I/O 设备的数量很多的时候，总线发出的控制信号从一端逐个顺序地传递到第 N 个设备时，其传播延迟时间就会严重地影响系统的工作效率。第二，如果采取同步通信方式，CPU 和主存的数据传输速度很高，但 I/O 设备的数据传输速度很低，这样低速的 I/O 设备会拖累整个总线的数据传输率。

因此，为了根本解决数据传输速率，解决 CPU、主存与 I/O 设备之间传输速率的不匹配，对速度要求高的计算机系统都采用多总线结构，比如超级计算机、个人计算机(PC)等。

2. 多总线结构

多总线结构包括双总线结构、三总线结构、四总线结构等。我们重点介绍双总线结构的设计思想，三总线结构和四总线结构的设计思想和双总线结构是相同的，只是分得更细，结构更复杂，从而使计算机系统的数据传输率更高。

图 3.4 是一种双总线结构的示意图。

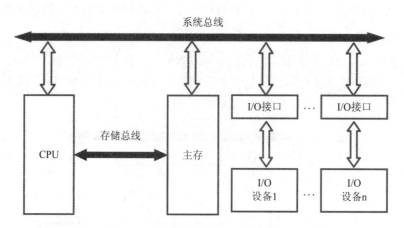

图 3.4　面向存储器的双总线结构示意图

图 3.4 所示的双总线结构和前面介绍的单总线结构相比，在 CPU 和主存之间增加了一条存储总线。

计算机硬件系统五大部件中，CPU 和主存的存取速度最快，输入/输出(I/O)设备的存取速度与之相比是极低的。

由于影响计算机系统运算速度的重要因素之一是计算机的 CPU 和主存之间的数据传输速度，所以为了提高计算机系统的性能，必须尽可能提高 CPU 与主存之间的数据交换速度。如果采用单总线，则数据传输速度受到连接在总线上的低速 I/O 设备的影响，总线的数据传输率不能达到 CPU 和主存数据传输的要求，于是在计算机系统中设计两个独立的总线，其中一个系统总线连接 CPU 和输入/输出(I/O)设备，这个系统总线的数据传输率可以要求低一些，设计简单、容易，另外再设计一个存储总线连接 CPU 和主存，这个存储总线的数据传输率要求尽可能高。

这种双总线的结构特点就是将速度较高的设备从单总线上分离出来，单独建立与系统总线分开的存储总线。

存储总线上连接的是 CPU 和主存，CPU 和主存的数据存取速度都很高，所以存储总线可以采取很高的数据传输率。由于 CPU 和主存之间交换数据的速度是影响计算机系统运算速度的重要因素，所以这种双总线结构使得计算机系统性能大大提高。

系统总线上连接的都是相对数据存取速度慢的输入/输出(I/O)设备，这样系统总线可以采取相对低的数据传输率，设计比较简单。

随着计算机技术的迅速发展，现在 I/O 设备的种类越来越多，这些 I/O 设备都需要和计算机系统相连，不同的 I/O 设备其数据传输速度相差很大，如何让这些不同数据传输速度的设备更有效地连接呢？方法之一就是把这些不同数据传输速度的 I/O 设备再进行分类，让速度相近的 I/O 设备连接到一种总线上，这样计算机系统的工作效率将会更高，这就形成了计算机的多总线结构。例如，根据 I/O 设备的数据传输速度可将其分为两类，设计两种不同数据传输率的总线分别连接这两类 I/O 设备，如果再加上存储总线，这个计算机系统就变成三总线结构了。

四总线结构的设计思想和三总线结构是一样的，只是分得更细。

多总线结构的优点是提高了计算机系统的性能指标，但整个系统的结构更复杂，设计更困难,成本增加,故障率也会增高,所以一个计算机系统究竟采用哪种总线结构要根据所设计的计算机系统的应用目的进行综合考量。

3.4.2 总线控制

什么是总线控制?什么是总线控制器?我们知道总线上连接着许多部件,各个部件随时都有可能利用总线向连接在总线上的另外一个部件传输数据,为了保证总线上传输的数据准确可靠,关于总线的控制,规定:一个时间段内只能有一个部件使用总线向另外一个部件传输数据,这样可以保证数据传输的正确和在数据传输过程中不产生数据冲突。

但在实际中常常会有几个部件同时需要使用总线发送数据,在只能有一个部件使用总线的情况下,选哪个部件来获得总线使用权呢?这就需要设计总线判优控制(或称总线仲裁)电路。

当某个部件获得总线使用权后,它就可以向另外一个部件传输数据,但是向哪一个部件传输数据,数据传输从什么时间开始,什么时间结束,如何协调统一,这些问题需要通过设计总线通信控制电路来解决。

所谓总线控制器,就是包含总线判优控制(或称总线仲裁)和总线通信控制两个功能的控制电路。通过总线控制器可实现对总线的统一管理。下面分别介绍总线控制器的主要功能。

1. 总线判优控制

总线上所连接的各种部件又称为设备(或模块),按其对总线有无控制功能可分为主设备(主模块)和从设备(从模块)两种。主设备对总线有控制权,从设备是响应从主设备发来的总线命令,对总线没有控制权。

总线上数据的传输是由主设备启动的,当某个设备(主设备)通过总线向另外一个设备(从设备)传输数据(通信)时,首先主设备向总线控制器发出需要使用总线的请求信号;当多个主设备同时需要使用总线,都发出总线请求信号时,就由总线控制器的判优、仲裁电路按照一定的优先等级顺序确定哪个主设备能控制使用总线,这就是总线判优控制。

只有获得总线控制使用权的主设备才能使用总线向连接在总线上的从设备传输信息。主设备在获得总线控制使用权后,会发出一个"总线忙"的信号,这时其他设备就不可以使用总线。

下面介绍一种最常见的总线判优控制电路:链式查询方式电路。

链式查询方式电路如图 3.5 所示。图的上方是系统总线(包括数据总线 DB、地址总线 AB、控制总线 CB),下方是 0~n 编号的设备,它们通过各自的接口连接到总线上,左边是总线控制器部件。

在链式查询方式电路中,由于查询的顺序是由 0 号设备到 n 号设备,最先查询的是 0 号设备,所以优先权的高低是按照设备编号依次链式排列的,0 号设备的优先权最高,n 号设备最低。

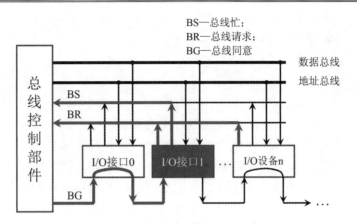

图 3.5　链式查询方式电路

如图 3.5 所示，当图中 1 号设备和 n 号设备同时向总线控制器发出总线请求信号 BR 时，总线控制器会发出总线同意信号 BG 依次从 0 号设备开始搜索，先搜索 0 号设备是否发出总线请求信号 BR，若发现 0 号设备没有发出总线请求信号 BR，则继续查询 1 号设备，这时发现 1 号设备发出了总线请求信号 BR，则把总线使用权给 1 号设备，获得总线控制权的 1 号设备同时发出总线忙 BS 信号，禁止其他设备使用总线。

链式查询方式的电路十分简单，但有两个缺点：第一，电路一旦设计完成后每个设备的优先级就固定了，不能改变，0 号设备一定是最高的，其他设备的优先权依照编号排列；第二，如果其中某个编号的设备出现故障，后面编号的设备就不能被查询了。

总线判优控制的电路很多，比如计数器定时查询方式、独立请求方式等，限于篇幅就不一一介绍了。

2. 总线通信控制

总线通信控制部分的功能主要是解决主设备向从设备传输数据时，双方如何获知传输开始和传输结束，以及通信双方如何协调、如何配合等问题。

1) 总线周期

在学习总线通信控制之前，先了解什么是总线周期。我们通常将完成一次系统总线操作所需的时间称为总线周期，总线周期主要由以下 4 个阶段组成。

(1) 申请分配阶段：由需要使用系统总线的主设备(主模块)提出申请，经过系统总线控制器的总线判优(仲裁)电路在多个申请者中决定哪一个申请者可获得下一个传输周期的总线使用权。

(2) 寻址阶段：取得了总线使用权的主设备(主模块)通过系统总线中的地址总线发出本次要访问的从设备(从模块)的地址及有关命令，启动参与本次传输的从设备(从模块)。

(3) 传数阶段：主设备(主模块)和从设备(从模块)进行数据交换。主设备和从设备交换数据有两种情况，一种是数据由主设备发出，经过系统总线中的数据总线写入从设备中；另外一种是主设备经过数据总线把从设备中的数据读出并送到主设备中。

(4) 结束阶段：主设备(主模块)的有关信息均从系统总线上撤除，让出总线使用权。

当然，对于仅有一个主模块的简单系统，总线使用权始终归它占用，也就没有上面提到的申请、判优、撤除等过程。

我们把在总线周期中主设备和从设备之间交换数据的过程描述如下：首先是主设备向总线控制器发出需要使用总线的请求信号，收到总线控制器许可信号后，主设备就获得了总线使用权，这是总线周期中的申请分配阶段；其次在主设备获得总线使用权后，要提供相应从设备的地址(每个设备都有自己的地址)，通过地址找到需要交换数据的从设备，这是总线周期中的寻址阶段；接下来主设备和从设备交换数据分两种情况，一种是"读"操作，"读"操作是主设备把对应地址的从设备数据通过总线读出给主设备，另外一种是"写"操作，"写"操作是把主设备的数据通过总线写入对应地址的从设备中，这是总线周期中的传数阶段，在传数阶段中"读"和"写"信号控制着数据传输的方向，最后当主设备和从设备的数据交换完成后，发出撤销信号，让出总线使用权，这是总线周期中的结束阶段。整个过程称为一次总线操作，所需要的时间称为总线周期。

前面 3.2.2 小节介绍系统总线时讲述其中包含三种类型总线：数据总线(DB)、地址总线(AB)、控制总线(CB)。在总线周期中的总线请求信号、总线响应信号、"读"信号、"写"信号等属于控制信号，是通过控制总线进行传输的；主设备发出的从设备的地址信号是通过地址总线进行传输的；主设备和从设备交换的数据是通过数据总线进行传输的；控制总线中的"读"和"写"控制信号决定数据的传输方向。

在一个总线周期的 4 个阶段中，申请分配阶段属于总线判优控制(总线仲裁)，后面 3 个阶段(寻址阶段、传数阶段、结束阶段)属于总线通信控制。

由于总线最重要的功能是传输数据，所以把完成总线周期中从寻址阶段到结束阶段操作所需的时间称为总线传输周期。

2) 总线通信控制

总线通信控制主要解决主设备和从设备之间如何获知数据传输开始和数据传输结束，以及通信双方如何协调、配合等问题。总线通信控制方式有许多种，在这里我们介绍三种最常见的总线通信控制方式：同步通信方式、异步通信方式、半同步通信方式。

(1) 同步通信方式。

通信双方由统一的时钟信号控制数据的传输称为同步通信方式。下面以 CPU 作为主设备和其他从设备(比如说主存)交换数据为例来说明同步通信方式。

图 3.6 所示是 CPU(主设备)通过总线读从设备数据的总线传输周期，这个传输周期包括 4 个时钟周期：T_1、T_2、T_3、T_4。

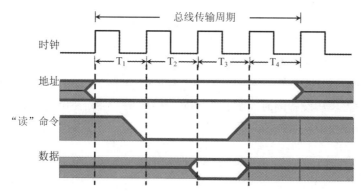

图 3.6　同步式通信读数据过程

CPU(主设备)在 T_1 上升沿发出地址信息，在 T_2 上升沿发出"读"命令；与地址相符合的从设备接到"读"命令后，进行一系列内部操作，且必须在 T_3 的上升沿到来之前将 CPU 所需的数据送到数据总线上；CPU 在 T_3 时钟周期内，将数据总线上的数据读到 CPU 内相应的寄存器中；CPU 在 T_4 的上升沿撤销"读"命令，从设备也不再向数据总线上传输数据，撤销它对数据总线的驱动，使数据总线处于呈浮空状态。

图 3.7 是 CPU(主设备)向另外一个设备(从设备)中写数据的同步通信过程。和 CPU(主设备)读数据的过程不同之处在于，写的过程是 CPU(主设备)把自己的数据写入某一个设备(从设备)中。

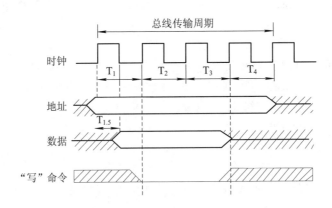

图 3.7　同步式通信写数据过程

图 3.7 总线写数据传输周期也包括 4 个时钟周期：T_1、T_2、T_3、T_4。

CPU 在 T_1 上升沿发出地址信息；$T_{1.5}$ 处 CPU 提供数据到数据总线上；在 T_2 上升沿 CPU 发出"写"命令；与地址相符合的从设备接到"写"命令后，在 T_2、T_3 的两个时钟周期内，把 CPU 提供的数据写入从设备中；CPU 在 T_4 的上升沿撤销"写"命令，也不再向数据总线上传输数据，撤销它对数据总线的驱动，使数据总线处于浮空状态。

同步通信在系统总线的设计上，对 T_1、T_2、T_3、T_4 都有明确和唯一的规定，详细介绍如下：

图 3.6 中：T_1——主设备发地址；T_2——主设备发"读"命令；T_3——从设备提供数据；T_4——主设备撤销"读"命令，从设备撤销数据。

图 3.7 中：T_1——主设备发地址；$T_{1.5}$——主设备提供数据；T_2、T_3——主设备发"写"命令，从设备接到"写"命令后，必须在规定的时间 T_2、T_3 之内把数据总线上的数据写入从设备中；T_4——主设备撤销"写"命令，同时撤销数据等信号。

这种通信的优点是规定明确、统一，模块之间的配合十分简单，总线控制电路设计容易；其缺点是主设备和从设备的时间配合需要强制性同步，必须在限定的时间完成规定的动作，否则就会出错，不能实现同步通信。比如图 3.6 所示总线读数据的传输周期中，CPU(主设备)在 T_2 上升沿发出"读"命令后，从设备必须在 T_3 上升沿提供稳定的数据信号，否则 CPU 就不能在数据总线上读到从设备的数据，如果从设备的存取速度达不到这个要求，则同步通信就不能实现。写数据的传输周期也存在相同的问题，从设备接到"写"命令后必须在 T_2、T_3 之内把数据可靠地写入从设备中，如果从设备做不到，就可能出现写错的情况。

这种对所有从设备都用统一时钟，并且要求在规定的时间内完成相应的动作的方式，对各个不同速度的部件而言，必须按照最慢的部件来设计公共时钟，严重影响了总线的工作效率，也给设计带来局限性，缺乏灵活性。

同步通信一般用于总线长度较短、各个部件存取时间比较一致的场合，如个人计算机(PC)中，CPU 和内存之间的通信控制采用的就是同步通信方式。

例 3.1　假设总线的时钟频率为 100 MHz，总线的传输周期是 4 个时钟周期，总线的宽度为 16 位，试求总线的数据传输率。

解　根据总线的时钟频率为 100 MHz，可知 1 个时钟周期为 $1 \div 100 \text{ MHz} = 0.01 \text{ μs}$。

总线传输周期为 4 个时钟周期，所以总线传输周期为 $4 \times 0.01 \text{ μs} = 0.04 \text{ μs}$。

由于总线的宽度为 16 位 $= 16 \div 8 = 2$ 字节，故

总线的传输率 = 总线宽度 ÷ 总线传输周期 = $2 \div 0.04 = 50 \text{ MB/s}$

(2) 异步通信方式。

异步通信克服了同步通信的缺点，允许连接在总线上的各个设备(模块)速度不一致，给设计者充分的灵活性和选择余地。它不需要公共的时钟标准，不要求所有部件严格地统一操作时间，而是采用应答方式(又称握手方式)，即当主设备(主模块)发出请求信号(Request)后，一直等待从设备(从模块)反馈回来的响应信号(Acknowledge)，必须确认响应信号后才开始通信，进行数据传输。当然，这就要求主设备(主模块)和从设备(从模块)之间增加两条应答线(握手交互信号线 Handshaking)。

异步通信的好处是允许连接在总线上的各个设备(模块)速度不一致，由于采用应答方式，使得数据传输更加可靠，但总线传输周期比同步通信长，总线控制电路设计也比同步通信复杂。

异步通信可以用于并行传输也可用于串行传输。

① 异步并行传输。异步通信常用于主设备和从设备速度差异很大的情况。比如 CPU 和输入/输出(I/O)设备之间交换数据，CPU 的处理速度远远高于 I/O 设备，这样就可以采用异步传输方式，同时数据采用并行传输。具体过程如图 3.8 所示，在这里，CPU 是通过 I/O 接口和 I/O 设备交换数据的。

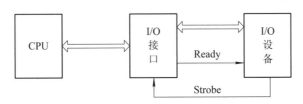

图 3.8　异步并行传输过程

当 CPU 要把数据传输给 I/O 设备时，CPU 首先将数据传输到 I/O 接口(简称接口)，接口收到数据就会向 I/O 设备发出一个"Ready"(准备就绪)信号，告诉 I/O 设备可以从接口取走数据。I/O 设备收到"Ready"信号后，立即从接口取走数据，当数据被可靠地取走后，再向接口回发一个"Strobe"信号，让接口告诉 CPU，数据已经被可靠地取走，CPU 可以继续向接口发送数据。这样，数据就有条不紊地由 CPU 传输给 I/O 设备，实现高速设备和低速设备交换数据。

同理，如果变成 I/O 设备向 CPU 传输数据，则 I/O 设备先把数据送入接口，当数据可靠地送入接口后，就向接口发"Strobe"信号，表明数据已经送出。接口收到"Strobe"信号便通知 CPU 可以取数，一旦数据被可靠地取走，接口便向 I/O 设备发"Ready"信号，通知 I/O 设备，数据已被取走，可以继续传输数据。

这种一问一答的联系方式称为异步联络。

② 异步串行传输。异步串行传输没有同步时钟，也不需要在数据传输时同步信号。

在异步串行传输时，为了确认被传输的字符，约定字符格式为 1 位起始位(低电平)、5～8 位数据位、1 位奇偶校验位(检错用)、1 位或 1.5 位或 2 位终止位(高电平)。

传输时，起始位后面紧接着要传输数据的最低位，数据按照先低位后高位的顺序传输完毕后，再接着发一个高电平的终止位。起始位和终止位构成一帧，两帧之间的间隔可以是任意长度。

图 3.9 所示是串行传输时两帧之间没有间隔空闲位的过程。

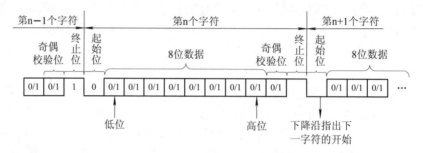

图 3.9　异步串行传输无空闲位过程

图 3.10 所示是串行传输时两帧之间有间隔空闲位的过程。

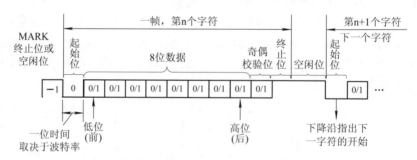

图 3.10　异步串行传输有空闲位过程

异步串行通信的数据传输率用波特率来衡量。波特率是指单位时间内传输的二进制数据的总位数，这里的二进制数据的总位数是起始位、数据位、奇偶校验位、终止位之和。单位用 b/s(位/每秒)表示，记作波特。

由于异步串行通信字符格式中包含若干附加位，如起始位、校验位、终止位，而且终止位有 1 位、1.5 位、2 位之分，所以有时候我们只是考虑有效数据位，采用比特率来衡量异步串行通信的数据传输速率。比特率是指单位时间内传输的二进制有效数据的位数，单位用 b/s 表示。这里的二进制有效数据位数只包括数据位，去掉了起始位、校验位和终止位。

例 3.2　在异步串行通信中，假设每秒传输 110 个数据帧，其中字符为 7 位、1 位起始位、1 位终止位、1 位校验位，计算波特率。

解　根据题目给出的字符格式，一帧包括：起始位 1 + 字符位 7 + 校验位 1 + 终止位 1 = 10 位，故

$$波特率 = (1 + 7 + 1 + 1) \times 110 = 1100 \text{ b/s} = 1100 \text{ 波特}$$

例 3.3　在异步串行通信中，若字符格式：1 位起始位、8 位数据位、1 位校验位、1 位终止位，已知波特率为 1200 b/s，求此时的比特率。

解　根据题目给出的字符格式，有效数据位为 8 位，而传送的总数据位数为 1 + 8 + 1 + 1 = 11，故

$$比特率 = 1200 \times (8 \div 11) = 872.72 \text{ b/s}$$

(3) 半同步通信方式(同步、异步结合)。

半同步通信既保留了同步通信的基本特点，如所有的地址、控制、数据信号的发出时间，都严格按照系统时钟的某个前沿开始，而接收方则采用系统时钟的后沿时刻来进行判别；同时又像异步通信那样，允许不同速度的模块和谐地工作。为此，增设了一条"等待"(WAIT)响应信号线，通过插入时钟周期(等待)的措施来协调通信双方的配合问题。

图 3.11 所示是半同步总线读数据传输周期。

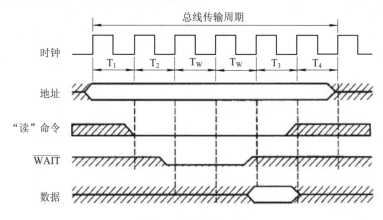

图 3.11　半同步式通信读数据过程

在前面介绍的读数据的同步通信过程中，我们知道：CPU(主设备)在 T_1 上升沿发出地址信息；在 T_2 上升沿发出"读"命令；与地址相符合的从设备接到"读"命令后，进行一系列内部操作，且必须在 T_3 上升沿到来之前将 CPU 所需的数据送到数据总线上；CPU 在 T_3 时钟周期内，将数据总线上的数据读到 CPU 内相应的寄存器中；CPU 在 T_4 上升沿撤销"读"命令，从设备也不再向数据总线上传输数据，撤销它对数据总线的驱动，使数据总线处于浮空状态。

但是，倘若从设备(从模块)工作速度慢，无法在 T_3 上升沿到来之前将 CPU(主设备)所需的数据送到数据总线上，则必须在 T_3 上升沿到来之前给出 WAIT 信号(低电平)，通知 CPU(主设备)。若 CPU(主设备)在 T_3 上升沿到来时测得 WAIT 信号为低电平，则不会从数据总线上读取数据，而是插入一个和时钟周期一致的等待周期 T_W，等待从设备准备数据。若 CPU(主设备)在下个时钟周期到来时还是测得 WAIT 信号为低电平，就再插入一个等待周期 T_W，这样一个时钟周期、一个时钟周期地等待，直到 CPU(主设备)测得 WAIT 信号为高电平，说明从设备数据已经准备好，才会读取数据，T_4 结束传输。

图 3.11 中：T_1——主设备发地址；T_2——主设备发"读"命令；T_w——当测得 WAIT 信号为低电平时，插入一个和时钟周期一致的等待周期；T_3——从设备提供数据；T_4——主设备撤销"读"命令，从设备撤销数据。

半同步通信适用于系统工作速度不高但又包含由许多工作速度差异较大的各类设备组成的简单系统的情景。半同步通信方式比异步通信方式简单，系统内各个设备(模块)都是在统一的系统时钟控制下同步工作，可靠性较高，其缺点是对系统时钟频率不能要求太高。从总体上看，系统的工作速度还不是很高。

思考与练习 3

一、单选题

1. 计算机系统的五大部件之间两种互连方式为____。
A. 总线连接和分散连接　　　　　B. 总线连接和聚集连接
C. 分散连接和芯片连接　　　　　D. 分散连接和聚集连接

2. 按连接部件不同可以把总线分为三大类，其中不属于这三类的是____。
A. 通信总线　　　B. 片内总线　　　C. 系统总线　　　D. 存储总线

3. 下列不属于系统总线的是____。
A. 数据总线　　　B. 片内总线　　　C. 地址总线　　　D. 控制总线

4. 相对于单总线结构，多总线结构解决了____速度不匹配的问题。
A. 数据总线与控制总线　　　　　B. 地址总线与数据总线
C. CPU、主存与 I/O 设备间　　　D. I/O 设备之间

5. 在计算机的总线中，不同信号在同一条信号线上分时传输的方式称为____。
A. 并行和串行传输　　　　　　　B. 并行传输
C. 串行传输　　　　　　　　　　D. 总线复用

6. 总线是连接多个模块的信息传输线，是各部件共享的传输介质。因此在某一时刻允许有____部件向总线发送信息。
A. 两个　　　B. 一个　　　C. 三个　　　D. 多个

7. 衡量总线本身所能达到的最高传输速率的重要指标是____。
A. 总线复用　　　B. 总线宽度　　　C. 总线带宽　　　D. 信号线数

8. 连接 CPU 内各寄存器、控制器及算术逻辑运算单元等部件的总线统称为____。
A. 片内总线　　　B. 系统总线　　　C. 控制总线　　　D. 地址总线

9. "BS：总线忙"信号的建立者是____。
A. 获得总线控制权的设备　　　　B. 发起总线请求的设备
C. 总线控制器　　　　　　　　　D. CPU

10. 假设某系统总线在一个总线周期中并行传输 8 字节信息，一个总线周期占用 4 个时钟周期，总线时钟频率为 10 MHz，则总线带宽是____。
A. 40 MB/s　　　B. 80 MB/s　　　C. 160 MB/s　　　D. 20 MB/s

11. 总线的异步通信方式是____。

A. 不采用时钟信号，不采用握手信号

B. 不采用时钟信号，只采用握手信号

C. 只采用时钟信号，不采用握手信号

D. 既采用时钟信号，又采用握手信号

12. 在异步串行传输系统中，假设每秒传输 120 个数据帧，其字符格式规定包含 1 位起始位、7 位数据位、1 位奇偶校验位、1 位终止位，则波特率为____。

A. 900 b/s　　　B. 800 b/s　　　C. 1 200 b/s　　　D. 1 200 B/s

13. 在异步传输系统中，若字符格式为 1 位起始位、8 位数据位、1 位奇偶校验位、1 位终止位，假设波特率为 1 200 b/s，则比特率为____。

A. 872.72 B/s　　B. 1 200 b/s　　C. 872.72 b/s　　D. 1 200 B/s

14. 总线复用方式可以____。

A. 提高总线的传输带宽　　　　B. 减少总线中信号线的数量

C. 实现并行传输　　　　　　　D. 提高总线的传输速度

15. 在同步通信中，一个总线周期的传输过程是____。

A. 只传输地址　　　　　　　　B. 先传输数据，再传输地址

C. 只传输数据　　　　　　　　D. 先传输地址，再传输数据

16. 通常将完成一次总线操作的时间称为总线周期，这一过程可以分为 4 个阶段：申请分配阶段、寻址阶段、传数阶段、结束阶段，一个总线周期各阶段执行的优先次序是____。

A. 申请分配阶段→寻址阶段→传数阶段→结束阶段

B. 申请分配阶段→传数阶段→寻址阶段→结束阶段

C. 寻址阶段→申请分配阶段→传数阶段→结束阶段

D. 寻址阶段→申请分配阶段→传数阶段→结束阶段

17. 总线宽度又称为总线位宽，它是总线上同时能够传输的数据位数，通常是指____的数量。

A. 数据总线+控制总线+地址总线　　　B. 数据总线

C. 控制总线　　　　　　　　　　　　D. 地址总线

二、多选题

1. 总线特性包括____。

A. 机械特性　　　　B. 电气特性　　　　C. 功能特性

D. 时间特性　　　　E. 控制特性　　　　F. 信号特性

2. 系统总线是连接计算机内各大部件的信息传输线，该总线按传输内容的不同又分为____。

A. 数据总线　　　　B. 地址总线　　　　C. 控制总线　　　　D. 传输总线

3. 下列选项中的英文缩写均为总线标准的是____。

A. PCI　　　　　　B. USB　　　　　　C. PCI-E　　　　　　D. MIPS

4. 按连接部件不同，总线通常可分为____。

A. 地址总线　　　　B. 数据总线　　　　C. 控制总线

D. 片内总线　　　　E. 系统总线　　　　F. 通信总线

5. 一个总线传输周期包括____。

A. 申请分配阶段　　　B. 寻址阶段　　　　C. 传数阶段

D. 握手阶段　　　　　E. 结束阶段

6. 总线标准可视为系统与各模块、模块与模块之间的一个互连的界面标准，这个界面对其他两端的模块都是透明的。下列常用的各种标准中，属于总线标准的是____。

A. PCI　　　　　　　B. USB　　　　　　C. PCI-E　　　　　D. IEEE754

7. 控制总线中常见的控制信号包括____。

A. 时钟　　　　　　　B. 复位　　　　　　C. 总线请求

D. 总线响应　　　　　E. 存储器读　　　　F. 存储器写

三、问答与计算题

1. 什么是总线？总线传输有何特点？

2. 什么是串行通信？什么是并行通信？

3. 什么是系统总线？系统总线分几类？它们各有何作用？系统总线是单向的还是双向的？

4. 解释概念：总线宽度、总线带宽、总线复用。

5. 什么是单总线结构？什么情况下采用单总线结构设计？双总线结构和单总线结构相比有什么优点和缺点？

6. 解释概念：总线的主设备、总线的从设备、总线周期、总线判优控制、总线通信控制、总线传输周期。

7. 试比较同步通信和异步通信。

8. 设总线的时钟频率为 8 MHz，一个总线传输周期等于一个时钟周期，如果一个总线传输周期中并行传输 16 位数据，试问总线的带宽是多少？

9. 在一个 32 位的总线系统中，总线的时钟频率为 40 MHz，假设总线最短的传输周期为 4 个时钟周期，试计算总线的最大的数据传输率。若想提高数据传输率可采取什么措施？

10. 在异步串行通信中，假设每秒传输 100 个数据帧，其中字符 8 位、1 位起始位、1 位终止位、1 位校验位，请计算波特率。

11. 在异步串行通信中，若字符格式为 1 位起始位、7 位数据位、1 位校验位、1 位终止位，已知波特率为 1200 b/s，求此时的比特率。

思考与练习3
参考答案

第4章　存储器系统

4.1　存储器系统概述

通过前面章节的学习我们知道，计算机硬件是由运算器、控制器、存储器、输入设备、输出设备五大部分组成的。但是需要特别指出的是，这里的存储器是指主存储器，不是辅助存储器。

主存储器简称为主存，又称内存，辅助存储器简称为辅存，又称外存。如果以个人计算机(PC)为例，主存储器(内存)主要是指内存条，辅助存储器(外存)是指硬盘、光盘、U盘等。

由于主存储器的数据存取速度远远超过辅助存储器，所以主存储器的作用是运行计算机软件，也就是说计算机系统中所有的软件都必须在主存储器中运行。但由于主存储器价格高，所以计算机硬件系统中主存储器的容量不会设计得太大。

辅助存储器的主要作用是把一些暂时不需要运行的软件和文件保存起来，以备随时调入主存中运行，辅助存储器价格低，因而设计的容量可以远远大于主存。计算机的存储管理软件将它与主存储器一起统一管理，作为主存储器的补充。

4.1.1　存储器的分类

随着计算机技术的不断发展，存储器的种类越来越多，按不同角度有不同的分类方式。

1. 按照在计算机中的作用分类

按在计算机系统中的作用不同，存储器分为主存储器和辅助存储器。两者共同构成计算机系统中的存储器系统。

主存储器的主要特点是它可以和 CPU 直接交换数据，计算机的所有程序及相关的数据都必须在主存储器中运行。

辅助存储器是主存储器的后援存储器，主要用于存放当前暂时不用的各种软件和文件，它不能与CPU直接交换数据，它的程序和数据需要先调入主存储器，然后由CPU运行和处理。

在平时使用个人计算机时，我们说的"打开某个文件"，在计算机的原理上就是把这个文件从辅助存储器输入主存储器中运行，这时辅助存储器被看成是输入设备；而"保存某个文件"，其实是把这个文件从主存储器输出到辅助存储器中，这个时候辅助存储器被看成是一个输出设备。

　　主存储器和辅助存储器两者相比，主存储器速度快、容量小、每位价位高；辅助存储器速度慢、容量大、每位价格低。

2. 按存储介质分类

　　存储器的主要功能是存储程序和各种数据，并能在计算机运行过程中高速、自动地完成程序或数据的存取。存储器是具有记忆功能的设备，它采用具有两种稳定状态的物理元件来存储信息，这些元件也称为记忆元件。计算机中的程序和数据都是由二进制"0"和"1"两个数字来描述的，所以从理论上讲，只要能形成两种稳定状态分别表示为二进制"0"和"1"的物质，都可以作为存储介质。

　　目前，在计算机系统中采用最多的三种存储器存储介质是半导体材料、磁材料和光盘等。

　　(1) 半导体存储器。半导体材料是一种常温下导电性能介于导体与绝缘体之间的材料。常见的半导体材料有硅、锗、砷化镓等，而硅是各种半导体材料中应用最为广泛的一种。

　　通过学习"模拟电子技术"和"数字逻辑"等课程我们知道，二极管、三极管都是采用半导体材料制作的电子元器件，而且二极管和三极管是组成各种数字电路(其中也包括用来"记忆"数据的存储器电路)最基本的电子元器件。

　　半导体存储器是指采用半导体数字电路组成"记忆"部件的存储器。现代的半导体存储器都是用超大规模集成电路工艺制成的集成电路芯片，其优点是体积小、功耗低、存取速度快。

　　半导体存储器又可以按照其工艺和材料不同分为双极型(TTL)半导体存储器和 MOS半导体存储器两种。双极型(TTL)半导体存储器速度快；MOS 半导体存储器集成度高，制造简单，成本低廉，功耗小。计算机工程师可以根据不同设计需要选用双极型(TTL)半导体存储器或 MOS 半导体存储器。

　　常见的半导体存储器有内存条、U 盘、固态硬盘等。

　　(2) 磁表面存储器。磁表面存储器是在金属或塑料基体的表面涂一层磁性材料作为存储介质。由于用具有矩形磁滞回线特性的材料作为磁表面物质，利用其剩磁状态的不同而区分二进制"0"和"1"，而且剩磁状态不会轻易丢失，故磁表面存储器具有非易失性的特点，因为磁材料价格低，所以磁表面存储器价格相对半导体存储器便宜。

　　磁表面存储器的工作原理是工作时它的磁层随着载磁体高速运转，用磁头在磁层上进行读取数据或写入数据，故称为磁表面存储器。

　　常见的磁表面存储器有硬盘、磁带。由于磁表面存储器读/写数据的速度太慢，随着半导体存储器的价格下降，有逐步被淘汰的趋势。

　　(3) 光盘存储器。用作光盘存储器的存储介质有非磁性材料和磁性材料两种。前者作为光盘的存储介质，后者构成磁光盘存储介质。

　　光盘存储器是一种采用光存储技术存储信息的存储器，它采用聚焦激光束在盘式介质上非接触地记录高密度信息，以介质材料的光学性质(如反射率、偏振方向)的变化来表示所存储二进制信息的"1"或"0"。它具有非易失性、可靠性高、耐用性好、容量大等特点，因而被称为半永久性存储器。

　　光盘存储器的缺点是读/写速度慢。随着 U 盘技术的发展，U 盘容量越来越大，加上计算机网络的快速发展，光盘在个人计算机中的应用慢慢被淘汰。

3. 按存取方式分类

按照存取方式可把存储器分为随机存储器、只读存储器、串行访问存储器。

(1) 随机存储器(Random Access Memory，RAM)。RAM 是一种可以读/写的半导体存储器，其特点是可以随机存取任何一个存储单元的内容，而且存取时间与存储单元的物理位置无关。计算机系统中的主存都采用这种随机存储器。

由于存取信息的原理不同，RAM 又分为静态 RAM(以触发器电路寄存信息)和动态RAM(以电容充放电原理寄存信息)。

RAM 可读/写半导体存储器的优点是存取速度快，缺点是价格高，而且当电源消失后，RAM 电路里寄存的数据也会消失，重新恢复电源后，RAM 内的数据就变成了一些随机数，故称为随机存储器。

(2) 只读存储器(Read Only Memory，ROM)。只读存储器是只能对其存储的数据读出，而不能在常规下对其内容重新写入的存储器。这种存储器的数据一般是在出厂时就写入固化的程序或数据，在执行程序过程中，只能将内部信息读出，而不能随意重新写入新的信息去改变原始的信息。因此，通常用它存放固定不变的程序或数据。比如个人计算机(PC)中的 BIOS 芯片，还有一些计算机系统中的固化操作系统芯片等。

随着半导体技术的不断进步，出现了可以擦写的只读存储器(EPROM)。这种可擦写的存储器必须在紫外线照射下对原数据进行擦除，然后要在专门的写入器上写入新数据。随着技术的发展出现了电可擦的只读存储器 EEPROM，这种只读存储器的擦除可以用电在线擦除和写入，只是写入速度比 RAM 慢很多。后来又出现了闪速存储器(Flash Memory，闪存)，它具有 EEPROM 的特点，但擦除和写入速度快得多。

计算机系统中的 U 盘采用的材料就是闪速存储器。随着只读存储器的速度提高和价格下降，现在用闪存做的硬盘(固态硬盘)也被广泛使用，它和磁表面材料做的传统硬盘相比，其优点是速度快很多，同时噪音小，缺点是价格相比传统硬盘高。

同为半导体存储器的 RAM 和 ROM，有各自的优点和缺点。从读/写速度来说，RAM比 ROM 要快得多，但同时 RAM 价格也比 ROM 高得多。ROM 的优点是存储在其中的数据在断电后不会丢失，当电源恢复后，原来的数据依然还在 ROM 中。但存储在 RAM 中的数据会随着计算机关机而消失，重新开机后，RAM 中的数据变成了随机数。

(3) 串行访问存储器。对存储单元进行读/写操作时必须按照其物理位置的先后顺序寻找地址才能操作的存储器称为串行访问存储器。这种存储器对不同位置的信息读/写速度是不同的。例如磁带存储器，不论信息在磁带的哪个位置，都必须从其介质的始端开始按照顺序寻找，故又称为顺序存取存储器。现在顺序存取存储器已经很少使用了。

4.1.2 存储器的层次结构

计算机中的存储器是用来存放二进制数据的。如果把存储器比作一栋大楼，大楼里的房间就相当于存储器的存储单元，一个房间住多少人对应的就是每个存储单元存储多少位二进制数，一个存储单元存储的二进制位数的长度，称为存储字长，每个房间的编号对应的就是存储单元的地址。

计算机访问存储器读数据，就如同我们在大楼里找某个房间里的人。要找到某个房间里的人必须知道房间编号，在计算机中要找到相应的数据就需要提供对应存储单元的地址。一个存储器的容量，如同一栋大楼的房间数，房间数越多，能住的人就越多，对应于存储器就是存储单元越多，存储的二进制数据也就越多，存储容量也就越大。

衡量存储器的性能有三个主要指标：存储速度、容量和价格。我们常用存储器的存取时间来衡量一个存储器的存储速度，存取时间是指从存储器的地址总线给出存储单元的地址到它的数据总线出现数据的时间，目前半导体 RAM 的存取时间已经能达到纳秒(ns)级水平。在存储器的性能指标中，价格也是一个重要指标，存储器的价格是指存储器每一个二进制位的价格(简称位价)，比如说某存储器的容量是 1 KB，市场价格是 80 元，则该存储器的每位价格为 $80/(1024 \times 8)$ 元。很显然，我们希望计算机系统中都是大容量、高速度、低价格的存储器，但实际上很难兼顾，通常是速度快的存储器价格高。

在设计一个计算机系统时，需要对存储容量、存储速度和价格综合考虑，追求一个高的性价比。在构建一个计算机系统时，重要的、频繁运行的存储部件采用速度快及价格高的存储器，相对次要的、不经常运行的存储部件采用速度较低且价格较便宜的存储器。这样可以使一个计算机系统保持良好的性价比。

计算机中的存储器系统采取层次结构的方式，其目的就是要尽可能解决好存储器的速度、容量、价格三个指标的综合平衡问题，从而使计算机系统具有一个最佳的性价比。

对一个计算机系统来说，它的核心是 CPU，CPU 中设计有各种寄存器来存储指令和数据，作为 CPU 中的寄存器，它直接参与运算器 ALU 的运算。因此如果 CPU 中寄存器越多，计算机系统的性能就越好，而且 CPU 总是采用最好的制造工艺来设计，所以作为存储器系统的一部分，CPU 内部的寄存器是存储器系统中速度最快的器件，但由于寄存器价格高，CPU 中就不可能设计很多的寄存器。

计算机运行程序通常需要同时处理的数据很多，光靠 CPU 中的寄存器是不够的，所以除 CPU 中的寄存器外，还需要有其他存储器器件来运行程序和存储数据，这些存储器器件就构成了计算机的存储器系统。

计算机中存储器系统采取层次结构的方式来管理和使用计算机中各类存储器，最早采用的是二级架构的存储器系统，如图 4.1 所示。

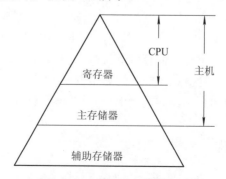

图 4.1　二级存储器系统结构图

这个二级架构的存储器系统把存储器分为主存储器(主存)和辅助存储器(辅存)二级。为什么要分成主存和辅存二级而不直接做成一级呢？这是因为制造存储器器件的介质不同、电路不同，做成的存储器器件的性能是有很大差别的，但一般来讲，存储速度越快的存储器器件价格就会越高。

从计算机的工作原理我们知道，主存储器和 CPU 一起构成计算机的主机，在计算机的主机中，主存储器和 CPU 直接交换指令和数据，而且计算机的所有程序及相关的数据都必须通过主存储器运行。因此主存储器的存储速度直接影响计算机主机的性能，所以主存储器必须尽量选择存储速度快的存储器器件，尽管价格比较高。

主存储器的存储速度虽然快但价格高，所以容量不可能做到很大。为了解决存储器容量和价格的矛盾，就需要设计一个辅助存储器，这个辅助存储器作为主存储器的后援存储器，主要用于存放当前暂时不用的各种软件和文件。辅助存储器不需要与 CPU 直接交换数据，它存储的程序和数据根据需要才调入主存储器中，再由 CPU 来运行和处理，所以它的存储速度可以相对较慢，选用这样的存储器器件价格低，容量可以做到很大。

主存储器和辅助存储器两者相比，主存储器速度快、容量小、每位价位高；辅助存储器速度慢、容量大、每位价格低。

这样，通过层次结构的方式，采取主存储器和辅助存储器二级存储器架构可以较好地解决存储器容量、速度、价格的矛盾，使计算机具有一个良好的性价比。

现在的计算机都有主存和辅存二级存储器系统，比如在个人计算机(PC)设计中，主存储器(内存)采用价格高、速度快的 RAM，它的容量较小，一般为 8 GB 左右；辅助存储器(外存)采用价格便宜、速度较慢的磁盘(机械硬盘)或 ROM(固态硬盘)，容量比主存储器(内存)大得多，通常达到 1 TB(1024 GB)。

在现代计算机技术发展过程中，为了追求更好的性价比，出现了缓冲存储器 Cache 技术，即在 CPU 和主存(内存)之间再增加一级缓冲存储器(简称缓存)Cache。

缓冲存储器 Cache 是一种比主存容量小、价格高但速度更快的存储器。现在的计算机系统的缓冲存储器 Cache 都集成在 CPU 芯片内，如图 4.2 所示。

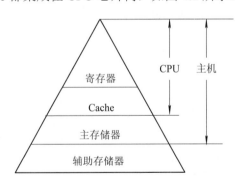

图 4.2　三级存储器系统结构图

和图 4.1 所示的二级存储器系统结构图相比，图 4.2 所示的三级存储器系统结构图中，在 CPU 内增加了一级 Cache(高速缓存)。

这样，一个计算机系统中的存储器系统，其基本架构由二级存储器系统变成了三级存储器系统，即缓冲存储器 Cache、主存储器和辅助存储器。这个三级存储器系统又构成两个存储层次：其中一个层次是缓存 Cache—主存储器；另外一个层次是主存储器—辅助存储器。

新增加的缓存 Cache—主存储器这个层次主要解决 CPU 和主存储器速度不匹配的问

题。早期的二级存储器系统计算机没有高速缓存Cache这一级，CPU直接访问主存储器获取指令和数据，但由于主存储器的速度比 CPU 慢很多，影响了整个计算机主机的性能指标，于是考虑增加少量高性能的缓冲存储器Cache，由于增加的容量不大(最早486CPU增加的缓存Cache为8 KB)，所以成本增加不多，但性能大大提高了(具体工作原理后面章节会作详细介绍)。

　　由于缓存 Cache 的速度比主存储器高很多，如果能够每次将主存中 CPU 近期要用的指令和数据调入缓存Cache，CPU便可以直接从缓存Cache中获取指令和数据，不需要去访问主存储器，从而提高访问存储器的速度。缓存和主存之间的数据调动是由硬件自动完成的，程序员在编程时不需要考虑它，也就是说高速缓存Cache对程序员是透明的。

　　总之，计算机中的存储器系统采用三级存储器系统构成两个存储层次的目的是提高整机的性价比。从CPU的角度看，缓存Cache—主存储器这一层次的速度接近于缓存，高于主存，其容量和位价却接近于主存，这就从速度和成本的矛盾中获得了理想的解决办法。

　　另外，主存储器—辅助存储器这一层次，从整体分析，其速度接近于主存，容量接近于辅存，平均位价接近于辅存，这就解决了速度、容量、成本三者之间的矛盾。

　　现代计算机中的存储器系统几乎都采用了具有这样的两个存储层次，构成了缓存Cache、主存储器、辅助存储器三级存储器系统。

4.2　主存储器

4.2.1　概述

　　主存储器是计算机硬件系统中除 CPU 以外最重要的部件，它是由半导体材料的二极管、三极管电路组成。

　　从程序员的角度看，计算机必须把由一条条指令组成的程序和数据装入主存储器中才能开始运行。在执行程序过程中，CPU 从主存储器中取得指令，其中指令要用的数据也要通过访问主存储器取得，而且运算结果最后也是存入主存储器，计算机每执行完成一条指令，至少要访问一次主存。另外各种输入/输出设备不是直接和 CPU 交换数据，而是先和主存储器交换数据，再由主存储器交给 CPU 处理。因此，主存储器是计算机系统运行过程中数据的交换枢纽，从这个意义上说，现代计算机系统是以主存储器为中心的。

　　这一节，我们介绍主存储器的工作原理。

1. 对主存的操作

　　首先，CPU 或其他设备对主存储器的操作有两种："读"(Read)操作(简称读)和"写"(Write)操作(简称写)。"读"操作是指从存储器的存储单元中读出数据，但不破坏存储单元中原有的内容；"写"操作是指把数据写入(存入)存储器，新写入的数据将覆盖存储单元原有的数据。

　　我们把对主存储器进行一次读/写操作称为进行一次存储器访问，简称为访存。所谓CPU 或其他设备和主存储器交换数据其实就是对主存储器进行读/写操作。

　　为了实现 CPU 或其他设备对主存储器数据的读/写操作，主存储器不能只有存储数据的电路部件，还必须有相应的读/写控制电路部件，才能完成对存储器数据的存取。

存储器中存储数据的部分称为存储体。存储体内数据的管理方法是把数据分配到一个个存储单元中，一个存储单元存储若干位二进制数据(不同公司和不同型号存储器芯片存储的二进制位数不一样)，然后每个存储单元给一个编号，这个编号称为存储器的存储地址。这样，如果 CPU 或其他设备要访问存储器中的数据，就必须知道这个数据的地址，通过地址找到相应的数据。

从上面的介绍我们可以知道，如果 CPU 或其他输入/输出设备要对存储器的数据进行读/写操作，首先要提供数据所在存储单元的存储地址，然后再看是"读"操作还是"写"操作，最后实现对相应地址存储单元内数据的读/写操作。

我们下面通过两个例子来说明什么是"读"操作，什么是"写"操作。在这里我们假定一个存储单元中存储 8 位二进制数。

1) "读"操作

下面介绍 CPU 从主存储器的 02 号存储单元中读数据到数据寄存器 MDR 的过程，如图 4.3 所示。

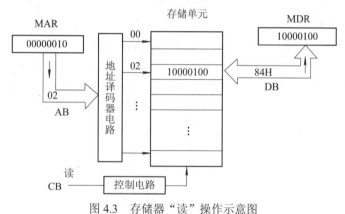

图 4.3　存储器"读"操作示意图

已知在 02 号存储单元中存了一个数，这个数是 10000100(即十六进制 84H)，现在要把它读出至数据寄存器 MDR 中。首先在地址寄存器 MAR 中给出地址号 02，然后通过地址总线(AB)送至存储器地址端，存储器中的地址译码器对它进行译码后找到 02 号存储单元，最后 CPU 通过控制总线(CB)发出"读"的控制命令，于是 02 号存储单元的数据 10000100就会出现在数据总线(DB)上，由它送到 CPU 中的数据寄存器 MDR 中。注意，"读"操作是非破坏性操作，它不改变原存储单元中的数据，也就是说，在这个例子里执行完"读"操作后，02 号存储单元中的数据还是 10000100。

2) "写"操作

下面介绍 CPU 把数据寄存器 MDR 中的数据 00100110(即十六进制 26H)写入主存储器中 04 号存储单元的过程，如图 4.4 所示。

首先 CPU 中的地址寄存器 MAR 给出地址号 04，通过地址总线(AB)送至存储器地址端，经过译码后找到 04 号存储单元；然后把数据寄存器中的数据 00100110 通过数据总线(DB)送给存储器的数据端；最后 CPU 通过控制总线(CB)发出"写"的控制命令，于是数据 00100110 就被写入存储器的 04 号存储单元，04 号存储单元中原来数据被新数据

00100110 覆盖。而且，数据写入存储单元后，在没有新的数据写入以前这个数据是一直被保留的。

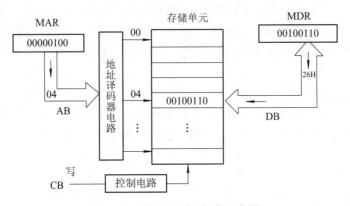

图 4.4　存储器"写"操作示意图

现代计算机中，主存储器都是由半导体集成电路构成，主存储器芯片的内部电路基本组成框图如图 4.5 所示，主存储器芯片中有存储体、地址寄存器(MAR)、译码器、驱动器、读/写控制电路、数据寄存器(MDR)等。当 CPU 要从主存储器读出某一存储单元中的数据时，第一步，CPU 通过地址总线把相应存储单元的地址送到主存储器芯片中的地址寄存器(MAR)，经过地址译码、驱动等电路，在存储体中找到需要访问的存储单元；第二步，CPU 通过控制总线中的"读"控制线发出"读"命令，主存储器接到"读"命令，得知需要将该存储单元的内容读出；第三步，把存储体中相应存储单元中的数据通过读/写控制电路送到数据寄存器(MDR)，然后通过数据总线送到 CPU。

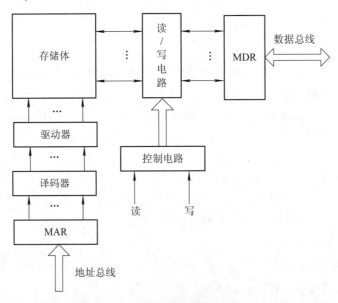

图 4.5　主存芯片内部电路的基本组成

当 CPU 要向主存储器中某一存储单元写入数据时，第一步，CPU 通过地址总线把相应存储单元的地址送到主存储器芯片中的地址寄存器(MAR)，经过地址译码、驱动等电路，在存储体中找到需要访问的存储单元；第二步，CPU 将需要写入该单元的数据送到数据总线，经过数据总线传输到主存储器芯片中的数据寄存器(MDR)；第三步，CPU 通过控制总线中的"写"控制线发出"写"命令，主存接到"写"命令后，得知需要把数据寄存器(MDR)中的新数据写入该存储单元中；第四步，通过读/写控制电路将数据寄存器(MDR)中的数据写入对应地址指出的存储单元中。

现代计算机技术已经把地址寄存器(MAR)和数据寄存器(MDR)制作在 CPU 芯片中。存储器芯片和 CPU 芯片通过地址总线、数据总线、控制总线连接，如图 4.6 所示。

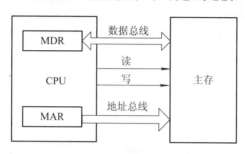

图 4.6　主存和 CPU 的连接

2. 主存中存储单元地址的分配

主存储器内部存储单元在存储体中的位置是由地址编号决定的。例如，某主存储器芯片有 10 个引脚是地址总线，则称这个主存储器芯片有 10 根地址线，也就是用 10 位二进制位作为地址编号，共能提供 $2^{10} = 1024$ 个地址，对应 1024 个存储单元。如果该主存储器芯片一个存储单元内存放 8 位二进制数(1 个字节)，则称这个主存储器芯片容量为 $1\,K \times 8\,bit(1\,KB)$。

CPU 要访问该主存储器芯片中的某个存储单元，就需要通过地址总线来提供地址编号。比如 CPU 要访问 2 号存储单元，则 CPU 给该主存储器芯片地址总线传送的 10 位二进制数为 0000000010，再经过地址译码和驱动找到该主存储器芯片中的 2 号存储单元。

3. 主存的技术指标

主存储器的主要技术指标是存储字长、存储容量和存储速度。

(1) 存储字长。主存储器是由若干个存储单元组成的，每个存储单元能存储的二进制数位的长度称为存储字长。存储字长可以是 8 位(1 个字节)，也可以是 16 位(2 个字节)、32 位(4 个字节)、64 位(8 个字节)等。

(2) 存储容量。存储容量是指主存储器能存放二进制数据的总位数。

由于主存储器的数据存储在主存芯片的存储体内，存储体又由若干个存储单元组成，每个存储单元存储若干个二进制数位，所以，存储容量的计算公式如下：

存储容量 = 存储单元个数 × 每个存储单元存储的二进制数位

存储容量许多时候用字节总数来表示。由于一个字节(Byte)等于 8 位(bit)二进制位，则上面的公式就变成如下表达式：

存储容量 = 存储单元个数 × 每个存储单元存储的二进制数位 ÷ 8

对于一个计算机系统，主存储器存储容量大多数情况下用字节总数来表示。比如说某台计算机的主存容量是 128 KB，表示它的主存储器能存放 128×2^{10} 个字节，由于一个字节(Byte)等于 8 位(bit)二进制位，也就是能存放 $128 \times 2^{10} \times 8$ 个二进制位。

大容量的存储器常用的单位有：千字节(KB)、兆字节(MB)、吉字节(GB)、太字节(TB)

等，其换算关系为

$$1\ \text{KB} = 2^{10}\ \text{B} = 1024\ \text{B},\qquad\qquad 1\ \text{MB} = 2^{20}\ \text{B} = 1024\ \text{KB}$$
$$1\ \text{GB} = 2^{30}\ \text{B} = 1024\ \text{MB},\qquad\qquad 1\ \text{TB} = 2^{40}\ \text{B} = 1024\ \text{GB}$$

(3) 存储速度。由于计算机的主机是由 CPU 和主存组成，所以存储器的速度是计算机中最重要的指标之一。存储速度是由存取时间和存取周期来表示的。

存取时间：指启动一次存储器操作到完成该操作所用的时间。具体来说就是由存储器从地址总线接收到地址开始至读出或写入数据为止所需的时间。

存取周期：指连续两次独立的存储器操作(如连续两次"读"操作)所需的最小时间间隔。存取周期通常略大于存取时间。

4.2.2　半导体存储器芯片

半导体存储芯片采用超大规模集成电路制造工艺，在一个芯片内集成了具有记忆功能的存储矩阵(存储体)、译码电路、驱动电路和读/写电路等，如图 4.7 所示，其中每个电路的基本功能如下：

(1) 存储矩阵(存储体)是由一个个存储单元组成，每个存储单元对应一个地址编号，每个存储单元包含若干个二进制位。

(2) 译码驱动电路能把地址总线送来的地址信号翻译成对应存储单元的选择信号，该信号在读/写电路的配合下完成对被选中单元的读/写操作。

(3) 读/写电路包括读出放大器和写入电路，用来完成读/写操作。

CPU 通过地址总线、数据总线和控制总线(包括读/写控制信号)与存储器相连。

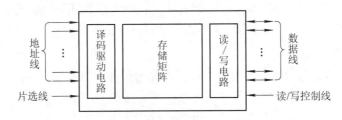

图 4.7　存储器芯片的基本结构框图

图 4.7 所示是一个存储器芯片的结构框图，需要注意的是对于图 4.7 中的地址线、数据线、读/写控制线、片选线在不同的时候有不同的表述：在把它当成芯片实物说明时我们称为地址脚、数据脚、读/写控制脚、片选脚；在理论分析说明时我们又称为地址位、数据位、读/写控制位、片选位，这是初学者需要注意的地方。线、脚、位是同一部件在不同场合的不同表述。

下面我们对照图 4.7 详细介绍存储器芯片的每一个引线(脚)。

地址线是单向输入的，其位数决定存储矩阵(存储体)中存储单元的地址编号。

数据线是双向的，其位数和存储矩阵(存储体)中每个存储单元存储的数据位数相对应。

通过地址线和数据线的位数可以计算出存储芯片的容量。例如：某个存储芯片有地址线 10 根(也就是有 10 个地址引脚)，有数据线 4 根(也就是有 4 个数据脚)，这个存储芯片的容量如何计算呢？地址线 10 根，说明它用 10 位二进制位作为存储单元的地址编号，那么

它共有 $2^{10} = 1024$ 个存储单元；同时它有数据线 4 根，说明它的每个存储单元能保存 4 位二进制位，所以这个存储芯片的容量为

$$2^{10} \times 4 = 1\,K \times 4\,bit$$

同理，如果某个存储芯片地址线为 14 根，数据线为 1 根，它的容量又如何计算呢？14 根地址线说明这个存储芯片的存储单元采用 14 位二进制作为地址编号，故共有 2^{14} 个存储单元；另外它有数据线 1 根，说明它的每个存储单元能保存 1 位二进制位，所以这个存储芯片的容量为

$$2^{14} \times 1 = 2^4 \times 2^{10} \times 1 = 16\,K \times 1\,bit$$

除地址线和数据线外，存储器芯片还有控制线，存储器芯片的控制线主要有两种：读/写控制线和片选线。

读/写控制线的作用是控制存储器芯片进行"读"操作或者"写"操作。有的存储器芯片的读/写控制线共用一根，比如低电平为写控制，高电平就为读控制；也有些存储器芯片读/写控制线分用两根，一根为读控制，一根为写控制。

片选控制信号的作用是当片选信号有效时，存储器芯片就正常工作；当片选信号无效时，存储器芯片就不工作。存储器芯片不工作的含义是指存储器芯片中的数据被保护起来，此时它的数据线、地址线、读/写控制线都对它不起作用，不同存储器芯片厂家的片选引脚数不一样，有的存储器芯片使用 1 个引脚作为片选信号，也有些存储器芯片采用 2 个引脚作为片选信号。

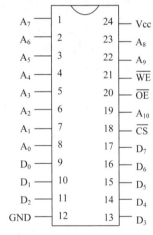

一个存储器芯片的容量是有限的，在设计一个计算机的主存储器时，往往需要多个存储器芯片共同组成一个主存储器的容量。比如：要设计一个计算机的主存储器，其容量为 4 MB(4 M × 8 bit)，如果采用存储器芯片的容量为 1 MB(1 M × 8 bit)，则要达到这个主存储器的容量需要(4 M × 8 bit)/(1 M × 8 bit) = 4 片这种存储器芯片。

下面介绍两种型号的静态随机存储器(SRAM)芯片：Intel 公司生产的 6116 和 6264。

图 4.8　6116 芯片引脚图

(1) SRAM 6116。芯片 6116 引脚功能如图 4.8 所示。

6116 芯片共有 24 个引脚，其中地址线引脚 11 个：$A_0 \sim A_{10}$，数据线引脚 8 个：$D_0 \sim D_7$，因此我们可以计算出 6116 芯片的容量为

$$2^{11} \times 8\ 位(bit) = 2 \times 2^{10} \times 8\ 位(bit) = 2\,K\ 字节(Byte) = 2\,KB$$

该芯片的控制线引脚为 3 个：1 个片选信号引脚 $\overline{CS}$(低电平有效)，1 个读/写控制信号引脚 $\overline{WE}$ (低电平有效)，1 个输出控制信号引脚 $\overline{OE}$ (低电平有效)。在实际应用中我们可以把 $\overline{WE}$ 看成写控制信号，把 $\overline{OE}$ 看成读控制信号。

(2) SRAM 6264。6264 芯片引脚如图 4.9 所示，6264 芯片共有 28 个引脚，其中地址线引脚 13 个：$A_0 \sim A_{12}$，数据线引脚 8 个：$D_0 \sim D_7$。由此，我们可以计算出 6264 芯片的容量为

$$2^{13} \times 8\ 位(bit) = 2^3 \times 2^{10} \times 8\ 位(bit) = 8\,k\ 字节(Byte) = 8\,KB$$

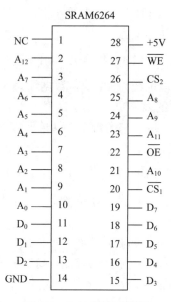

图 4.9　6264 芯片引脚图

该芯片的控制线引脚为 4 个：2 个片选信号引脚 $\overline{CS}$（CS_1 低电平有效，CS_2 高电平有效），1 个读/写控制信号引脚 $\overline{WE}$（低电平有效），1 个输出控制信号引脚 $\overline{OE}$（低电平有效）。在实际应用中我们可以把 $\overline{WE}$ 看成写控制信号，把 $\overline{OE}$ 看成读控制信号。

例 4.1　已知某静态随机存储器芯片的地址线为 18 根，数据线为 2 根，请问该存储器芯片的容量为多少？

解　地址线为 18 根说明该芯片采用 18 位二进制位作为存储单元的地址编号，共有 2^{18} 个存储单元；数据线为 2 根，则说明该存储器芯片每个存储单元存储数据位数为 2 位。

所以该存储器芯片的容量为

$$2^{18} \times 2 = 2^8 \times 2^{10} \times 2 = 256\,K \times 2\ bit = 512\ Kb$$

例 4.2　设计一个计算机系统，其中主存储器（内存）容量是 512 KB，现在采用 Intel 公司的 6264 存储器芯片来组成，共需要多少片？

解　从图 4.9 我们可以知道 Intel 6264 存储器芯片容量为 8 K×8 bit(8 KB)。

如果要设计一个容量为 512 KB 的主存储器，需要的 Intel 6264 存储器芯片数量为

$$512\ KB \div 8\ KB = 64\ 片$$

4.2.3　随机存储器 RAM

随机存储器 RAM 的存储速度很快，常用来作为主存储器。随机存储器 RAM 根据不同的电路结构分为两种类型：静态随机存储器(SRAM)和动态随机存储器(DRAM)，两种随机存储器存储数据的工作原理不同，分别介绍如下。

1. 静态随机存储器(Static RAM，SRAM)

存储器中用于存储一位二进制数据 0 或者 1 的单元电路，我们称为存储器的基本单元电路(存储元)。静态 RAM 的基本存储单元电路一般是由 6 个 MOS 管组成的双稳态触发器电路，如图 4.10 所示。注意，在图中有 A、B 两个位置，这里是以 A 点的数据为存储元的

数据，当 A 为"1"时，对应的存储位数据为 1(这时候 V_1 截止，V_2 导通)；当 A 为"0"时，对应的存储位数据为 0(这时候 V_2 截止，V_1 导通)。由双稳态触发器电路的工作原理可知，位置 B 的数据必定是位置 A 的数据取"非"，A 为"1"时 B 为"0"，A 为"0"时 B 为"1"。另外，所谓"双稳态"是指 A 点(或者 B 点)可以根据情况稳定地处于"1"或者"0"这样两个稳定状态，如果没有外部电平触发，A 点(或者 B 点)中的数据始终保持不变。

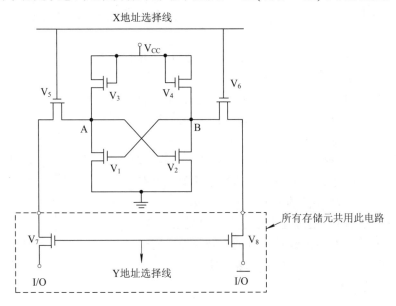

图 4.10 静态 RAM 的基本存储单元电路

在图 4.10 中，V_3、V_4 是负载管，V_1、V_2 是工作管，V_5、V_6、V_7、V_8 是控制管，其中 V_7、V_8 为所有存储元所共用。

在写操作时，若要写入 1，则 I/O = 1，X 地址选择线为高电平，使 V_5、V_6 导通，同时 Y 地址选择线也为高电平，使 V_7、V_8 导通，要写入的内容经 I/O 端进入，通过 V_7、V_8、V_5、V_6 与 A 或 B 端相连，使 A = 1，B = 0，这样就迫使 V_2 导通，V_1 截止。当输入信号和地址选择信号消失后，V_5、V_6、V_7、V_8 截止，V_1、V_2 就保持被写入的状态不变，只要不掉电，写入的数据 1 就能保持不变。写入 0 的原理和写入 1 是相同的。

"读"操作时，若某个存储单元电路(存储元)被选中，这时 X、Y 地址选择线就会出现高电平，则 V_5、V_6、V_7、V_8 都导通，于是存储单元电路(存储元)的数据被送到 I/O 端，I/O 端连接到一个差动输出放大器上，从其电流方向即可判断出所存数据是 0 还是 1。

由于静态 RAM 是用双稳态触发器工作原理保存数据，所以如果不掉电，则数据不会丢失，也不会变化，不需要再生。但电源掉电后，原存储的数据就会丢失，掉电后再恢复电源供电，存储器的基本单元电路(存储元)里的数据将不再是原来的数据，而是变成一些随机数据，因此称为随机存储器。

静态随机存储器(SRAM)的使用十分方便，在计算机领域有广泛的应用。前面介绍的 Intel 公司的 6116、6264 芯片都是静态随机存储器(SRAM)芯片。

2. 动态随机存储器(Dynamic RAM，DRAM)

动态随机存储器(DRAM)的基本单元电路(存储元)有两种结构：4 MOS 管存储元和单

MOS 管存储元。4 MOS 管存储元电路使用了 4 个 MOS 管，单 MOS 管存储元电路只使用了 1 个 MOS 管，两种结构共有的特点都是依靠电容存储电荷的原理来寄存数据。若电容上存储有足够多的电荷表示"1"，电容上无电荷就表示"0"。但是，由于电容漏电等因素的存在，电容上的电荷一般只能维持 1~2 ms。因此，即使电源不掉电，数据也会消失。为此，必须在数据消失之前对所有存储元恢复一次原状态，这样做可以使原来保存的数据维持不变，这个过程称为"再生"或"刷新"。动态随机存储器(DRAM)必须要有刷新电路才能保证数据不变。

在这里我们主要介绍单管存储元的基本电路构成和存储原理。

单管存储元电路如图 4.11 所示。

单管 DRAM 存储元有由一个 MOS 管 V 和一个电容 C_S 构成。写入时，字选择线(地址选择线)状态为"1"，V 管导通，写入的信息通过数据线存入电容 C_S 中；读出时，字选择线(地址选择线)状态为"1"，存储在 C_S 电容上的电荷通过 V 输出到数据线上，根据数据线上是否有电流即可知道该存储元存储的数据是 1 还是 0。

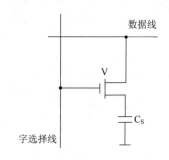

图 4.11　单管动态 RAM 的
基本存储单元电路

由于电容 C_S 在"读"的过程中电容上的电荷会释放，原来存储的数据在"读"的过程中就会被破坏掉，同时电容本身也会有一定的漏电，所以每隔一定时间就必须进行再生(刷新)充、放电。

3. 动态随机存储器(DRAM)和静态随机存储器(SRAM)比较

目前，动态存储器 DRAM 比静态存储器 SRAM 应用更广泛，其原因如下：

(1) 由于动态存储器 RAM 的基本单元电路(存储元)为 1 个 MOS 管，静态存储器 RAM 的基本单元电路(存储元)为 4~6 个 MOS 管，所以同样大小的芯片，动态存储器 DRAM 的集成度远高于静态存储器 SRAM。

(2) 由于动态存储器 DRAM 的集成度比静态存储器 SRAM 高，容量一样的存储器芯片，动态存储器 DRAM 的功耗也远低于静态存储器 SRAM。

(3) 容量一样的存储器芯片，动态存储器 DRAM 的价格远低于静态存储器 SRAM。

但是，动态存储器 DRAM 也有它的缺点，由于动态存储器 DRAM 存储数据是采用电容存储电荷的原理，它从"0"改变为"1"有一个充电的过程，从"1"改变为"0"，有一个放电的过程，所以它的存储速度比静态存储器 SRAM 要慢得多，同时，动态存储器 DRAM 需要再生(刷新)，使用动态存储器 DRAM，必须同时设计相应的再生(刷新)电路，所以设计时电路也复杂一些。

目前，个人计算机(PC)中的内存条都采用动态存储器 DRAM(价格较低)，高速缓存 Cache 则使用静态存储器 SRAM(速度较快)。

4.2.4　只读存储器 ROM

随着半导体技术的发展，只读存储器 ROM 也不限于只能"读"数据，有些型号的 ROM 也可以在线"擦写"数据。ROM 和 RAM 相比较，不只是 ROM 读/写数据的速度慢很多，

ROM 和 RAM 最大的差别在于：掉电后，ROM 的数据不会丢失，而 RAM 的数据会丢失；如果再恢复电源，ROM 中的数据依然是原来的数据，而 RAM 中的数据已经变成一些随机数据。由于 ROM 有掉电后数据不会丢失这个特点，所以它的应用非常广泛，我们的手机存储卡、身份证、银行 IC 卡、U 盘、固态硬盘等都使用了 ROM。

ROM 根据其制作工艺和存储器单元电路结构及应用的场合不同，分为不同种类的产品，分别介绍如下。

1. 掩模 ROM

掩模 ROM 中存储的数据是集成电路生产厂家在制造过程中写入的，生产厂家在制造 ROM 芯片时采用光刻掩模技术把数据置入其中。掩模 ROM 制造成功后，是不能在其使用过程中写入数据的，这是真正的"只读"存储器。

通常，如果某种计算机产品设计定型后，程序已经不需要更改，同时产品生产批量很大，就会把设计好的程序代码和数据交付给集成电路的生产厂家"投片"，制作成掩模 ROM 芯片。由于"投片"一次性成本很高，所以做成的掩模 ROM 芯片需要大批量生产才能降低每片芯片的价格，像计算机主板中的 BIOS 芯片，采用的就是掩模 ROM 芯片，由于批量大，芯片价格可以做得很便宜。

2. 可编程 PROM

为了便于用户根据自己的需要来决定 ROM 中所存储的数据，不用像掩模 ROM 芯片那样把程序代码和数据交给专门的集成电路制造商"投片"，于是出现了可编程只读存储器 PROM。

这种可编程 PROM 由用户在使用前一次性写入数据，写入后的数据不能再修改，只能读。

PROM 电路的制作工艺比掩模 ROM 复杂，又具有可编程逻辑，所以价格较贵。这种 PROM 主要用于小批量计算机产品的生产，当工程师完成程序开发后，需要把数据写入 ROM，因为是小批量生产产品，如果采用掩模 ROM，芯片制作一次性投入费用太大，所以采用 PROM，这样就可以由产品开发者自己写入数据，而不需要送到专门的芯片制造厂家去"投片"。

在实际设计计算机产品时，在小批量产品中使用 PROM 比较合算，但是如果是大批量产品就采用掩模 ROM 更合算。

3. 光可擦除 EPROM

研究人员在计算机应用产品的研发过程中需要不断地调试、修改程序，如果采用 PROM，由于其数据只能写入一次，写入后不能再修改，这就使研发过程中调整程序十分不便，所以出现了可重复使用的光可擦除 EPROM。这种 EPROM 芯片在计算机产品的研发过程中被研发人员广泛使用。利用编程器把数据写入这种 EPROM 后，信息可以长期保存，但如果研发人员发现程序有问题需要调试、修改时，可利用擦除器把 EPROM 原来的数据全部擦除，再根据需要使用专门的编程器重新写入新的数据。这种 EPROM 芯片可以反复使用。

EPROM 芯片上方有一个石英玻璃窗口，只要把芯片放入一个带有紫外灯管的小盒(擦除器)中，照射 20 分钟左右，该芯片的内容就会被全部擦除，擦除后的 EPROM 芯片可以再写入新的数据。EPROM 芯片价格比 PROM 要高。现在，随着新的 ROM 产品的出现，这种 EPROM 芯片已经被淘汰。

4. 电可擦除 EEPROM

EEPROM 又称为 E^2PROM，它是一种电可擦的 ROM。光可擦的 EPROM 虽然可以多次反复使用，但必须把存储器芯片从电路板上取下来，先通过紫外光擦除器照射来擦除芯片中的数据，然后再用专门的编程器把新的数据写入存储器芯片。这样做十分不方便，而且一块芯片反复拔插之后，可能导致芯片外部管脚损坏。

EEPROM 是一种可用电擦除的只读存储器芯片，其主要特点是能在计算机应用系统中进行在线读/写，即在加电方式下实现芯片的擦除和重新写入，在断电的情况下数据不会丢失。这样，它既可以像 RAM 那样随机地改写，又可以像 ROM 那样在掉电的情况下可靠地保存数据。

由于 EEPROM 具有 RAM 和 ROM 的双重优点，所以在计算机系统中得到广泛应用，也使得一些原来固化在存储器芯片中不可更改的系统程序可以进行在线升级。

EEPROM 可以在+5 V 电源条件下进行擦写，擦写次数可达 10 万次以上，十分方便；但其缺点是完成一次擦写大约需要 10 ms，相比 RAM 就慢得多，同时价格也比 EPROM 高。

5. 闪速存储器

闪速存储器是一种新型的半导体只读存储器芯片，闪速存储器既具有 RAM 的易读/写、体积小、集成度高、速度快等优点，又有 ROM 断电后数据不丢失的优点，是一种很有前途的半导体存储器。之所以称为闪速存储器，是因为它能很快地同时擦除所有单元。闪速存储器是在 EEPROM 基础上发展起来的，闪速存储器可以大规模电擦除，而且它的擦除和重写速度比一般标准的 EEPROM 快得多。

闪速存储器可以重复使用，目前商品化的闪速存储器可以做到擦写几十万次以上，读取时间也到了纳秒级。

闪速存储器对于需要实施代码或数据更新的计算机嵌入式系统来说，是一种理想的存储器。闪速存储器是一种低成本、高可靠性的可读/写非易失性存储器，它的出现带来了固态大容量存储器的革命。目前，闪速存储器产品得到越来越广泛的应用，计算机中使用的固态硬盘和 U 盘都采用了闪速存储器。

4.2.5 存储器与 CPU 的连接

1. 存储容量的扩展

单片存储器芯片的容量总是有限的，在实际应用中，设计一个计算机系统时其存储器的容量往往远远超过单片存储器芯片的容量，这样组成一个计算机系统的存储器需要用很多片存储器芯片。比如，要设计一个计算机系统的主存储器容量为 512 MB，而单片存储器芯片容量只有 8 MB，这样组成一个容量为 512 MB 的主存储器需要 512/8 = 64 片容量为 8 MB 的存储器芯片。

对于静态随机存储器(SRAM)芯片容量和芯片所拥有的地址线、数据线的数量关系，举例说明如下：

某个 SRAM 芯片的容量是 1 K × 4 bit，这个乘法表达式中的 1 K 代表存储单元数，4 bit 代表每个存储单元中的数据位数，1 K × 4 bit 就表明这个芯片共有 1 K = 1024 = 2^{10} 个存储单元，所以需要 10 根地址线作为地址编码；同时每个存储单元里数据位数为 4bit，则表明该芯片有 4 根数据线。

例 4.3 已知某静态随机存储器(SRAM)芯片的容量为 128 K × 2 bit，请问有多少根地址线？多少根数据线？

解 该芯片容量为 128 K × 2 bit，说明该芯片共有 128 K 个存储单元。

$$128\text{K} = 128 \times 1024 = 2^7 \times 2^{10} = 2^{17}$$

式中指数项为 17，所以该芯片共有 17 根地址线；2 bit 表示每个存储单元有 2 位数据位，所以该芯片有 2 根数据线。

由于存储器芯片的生产厂家不同，型号不同，内部结构不同，容量不同，因此由多片存储器芯片组成大容量存储器系统的方式也就不同，一般来说分为以下几种情况。

(1) 位扩展。位扩展是指单片存储器芯片的存储单元数和系统主存储器的存储单元数是一样的，但存储器芯片中每个存储单元内存储的数据位数不能满足主存储器的设计要求，在这样的情况下，需要采取位扩展的方式来设计。比如，要设计一个计算机系统的主存储器容量为 1 KB(1 K × 8 bit)，如果使用的存储器芯片容量是 1 K × 1 bit，则需要(1 K × 8 bit)/(1 K × 1 bit) = 8 片这样的存储器芯片。如果使用的存储器芯片容量是 1 K × 4 bit，则需要(1 K × 8 bit)/(1 K × 4 bit) = 2 片这样的存储器芯片。

下面举例说明什么是位扩展。

假定我们要用容量为 1 K × 4 bit 的存储器芯片组成一个容量为 1 KB(1 K × 8 bit)的主存储器。

我们知道容量为 1 K × 4 bit 的存储器芯片的地址线是 10 根，数据线是 4 根。一个存储器芯片有 10 根地址线，说明该芯片有 2^{10} = 1024 个存储单元，而所要设计的主存储器的存储单元数量也是 1 K = 2^{10} = 1024，它的地址线也是 10 根，正好满足要求。

可是，主存储器要求一个存储单元中数据位是 8 位，而存储器芯片的数据线只有 4 根，也就是一个存储单元中数据位只有 4 位，不能满足主存储器的位数要求，所以要进行位扩展才能满足设计要求。

由于每片存储器芯片的数据位是 4 位，需要 2 片存储器芯片才能形成 8 位数据。其中一片与数据总线的低 4 位相连，另外一片与数据线的高 4 位相连，两片共同构成 8 位。这样，就组成了一个容量为 1 K × 8 bit 的主存储器。如图 4.12 所示，图中 $\overline{\text{WE}}$ 为读/写控制信号。

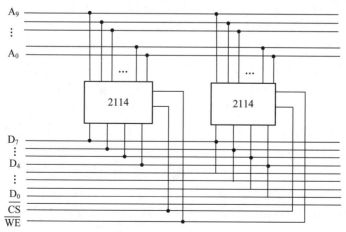

图 4.12 2 片 1 K × 4 bit 芯片组成 1 K × 8 bit 主存储器系统

这种扩展方式称为位扩展。

(2) 字扩展。字扩展是指存储器芯片每个存储单元的位数能满足构成主存储器系统的要求，但存储单元的数量不够。

下面举例说明什么是字扩展。

假定我们要用容量为 1 K × 8 bit 的存储器芯片组成一个容量为 2 KB(2 K × 8 bit)的主存储器。

在设计要求中可以看到，主存储器要求存储单元的数据位是 8 位，存储器芯片存储单元中的数据位也是 8 位，位数相同，不需要位扩展。但存储器芯片的存储单元数只有 1 K = 1024 个，而主存储器要求的存储单元数是 2 K = 2048 个，显然不够。如果用这种芯片组成 2 KB 容量的主存储器，需要(2 K × 8 bit)/(1 K × 8 bit) = 2 片存储器芯片。

下面我们对照图 4.13 来说明电路的构成原理。

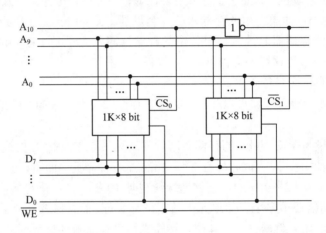

图 4.13　2 片 1 K × 8 bit 芯片组成 2 K × 8 bit 主存储器系统

1 K × 8 bit 的存储器芯片地址线是 10 根($A_0 \sim A_9$)，说明该芯片有 2^{10} = 1024 个存储单元，2 K × 8 bit 的主存储器地址线是 11 根($A_0 \sim A_{10}$)，说明该主存储器有 2^{11} = 2048 个存储单元。我们要从逻辑上保证当主存储器的地址总线出现前一个 1 K 地址编号时，通过片选信号选择前面一片存储器芯片，让另外一片存储器芯片不工作；当主存储器的地址总线出现后一个 1 K 地址编号时，通过片选信号选择后一片存储器芯片，前面一片存储器芯片不工作。这样就保证了存储器系统的容量为 2 KB。

要实现这个目标，我们先把 2 K 地址的编号范围用表 4.1 来表示。

在表 4.1 中，主存储器的 11 位地址编号($A_0 \sim A_{10}$)从第一个地址全 0 到最后一个地址全 1，共计 2 K(2048) 个地址编号。对比第一个 1 K 地址编号和第二个 1 K 地址编号会发现：当处于第一个 1 K 地址编号范围时，最高位 A_{10} 总是 0；当进入第二个 1 K 地址编号范围时，最高位 A_{10} 总是 1。

每个存储器芯片都有一个片选信号 $\overline{CS}$(图 4.13 中是低电平有效)，当片选信号接低电平时，存储器芯片正常工作；当片选信号接高电平时，存储器芯片不工作。这样，在逻辑上我们可以通过 A10 再结合门电路来控制存储器芯片的片选信号 $\overline{CS}$，实现对存储器芯片的控制。

表 4.1　主存储器系统 2K 地址编号范围表

A_{10}	A_9	A_8	A_7	A_6	A_5	A_4	A_3	A_2	A_1	A_0	说　明
0	0	0	0	0	0	0	0	0	0	0	
0	0	0	0	0	0	0	0	0	0	1	
0	0	0	0	0	0	0	0	0	1	0	
0	0	0	0	0	0	0	0	0	1	1	
⋮	⋮	⋮	⋮	⋮	⋮	⋮	⋮	⋮	⋮	⋮	第一个 1 K 地址编号范围
0	1	1	1	1	1	1	1	1	0	0	
0	1	1	1	1	1	1	1	1	0	1	
0	1	1	1	1	1	1	1	1	1	0	
0	1	1	1	1	1	1	1	1	1	1	
1	0	0	0	0	0	0	0	0	0	0	
1	0	0	0	0	0	0	0	0	0	1	
1	0	0	0	0	0	0	0	0	1	0	
1	0	0	0	0	0	0	0	0	1	1	
⋮	⋮	⋮	⋮	⋮	⋮	⋮	⋮	⋮	⋮	⋮	第二个 1 K 地址编号范围
1	1	1	1	1	1	1	1	1	0	0	
1	1	1	1	1	1	1	1	1	0	1	
1	1	1	1	1	1	1	1	1	1	0	
1	1	1	1	1	1	1	1	1	1	1	

　　如图 4.13 所示，主存储器共有 11 根地址线($A_0 \sim A_{10}$)。它用 A_{10} 直接作为第一片存储器芯片的片选信号，然后通过反相器(非门)再接到第二片存储器芯片的片选信号上。当出现第一个 1 K 地址编号时 A_{10} 总是低电平，选中的是第一片存储器芯片，第二片存储器芯片因为片选信号为高电平所以不工作；当出现第二个 1 K 地址编号时 A_{10} 总是高电平，通过反相器(非门)后为低电平，这样就会选中第二片存储器芯片，而第一片存储器芯片因为片选信号为高电平所以不工作。图中 $\overline{WE}$ (低电平有效)为读/写控制信号。

　　通过图 4.13 所示的这种逻辑电路，实现了用两个容量为 1 KB(1 K × 8 bit)存储器芯片组成一个容量为 2 KB(2 K × 8 bit)的主存储器系统。

　　(3) 字位扩展。字位扩展是指存储器芯片的存储单元数量和每个存储单元内存储数据的位数都不能满足所设计的主存储器的要求，需要在字、位两个方面都进行扩展。

　　比如，要求采用容量为 1 K × 4 bit 的存储器芯片组成容量为 4 KB(4 K × 8 bit)的主存储器。由于存储器芯片只有 1K = 1024 个存储单元，而主存储器需要 4 K = 4096 个存储单元，故存储单元显然不够。

　　另外，存储器芯片每个存储单元存储 4 个数据位，而主存储器要求每个存储单元存储8 个数据位，这样存储器芯片的数据位数也不够，这时候从字和位两个方面都需要扩展。

　　下面我们对照图 4.14 来说明电路的构成原理。

　　如图 4.14 所示，使用 2 片容量为 1 K × 4 bit 的存储器芯片为一组，形成 1 K × 8 bit 的存储容量，即进行位扩展，其中每组芯片的片选信号连在一起，作为这组芯片的公共片选信号。为了组成 4 K × 8 bit 容量的主存储器，共需要 4 组 8 片 1 K × 4 bit 容量的存储器芯片。

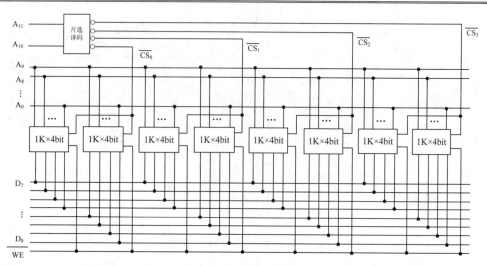

图 4.14　8 片 1 K × 4 bit 芯片组成 4 K × 8 bit 主存储器系统

在图 4.14 中，8 片容量为 1 K × 4 bit 的存储器芯片每两片为一组，它们的片选信号连接在一起作为共同的片选信号，共有 4 组。

由于容量为 4 K × 8 bit 的主存储器有 4 K = 2^{12} 个存储单元，地址线为 12 根($A_0 \sim A_{11}$)，而容量为 1 KB(1 K × 4 bit)的存储器芯片的地址线为 10 根($A_0 \sim A_9$)，所以除各组芯片的 10 根地址线和存储系统的低 10 位地址线连接以外，还需要 2 根地址线(A_{10}、A_{11})形成每组间的片选信号。如何形成片选信号以保证电路图的逻辑正确呢？

4 K 地址编号范围如表 4.2 所示。在第一组 1 K 地址编号变化时，最高两位 A_{11}、A_{10} 的值始终为 0 0；在第二组 1 K 地址编号变化时，最高两位 A_{11}、A_{10} 的值始终为 0 1；在第三组 1 K 地址编号变化时，最高两位 A_{11}、A_{10} 的值始终为 1 0；在第四组 1 K 地址编号变化时，最高两位 A_{11}、A_{10} 的值始终为 1 1。

表 4.2　主存储器系统 4 K 地址编号范围表

A_{11}	A_{10}	A_9	A_8	A_7	A_6	A_5	A_4	A_3	A_2	A_1	A_0	说　明
0	0	0	0	0	0	0	0	0	0	0	0	
0	0	0	0	0	0	0	0	0	0	0	1	
0	0	0	0	0	0	0	0	0	0	1	0	
⋮	⋮	⋮	⋮	⋮	⋮	⋮	⋮	⋮	⋮	⋮	⋮	第一组 1K 地址编号范围
0	0	1	1	1	1	1	1	1	1	0	1	
0	0	1	1	1	1	1	1	1	1	1	0	
0	0	1	1	1	1	1	1	1	1	1	1	
0	1	0	0	0	0	0	0	0	0	0	0	
0	1	0	0	0	0	0	0	0	0	0	1	
0	1	0	0	0	0	0	0	0	0	1	0	
⋮	⋮	⋮	⋮	⋮	⋮	⋮	⋮	⋮	⋮	⋮	⋮	第二组 1K 地址编号范围
0	1	1	1	1	1	1	1	1	1	0	1	
0	1	1	1	1	1	1	1	1	1	1	0	
0	1	1	1	1	1	1	1	1	1	1	1	

续表

A_{11}	A_{10}	A_9	A_8	A_7	A_6	A_5	A_4	A_3	A_2	A_1	A_0	说　明
1	0	0	0	0	0	0	0	0	0	0	0	
1	0	0	0	0	0	0	0	0	0	0	1	
1	0	0	0	0	0	0	0	0	0	1	0	
⋮	⋮	⋮	⋮	⋮	⋮	⋮	⋮	⋮	⋮	⋮	⋮	第三组 1K 地址编号范围
1	0	1	1	1	1	1	1	1	1	0	1	
1	0	1	1	1	1	1	1	1	1	1	0	
1	0	1	1	1	1	1	1	1	1	1	1	
1	1	0	0	0	0	0	0	0	0	0	0	
1	1	0	0	0	0	0	0	0	0	0	1	
1	1	0	0	0	0	0	0	0	0	1	0	
⋮	⋮	⋮	⋮	⋮	⋮	⋮	⋮	⋮	⋮	⋮	⋮	第四组 1K 地址编号范围
1	1	1	1	1	1	1	1	1	1	0	1	
1	1	1	1	1	1	1	1	1	1	1	0	
1	1	1	1	1	1	1	1	1	1	1	1	

这种编号的变化正好符合一个 2∶4 译码器的输入/输出功能表,我们可以采用一个 2∶4 译码器,把 A_{11}、A_{10} 作为输入端,把 4 个输出端分别连接到四组位扩展存储器芯片的公共片选端,形成每组相应的片选信号,每组占用 1 K 地址区,共 4 K 地址,如表 4.3 所示。

表 4.3　2∶4 译码器功能表

A_{11}	A_{10}	$\overline{CS_0}$	$\overline{CS_1}$	$\overline{CS_2}$	$\overline{CS_3}$
0	0	0	1	1	1
0	1	1	0	1	1
1	0	1	1	0	1
1	1	1	1	1	0

通过图 4.14 所示的这种逻辑电路,实现了用 8 个容量为 1 K × 4 bit 存储器芯片组成一个容量为 4 KB(4 K × 8 bit)的主存储器系统。图 4.14 中 $\overline{WE}$ (低电平有效)为读/写控制信号。

注意: 图 4.12、图 4.13、图 4.14 左边的地址总线($A_0 \sim A_n$)、数据总线($D_0 \sim D_7$)、控制总线($\overline{WE}$)信号都是由 CPU 提供的。

2. 存储器和 CPU 的连接

通过上面位扩展、字扩展、字位扩展的三种情况分析得知,存储器芯片和 CPU 连接时特别要注意芯片与芯片之间地址线、数据线和控制线(读/写、片选)的连接,

(1) 地址线的连接。存储器芯片的容量不同,其地址线数也不同,CPU 的地址线数往往比存储器芯片的地址线数多,通常总是将 CPU 地址线的低位与存储器芯片的地址线相连,余下的 CPU 地址线高位在存储器芯片扩展时使用,或用于片选等。

(2) 数据线的连接。CPU 的数据线和存储器芯片的数据线不一定相同,此时,必须对存储器芯片进行位扩展,使其数据线的位数和 CPU 的数据线位数相等。

(3) 读/写控制线的连接。CPU 的读/写控制线一般可以和存储器芯片的读/写控制线相

连，通常高电平为读信号，低电平为写信号。也有些 CPU 的读/写信号是分开的，这时需要和存储器芯片的相应端相连接，即 CPU 读信号、写信号分别和存储器芯片的读信号、写信号相连接。

(4) 片选信号的连接。存储器芯片的片选信号连接是 CPU 和存储器芯片能否达到设计要求和能否正确工作的关键所在。存储器系统往往由许多片存储器芯片组成，哪一片被选中取决于该存储器芯片的片选控制端 $\overline{CS}$ 是否能接收到来自 CPU 的片选有效信号。

片选信号主要和地址线有关，CPU 的地址线一般是多于存储器芯片的地址线的，除了低位地址线互相连接外，CPU 多余的高位地址必须和译码器、各种门电路以及相关的控制信号组合起来产生片选有效信号。

(5) 合理选择存储器芯片。作为计算机工程师，在设计一个存储器系统时有各种类型和型号的存储器芯片可选，要根据具体使用的情况来决定。在存储器类型上有只读存储器 ROM、随机存储器 RAM 两种。如果存储器系统存储的是监控程序、系统标准子程序等需要固化在芯片内的程序和数据，可选用只读存储器 ROM。如果是为用户编程和运行程序而设计的存储器空间，则选用随机存储器 RAM。

同时在选用存储器芯片的型号方面，要考虑 CPU 和存储器芯片的连线简单方便，尽量不要采取字位扩展等连线复杂的设计，另外还要统筹兼顾 CPU 的时序、速度、负载匹配等方面的因素。

4.3　高速缓冲存储器

4.3.1　概述

在计算机系统的硬件组成中，CPU 和主存储器是构成计算机系统的核心，称为主机。如果希望提高整个计算机系统的运算速度，首先要提高 CPU 的运算速度和主存的存取速度。据统计，CPU 的运算速度平均每年提高 60%，而主存的存取速度每年平均只提高 7%，远远低于 CPU 的发展速度。这种情况的出现使得 CPU 的运算速度远远高于主存的存取速度。

解决 CPU 速度和主存速度不匹配的问题有三种方法：第一，在基本总线周期中插入若干个等待周期，如第 3 章中介绍的"半同步通信"方式；第二，采用存取速度较快的 SRAM(静态随机存储器)，我们知道目前主存采用的是价格较低但速度也较慢的 DRAM(动态随机存储器)，如果主存全部采用 SRAM，虽然可以基本解决 CPU 和主存速度匹配问题，但成本较高，而且 SRAM 的速度也赶不上 CPU 速度的发展；第三，在慢速的 DRAM 和高速的 CPU 之间插入一级速度较快、容量较小的 SRAM，起到缓冲作用，使得 CPU 既可以较快的速度存取 SRAM 中的数据，又不至于增加较多成本，这种技术就是高速缓存(Cache)技术。

现在的个人计算机(PC)普遍采取这种方法来提高存储器系统的性能，使系统在成本增加不多的情况下，性能显著提高。

4.3.2　Cache 的工作原理

Cache 的工作原理是基于程序访问的局部性原理。

任何程序或数据要被 CPU 处理，必须先把程序和数据调入主存储器。CPU 只与主存储器交换信息，由于 CPU 速度是非常快的，所以主存的存取速度在很大程度上决定了整个计算机系统的运行速度。

对大量典型程序运行情况的分析表明，程序运行期间，在一个相对较短的时间里，由程序产生的主存访问地址往往集中在存储器的很小范围的地址空间内。

这一点其实是很容易理解，我们知道任何一个程序都是由一条条指令组成，指令地址在主存中是连续分布的，而且大多数时候指令是顺序执行的，加上循环程序和子程序段需要多次重复执行，因此，CPU 对这些地址范围的内容访问自然具有在时间上集中分布的倾向。

这种在一定时间内 CPU 对局部范围的主存储器地址频繁访问，而对此范围外的地址则访问甚少的现象被称为程序访问的局部性工作原理。

由于 CPU 对主存储器地址的访问有局部性现象，我们可以设想，如果把在一段时间内和一定地址范围中被频繁访问的指令和数据集合，成批从主存中读到一个能比主存更高速存取的小容量存储器中存放起来，供 CPU 在这段时间内随时使用，从而减少或不再去访问速度相对较慢的主存，就可以极大地提高程序运行的速度，这就是高速缓存 Cache 的设计思想。这个在 CPU 和主存之间设置的小容量高速存储器，称为高速缓冲存储器 (Cache)，简称高速缓存或缓存。由于增加的高速缓存容量相对主容量来说很小，所以成本增加不多。

为了更好地说明这个过程，我们假定计算机系统中 CPU、高速缓存 Cache 和主存储器的结构原理如图 4.15 所示。假设主存储器的容量是 1 MB，主存的存取时间为 80 ns，高速缓存 Cache 的容量是 8 KB，高速缓存 Cache 的存取时间为 6 ns。

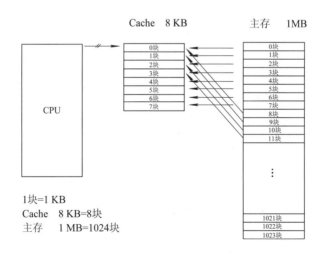

图 4.15 Cache-主存空间结构原理说明图

下面说明为什么在 CPU 和主存之间增加很小容量的 Cache 能极大地提高主机运行速度。

首先，把主存和 Cache 的容量分成块。为了说明方便，我们假定每块为 1 KB，这样 Cache 容量为 8 KB，共分成 8 块(块号为 0～7)，主存的容量为 1 MB，共分成 1024 块(块号为 0～1023)，同时假定每条指令长度为一个字节。

　　当计算机启动时，程序计数器(PC)的值为 0，CPU 会首先指向 Cache 的 0 号地址读取第一条指令，此时由于第一条指令在主存中，不在 Cache 中，所以没找到第一条指令，称为"不命中"。CPU 接下来会自动访问主存的 0 号地址，读取主存 0 号地址的第一条指令，同时把主存中第一条指令所在的 0 块(1 KB)中所有的指令和数据搬入 Cache 中的 0 块。

　　如果从时间上算，CPU 访问第一条指令的存取时间：访问 Cache "不命中"用了 6 ns，然后再访问主存储器用了 80 ns，共计用时 6 ns + 80 ns = 86 ns，似乎比没有 Cache 直接访问主存还多用了 6 ns 时间。但根据计算机工作原理，当 CPU 执行完第一条指令，程序计数器(PC)会自动加 1 指向第二条指令，这时 CPU 指向 Cache 中的 1 号地址，由于 Cache 中已经搬入了主存中 0 块(1 KB)的内容，第二条指令就在 Cache 中，称为"命中"，所以读取第二条指令的时间就是 CPU 访问 Cache 的存取时间 6 ns。很显然，CPU 接下来存取的指令和数据只要不超过 1 KB，都会"命中"，其存取时间都是 CPU 访问 Cache 的存取时间 6 ns。

　　由此分析，如果 CPU 和主存之间不增加 Cache，所有指令和数据都需要访问主存，而主存的每次存取时间是 80 ns。在 CPU 和主存之间增加了 Cache 后，只是"不命中"时多花一点时间，其余每次"命中"的存取时间都是 6 ns，由于"命中"的次数远远大于"不命中"的次数，因此这种方式极大地提高了计算机系统的运行速度。

　　如果程序中的指令和数据的地址范围超过了 1 块(1 KB)，CPU 在访问超出 1 KB 地址范围的指令和数据时，就会把主存中的指令和数据搬入 Cache 中的下一块。如果程序中的数据和指令超过了 Cache 总容量 8 块(8 KB)，就需要把主存中的新块替换原来存入 Cache 中的某一块。至于替换哪一块，取决于不同的地址映射方式和替换策略。

　　例 4.4　假设 Cache 容量为 16 KB，每个字块 32 个字，每个字 16 位，请问此 Cache 可容纳多少个字块？

　　解　首先求出每个字块占用多少个字节。

　　题目中每个字 16 位，16 位 = 16/8 = 2 字节 = 2B，每个字块 32 个字，则每个字块所占字节数为

$$32 \times 2 = 64 \text{ 个字节} = 64 \text{ B}$$

Cache 容量为 16 KB = 16 × 1024 B，故 Cache 可容纳的字块数为

$$16 \times 1024 \div 64 = 256 \text{ 块}$$

　　Cache 的容量和块长是影响 Cache 效率的重要因素，通常用"命中率"来衡量 Cache 的效率。命中率是指 CPU 要访问的信息已在 Cache 内的比率。

　　在一个程序执行期间，设 N_c 为访问 Cache 的"命中"总次数，N_m 为访问主存的总次数，则命中率 h 为

$$h = N_c \div (N_c + N_m)$$

　　设 t_c 为"命中"时的 Cache 访问时间，t_m 为"未命中"时的主存访问时间，1−h 表示未命中率，则 Cache—主存系统的平均访问时间 t_a 为

$$t_a = ht_c + (1-h)t_m$$

　　当然，我们希望以较小的硬件代价提高计算机系统的运算速度，这就需要提高命中率，使得 h 的值越接近 1 越好，这样 Cache—主存系统的平均访问时间 t_a 就会越接近于 t_c。

例4.5 假设 CPU 执行某段程序时，共访问 Cache "命中" 2000 次，访问主存 40 次。已知 Cache 的存取周期为 50 ns，主存的存取周期为 200 ns。求 Cache—主存储器的命中率 h 和平均访问时间 t_a。

解 (1) Cache 的命中率 h 为

$$h = 2000 \div (2000 + 40) = 0.98$$

(2) Cache—主存系统的平均访问时间为

$$t_a = 50 \text{ ns} \times 0.98 + 200 \text{ ns} \times (1 - 0.98) = 53 \text{ ns}$$

一般而言，Cache 容量越大，CPU 访问的命中率就会越高，但随着 Cache 容量增大，存储器系统的成本也随之增高，所以需要综合考虑系统的性价比。此外，在 Cache 容量增大时，块长与命中率之间的关系更为复杂。CPU 访问的命中率还会受到各个不同程序本身的局部特性的影响。

4.3.3 Cache 与主存地址映射

由于 Cache 的容量远小于主存储器的容量，所以主存储器地址远大于 Cache 地址，这就涉及主存储器地址中的程序和数据如果要调入 Cache 中，应该对应 Cache 中的哪一个地址。这种由主存储器地址映射到 Cache 地址的方式称为 Cache—主存地址映射。Cache—主存地址映射基本方式有三种，分别为直接映射、全相联映射、组相联映射。

关于地址映射，也可以简单地看成是主存的块号和 Cache 的块号之间的对应关系，也就是说主存的某一块应该按照何种关系放入 Cache 中的对应的哪一块。

1. 直接映射

直接映射方式下的主存块和高速缓存 Cache 块对应的映射关系式为

$$i = j \bmod C \text{ (mod 为取模运算，又称为求余数运算)}$$

其中：i 为高速缓存 Cache 块号；j 为主存块号；C 为 Cache 块数。如图 4.15 所示，Cache 块数为 8 块，所以 C = 8。

例如：主存块号为 j = 9，按照图 4.15 所示，同时根据 i = j mod C，可得出对应的 Cache 块号为

$$i = 9 \bmod 8 = 1$$

也就说，主存的第 9 块，一定是放在高速缓存 Cache 的第 1 块。在直接映射方式中，主存块号和 Cache 块号之间是固定的一一对应的关系。如果 C = 8，则

主存中的块号为 0, 8, 16, 32, …，一定对应 Cache 中的块号为 0；

主存中的块号为 1, 9, 17, 33, …，一定对应 Cache 中的块号为 1；

主存中的块号为 2, 10, 18, 34, …，一定对应 Cache 中的块号为 2；

⋮

这种直接映射方式的优点是算法容易，实现这种算法的控制电路简单；缺点是不够灵活。因为主存中的每一块都固定映射到 Cache 中的某一块，即使 Cache 中还有其他空余块，也不能利用，Cache 空间得不到充分使用。

比如，存储在 Cache 中第 0 块的程序，其中有一条转移指令是转移到主存的第 8 块中的某个地址，按照直接映射的方式第 8 块是映射到第 0 块的，这时候虽然 Cache 中的第 1 块到第 7 块是空余的，但按照直接映射的方式还是会用主存的第 8 块把 Cache 中的第 0 块替换掉，而不是存放在 Cache 的其他空余块中。如果碰到极端的例子：主存第 8 块的程序中恰好有条转移指令又要转移到主存的第 0 块的某一个地址，这时候就又需要用主存中的第 0 块去替换已经存在于 Cache 中的原来主存的第 8 块，如此反复不停地在 Cache 的第 0 块中进行替换，而 Cache 中其他空余块没有被使用，这样就降低了命中率，减慢了计算机的计算速度。

2. 全相联映射

为了克服直接映射方式的缺点，人们提出了全相联映射方式。全相联映射方式可以允许主存中每一字块映射到高速缓存 Cache 中的任意字块，没有固定的算法关系，这样增加了灵活性，提高了命中率。但缺点就是实现全相联映射的电路更为复杂，它需要不断地判断高速缓存 Cache 中是否有空块，如果 Cache 中没有空块，那么替换哪一个 Cache 字块更好？

在全相联映射方式下，如果 Cache 中没有空块了，最理想的替换方式是把未来很少用到的或者要很长时间才会用到的字块替换出来，但在实际情况中很难判断。常用的替换策略有下面三种：

(1) 先进先出算法(First-In-First-Out，FIFO)。FIFO 算法选择最早调入 Cache 的字块进行替换，它不需要记录各个字块的使用情况，比较容易实现，开销小。但提高 Cache 命中率的效果不明显，因为最早调入的数据有可能经常使用，如循环程序、子程序等。

(2) 最近最少使用算法(Least Recently Used，LRU)。LRU 算法比较好地利用了程序访问局部性工作原理，它把最近最少使用的数据块替换出来，所以相对来说有较高的命中率。但它实际上是采取推测方法，算法较为复杂，电路实现难度大。

(3) 随机法。随机法采取的是随机确定 Cache 中的替换块。这种算法实现起来很简单，只要设计一个随机数产生电路来确定替换 Cache 中的哪一块就可以实现，但命中率低。

3. 组相联映射

组相联映射方式是直接映射方式和全相联映射方式的一种折中算法。它克服了直接映射方式的不够灵活和全相联映射方式替换算法复杂的缺点。

组相联映射方式是把高速缓存 Cache 分成若干个组，每组若干个块，并有以下关系：

$$i = j \bmod Q$$

其中：i 为高速缓存 Cache 组号；j 为主存块号；Q 为 Cache 的分组数。

例如，如图 4.15 所示，Cache 块数为 8，如果我们把 Cache 中的 8 块分成 4 组，则分组数 Q 就等于 4，每组 2 块，如表 4.4 所示。

表 4.4   Cache 分 4 组及每组中的块号

组 号	块 号	
0	0	1
1	2	3
2	4	5
3	6	7

其中：0 组内存放 0 块、1 块；1 组内存放 2 块、3 块；2 组内存放 4 块、5 块；3 组内存放 6 块、7 块。

假如主存块号为 j = 11，分组数 Q = 4，同时根据 i = j mod Q，可得出对应的 Cache 组号为

$$i = 11 \bmod 4 = 3$$

也就是说，主存的第 11 块，一定是放在 Cache 的第 3 组内。但由于第 3 组内有 2 块，块号分别为 6 和 7，究竟存放哪一块，则采取全相联方式。

在组相联映射方式中，主存块号和 Cache 组号之间是固定的一一对应的关系。如果 Q = 4，则

主存中的块号为 0，4，8，12，…，一定映射到 Cache 中的组号为 0；

主存中的块号为 1，5，9，13，…，一定映射到 Cache 中的组号为 1；

主存中的块号为 2，6，10，14，…，一定映射到 Cache 中的组号为 2；

主存中的块号为 3，7，11，15，…，一定映射到 Cache 中的组号为 3；

　　⋮

从上面 Cache 分 4 组的例子可以看出：组相联映射方式中主存块和 Cache 的组之间是一种直接映射的关系，也就是主存中的某一块固定映射在 Cache 中的某一组内；由于 Cache 的一个组内有 2 块，至于具体到组内哪一块，则按照全相联映射方式来确定。

如果按照图 4.15，我们换种分组方式情况又怎样呢？比如，我们把 Cache 中的 8 块分成 2 组，则分组数 Q 就等于 2，每组 4 块，如表 4.5 所示。

表 4.5　Cache 分 2 组及每组中的块号

组号	块　　号			
0	0	1	2	3
1	4	5	6	7

其中：0 组内存放 0 块、1 块、2 块、3 块；1 组内存放 4 块、5 块、6 块、7 块。

假如我们还是选择主存块号为 j = 11，根据分组数 Q = 2，i = j mod Q，可得出对应的 Cache 组号为

$$i = 11 \bmod 2 = 1$$

也就是说，把 Cache 分 2 组后，主存块号为 11 对应的 Cache 组号为 1。主存的第 11 块，一定是映射在 Cache 的第 1 组，这时第 1 组内有 4 块，具体放到哪一块，则按照全相联映射方式来确定。

我们一般把每组 4 块称为 4 路组相联，每组 2 块称为 2 路组相联。

组相连映射方式是直接映射方式和全相联映射方式的一种结合，它采取的方式是组间直接映射方式，组内全相联映射方式。

例 4.6　某计算机的 Cache 共有 16 块，采用 2 路组相联映射方式(即每组 2 块)，每个字块大小为 64 字节，按字节编址。主存第 256 个字节所在主存块应装入的 Cache 组号是多少？

解　由题目可知 Cache 共有 16 块，采用每组 2 块，所以 Cache 共分为 8 组，即 Q = 8；

每个字块大小是 64 个字节，则主存的第 256 个字节在 256/64 = 4 块中，即 j = 4；根据公式 i = j mod Q，则它对应的组号为

$$i = 4 \bmod 8 = 4(组)$$

4.4　辅助存储器

辅助存储器作为主存的后援设备又称为外部设备，它在缓存、主存、辅存三级存储器系统中构成了主存—辅存层次。

主存储器具有速度快、成本高、容量小的特点，而且掉电后原有数据消失，所存数据不能永久保存，属于"易失性"存储器。与主存相比，辅存容量大、速度慢、价格低、可以脱机保存数据，掉电后数据依然存在，属于"非易失性"存储器。

目前，广泛应用于计算机系统的常见辅助存储器有硬盘、光盘、U 盘等。

4.4.1　硬盘

硬盘是最常见的辅助存储器之一，目前有机械硬盘、混合硬盘、固态硬盘等。

1. 机械硬盘

机械硬盘是一种采用磁记录原理的磁表面存储器，如图 4.16 所示。

盘面
磁头
马达

图 4.16　机械硬盘

机械硬盘是计算机主要的存储媒介之一，是集精密机械、微电子电路、电磁转换为一体的计算机存储设备，它由盘片、磁头、盘片主轴、控制电机、磁头控制器、数据转换器、接口、缓存等几个部分组成。

如图 4.16 所示，机械硬盘中所有的盘片都固定在一个旋转轴上，这个轴即盘片主轴。而所有盘片之间是绝对平行的，在每个盘片的存储面上都有一个磁头，磁头与盘片之间的距离比头发丝的直径还小。所有的磁头连在一个磁头控制器上，由磁头控制器控制各个磁头的运动。而盘片以每分钟数千转的速度高速旋转，这样磁头就能对盘片上的指定位置进行数据的读/写操作。

机械硬盘的基本参数如下：

(1) 容量。作为计算机系统的数据存储器，硬盘最主要的参数是容量。目前市场上家用机械硬盘的容量为 1TB 左右。

(2) 转速。转速是指硬盘内电机主轴的旋转速度，也就是硬盘盘片在一分钟内能完成的最大转数。转速是硬盘的重要参数之一。硬盘的转速越快，硬盘寻找文件的速度也就越快，相对的硬盘的传输速度也更高。家用台式计算机硬盘的转速一般有 5400 转/分钟、7200转/分钟；而对于笔记本电脑则是以 4200 转/分钟、5400 转/分钟为主。

(3) 接口。计算机硬盘主要有 IDE 和 SATA 两种接口类型，以前的旧电脑一般都是 IDE硬盘接口(也叫 ATA 接口)，该接口由于传输速度慢，如今早已被淘汰，现在的新电脑都是SATA 硬盘接口，不过在一些老爷机上还可以看到 IDE 接口。

目前个人计算机中硬盘接口均采用 SATA 接口，SATA 接口分为 SATA2.0 和 SATA3.0，其中 SATA2.0 最大传输速率为 300 MB/s，而 SATA3.0 最大传输速率为 600 MB/s。如今固态硬盘均采用 SATA3.0 接口，而普通的机械硬盘很多也开始采用 SATA3.0 接口，只有部分容量较小、价格比较低的机械硬盘还用 SATA2.0 接口。

2. 固态硬盘

固态硬盘(Solid State Drive，SSD)，简称固盘(见图 4.17)，固态硬盘是用电子存储芯片阵列制成的硬盘，由控制单元和存储单元组成。

图 4.17　固态硬盘内部结构图

固态硬盘在接口的规范和定义、功能及使用方法上与普通硬盘完全相同，在产品外形和尺寸上也与普通硬盘基本一致，因此被广泛应用于军事、工控、视频监控、网络监控、网络终端、电力、医疗、航空等领域。

基于闪存的固态硬盘是固态硬盘的主要类别，其内部构造十分简单，固态硬盘内主体其实就是一块 PCB 板，这块 PCB 板上最基本的配件就是控制芯片、缓存芯片(部分低端硬盘无缓存芯片)和用于存储数据的闪存芯片。

固态硬盘具有传统机械硬盘不具备的快速读/写、质量轻、能耗低以及体积小等优点，但同时其劣势也较为明显。尽管固态硬盘(SSD)已经进入存储器市场的主流行列，但其价格相对机械硬盘仍较为昂贵，容量较低，而且一旦硬件损坏，数据较难恢复。

3. 混合硬盘

混合硬盘采用非易失性闪存和磁盘的混合存储形式，将非易失性闪存作为传统硬盘的缓存，利用其恒定快速的读取时间来改善磁盘的平均读取时间，达到改善磁盘性能的目的。

混合硬盘是一块基于传统机械硬盘产生的新硬盘，除了机械硬盘必备的碟片、马达、磁头等，还内置了 NAND 闪存颗粒，它的闪存颗粒作为缓存将用户经常访问的数据进行储存，可以达到如固态硬盘 SSD 效果的读取性能。

由于一般混合硬盘仅内置 8 GB 的闪存，因此成本不会大幅提高；同时混合硬盘亦采用传统磁性硬盘的设计，因此没有固态硬盘容量小的不足。通常使用的闪存是 NAND 闪存。混合硬盘是处于磁性硬盘和固态硬盘(SSD)之间的一种解决方案。

混合硬盘与传统磁性硬盘相比，大幅提高了性能，而成本增加不多。

4.4.2　光盘

光盘(Compact Disc)是一种利用激光原理进行读/写的圆盘片，可以存放各种文字、声音、图形、图像和动画等多媒体数字信息。

光盘是近代发展起来的不同于完全磁性载体的光学存储介质，它采用聚焦的氢离子激光束处理记录介质的方法存储和再生信息，激光通过聚焦后，可获得直径约为 1 微米(μm)的光束，光盘上信息的写入和读出都是通过激光实现的，所以又称激光光盘。

光盘分不可擦写光盘(如 CD-ROM、DVD-ROM 等)和可擦写光盘(如 CD-RW、DVD-RAM 等)。

根据光盘结构，光盘又可分为 CD、DVD、蓝光光盘等几种类型。这几种类型的光盘，在结构上有所区别，但主要工作原理是一致的。从存储容量上讲，CD 的容量只有 700 MB 左右，单面单层 DVD 可以达到 4.7 GB，而蓝光光盘则可以达到 25 GB。

4.4.3　U 盘

U 盘是 USB(Universal Serial Bus)盘的简称，它是一种使用 USB 接口的无需物理驱动器的微型高容量移动存储产品，通过 USB 接口与电脑连接，实现即插即用的功能。

U 盘的称呼最早来源于朗科科技生产的一种新型存储设备，名叫"优盘"，使用 USB 接口进行连接。U 盘连接电脑的 USB 接口后，它的资料可与电脑交换。由于朗科已进行了专利注册，后来生产的类似技术的设备不能再称之为"优盘"，故改称谐音的"U 盘"。"U 盘"这个称呼因其简单易记而广为人知，是一种移动存储设备。

U 盘最大的优点是小巧便于携带，存储容量大，价格便宜，性能可靠。一般的 U 盘容量有 4 GB、8 GB、16 GB、32 GB、64 GB，除此之外还有 128 GB、256 GB、512 GB、1 TB 等。

思考与练习 4

一、单选题

1. ____层次主要解决了 CPU 和主存速度不匹配的问题。

A. CPU—辅存　　B. 缓存—主存　　　　C. 主存—辅存　　D. 无正确答案

2. 从用户角度看，存储器的主要性能指标不包括____。

A. 容量　　　　　B. 速度　　　　　　C. 存取方式　　　D. 价格

3. 存储字长都取____。

A. 8 的倍数　　　 B. 2 的倍数　　　　　C. 8　　　　　　 D. 无限制

4. 下列说法错误的是____。

A. 动态 RAM 的价格比静态 RAM 的价格便宜

B. 动态 RAM 需要再生，故需配置再生电路

C. 动态 RAM 的功耗比静态 RAM 小

D. 动态 RAM 比静态 RAM 速度高

5. 下列说法错误的是____。

A. 动态 RAM 的集成度低于静态 RAM 的集成度

B. 动态 RAM 的速度比静态 RAM 的速度低

C. 静态 RAM 的价格比动态 RAM 的价格高

D. 动态 RAM 的功耗比静态 RAM 小

6. 下列存储器中，CPU 不能直接访问的是____。

A. 主存　　　　 B. 硬盘　　　　　　C. 寄存器　　　　 D. Cache

7. 以下存储器构成的体系结构中，存储器存取速度由慢到快的排列顺序是____。

A. 辅存—寄存器—Cache—主存　　　　 B. 主存—辅存—Cache—寄存器

C. 辅存—Cache—主存—寄存器　　　　 D. 辅存—主存—Cache—寄存器

8. 某一 SRAM 芯片，其容量为 16 K × 8 bit，则其数据线和地址线的数量分别为____。

A. 地址线和数据线均为 8 根　　　　 B. 地址线 16 根，数据线 8 根

C. 地址线 14 根，数据线 8 根　　　　 D. 地址线和数据线均为 14 根

9. 计算机的存储系统采用分级方式主要是为了____。

A. 方便程序设计人员编程　　　　 B. 解决容量、速度、价格三者之间的矛盾

C. 方便计算机硬件扩展　　　　 D. 方便硬件更新换代

10. 下列说法错误的是____。

A. 地址线和数据线的位数共同反映存储芯片的容量

B. 数据线是双向的，其位数与芯片可读出或写入的数据位数有关

C. 地址线是双向输入的，其位数与芯片容量有关

D. 控制线主要有读/写控制线与片选线两种

11. 以下不属于主存基本组成的是____。

A. 译码器　　　　 B. 存储体　　　　 C. 读/写电路　　　 D. CU

12. 下列选项中，一般不属于 CPU 与主存间连线的是____。

A. 扩展总线　　　 B. 地址总线　　　　C. 数据总线　　　 D. 读/写控制线

13. 所谓存储容量一般是指____。

A. 主存能存放二进制代码的总位数　　　 B. 主存数据线的数量

C. 主存地址线的数量　　　　 D. 主存芯片的个数

14. 下列叙述中正确的是____。

A. 主存只能由 ROM 组成　　　　 B. 主存可由 RAM 和 ROM 组成

C. 主存只能由 RAM 组成　　　　 D. 主存不是由 RAM 和 ROM 组成

15. 某静态存储器容量为 32 K × 16 bit，则____。

A. 地址线为 15 根，数据线为 15 根　 B. 地址线为 32 根，数据线为 16 根

C. 地址线为 15 根，数据线为 16 根　　D. 地址线为 16 根，数据线为 16 根

16. 和辅存相比，主存的特点是____。

A. 容量大，速度快，成本低　　　　　B. 容量小，速度快，成本低

C. 容量小，速度慢，成本低　　　　　D. 容量小，速度快，成本高

17. 以下技术指标中，一般与存储器性能不相关的是____。

A. 存取周期　　　　　　　　　　　　B. 存储器容量

C. 存取时间　　　　　　　　　　　　D. PCI 总线带宽

18. 由主存地址映射到 Cache 地址的常见方式不包括____。

A. 全相联映射　　　　　　　　　　　B. 直接映射

C. 分散映射　　　　　　　　　　　　D. 组相联映射

19. 假设 CPU 执行某段程序时，共访问 Cache "命中" 1000 次，访问主存 20 次。已知 Cache 的存取周期是 20 ns，主存的存取周期为 100 ns，则 Cache—主存系统的命中率和平均访问时间分别为____。

A. 0.9800，21.568 ns　　　　　　　　B. 0.9804，21.568 ns

C. 0.9800，21.600 ns　　　　　　　　C. 0.9800，21.600 ns

20. 假设 Cache 容量为 16 KB，每个字块 16 个字，每字 16 位，则____。

A. 此 Cache 可容纳 512 个字块　　　　B. 此 Cache 地址有 10 位

C. 此 Cache 可容纳 1 K 个字块　　　　D. 此 Cache 地址有 16 位

21. 假设主存容量为 512 KB，Cache 容量为 16 KB，每个字块 16 个字，每字 16 位，则____。

A. Cache 有 256 个字块　　　　　　　B. 主存有 16 K 个字块

C. 主存地址有 18 位　　　　　　　　　D. 主存有 2 K 个字块

22. 假设某计算机存储系统的主存地址编址为 M 个字块，每个字块含 B 个字，则可推知____。

A. Cache 的每个字块有 B 个字　　　　B. Cache 的每个字块有 M 个字

C. Cache 编址为 M 个字块　　　　　　D. Cache 编址为 B 个字块

23. 假设某计算机的存储系统由 Cache 和主存组成，某程序执行过程中访存 2000 次，其中 Cache "未命中" 40 次，则 Cache 的命中率是____。

A. 0.96　　　　　　　　　　　　　　B. 0.9

C. 0.4　　　　　　　　　　　　　　　D. 0.98

24. 在计算机的存储系统中，主存中的任一主存块都可以映射到 Cache 中的任一缓存块的映射方式是____。

A. 全相联映射　　　　　　　　　　　B. 组相联映射

C. 直接映射　　　　　　　　　　　　D. 都可以

25. 以下各因素中，与缓存命中率无关的是____。

A. 缓存的容量　　　　　　　　　　　B. 缓存的替换算法

C. 主存/缓存的地址映射方式　　　　　D. 主存的存取时间

26. 某计算机的 Cache 共有 32 块，采用 4 路组相联映射方式(即每组 4 块)，每个字块大小为 32 字节，按字节编址。主存第 128 个字节所在主存块应装入的 Cache 组号是____。

A. 2   B. 0

C. 4   D. 6

27. 在主存和 Cache 的几种不同的地址映射方式中，Cache 的利用率最高的是____。

A. 组相联映射   B. 全相联映射

C. 直接映射   D. 都一样

28. 在缓存的地址映射中，若主存中的任一块只能固定映射到某一缓存块中，则称作____。

A. 直接映射   B. 全相联映射   C. 组相联映射   D. 任意映射

29. 下列器件中存取速度最快的是____。

A. 缓存   B. 寄存器   C. 主存   D. 辅存

二、多选题

1. 与动态 RAM 相比，静态 RAM 的特点有____。

A. 价位高   B. 速度快   C. 功耗大   D. 需要再生电路

E. 集成度高

2. 下列各类存储器中，属于随机存取存储器的是____。

A. SRAM   B. DRAM   C. ROM   D. 硬盘

3. 下列各类存储器中，存储信息在掉电后不易失的是____。

A. SRAM   B. EPROM   C. EEPROM   D. PROM

4. 存储器容量的扩展方式一般包含____。

A. 位扩展   B. 字扩展   C. 字位扩展   D. 频率扩展

5. 在存储器与 CPU 的连接过程中，以下连线____是需要考虑的。

A. 地址线   B. 数据线   C. 读/写命令线   D. 片选线

三、问答与计算题

1. 为什么存储器系统会分为主存储器(内存)和辅助存储器(外存)？

2. 随机存储器 RAM 和只读存储器 ROM 差别在哪里？它们各自用在什么地方？

3. 为什么计算机中的存储器系统要采取层次结构的方式？今天的计算机存储器系统分几级？几个层次？每个层次的作用是什么？

4. 什么是存储器的"读"(Read)操作和"写"(Write)操作？什么是访存操作？

5. 已知某静态随机存储器芯片的地址线为 15 根，数据线为 4 根，请问该存储器芯片的容量为多少？

6. 设计一个计算机系统，其中主存储器(内存)容量是 64 KB，现在采用 Intel 公司的 6116 存储器芯片来组成，共需要多少片？

7. 已知某静态随机存储器芯片的容量为 512 K 位(bit)，如果该芯片有 2 根数据线，请问有多少根地址线？

8. 什么是存储元？静态随机存储器 RAM 的存储元电路是什么？

9. 静态随机存储器和动态随机存储器的英文缩写是什么？静态随机存储器和动态随机存储器两者相比较各有什么优点和缺点？

10. 设计一个计算机系统，其中主存储器(内存)容量是 32 KB(32 K × 8 bit)，如果采用 32 K × 1 bit 的存储芯片来组成，请问共需要多少片？是什么扩展？如果采用 8 K × 8 bit 的存储芯片来组成，请问共需要多少片？是什么扩展？如果采用 16 K × 4 bit 的存储芯片来组成，请问共需要多少片？是什么扩展？

11. 什么是程序访问的局部性工作原理？计算机存储系统中哪一个层次采用了程序访问的局部性工作原理？

12. 假设 CPU 执行某段程序时，共访问 Cache "命中" 4000 次，访问主存 80 次。已知 Cache 的存取周期为 20 ns，主存的存取周期为 100 ns，求 Cache—主存系统的命中率 h 和平均访问时间 t_a。

13. 一个计算机系统中，设计有主存容量 1 MB，高速缓存 Cache 容量 16 K。如果把主存和 Cache 分成 1 K 一块，请问主存有多少块？Cache 有多少块？按照直接映射方式，主存中第 25 块、108 块、995 块分别映射在 Cache 中的哪一块？如果把高速缓存 Cache 分为 8 组，每组有几块？主存中第 25 块、88 块、992 块又分别映射在 Cache 的哪一组？

思考与练习 4
参考答案

第 5 章　输入/输出系统

5.1　输入/输出系统概述

除了 CPU 和存储器两大模块以外,计算机硬件系统中的第三个关键部分是输入/输出模块,又称为输入/输出系统。

输入/输出(Input/Output,I/O)系统包括输入系统和输出系统两个部分。

输入系统的作用是通过输入设备把生活中的数据、文字、图像、声音、视频等信息转换成计算机能识别的二进制数据,由计算机主机来处理。常见的输入设备有键盘、鼠标、扫描仪、麦克风等。

输出系统的作用是把计算机主机处理后的二进制数据通过输出设备转换成我们能识别的数据、文字、图像、声音、视频等。常见的输出设备有显示器、打印机、绘图仪、音箱等。

人们习惯上把输入/输出设备称为 I/O 设备,又称为外部设备(简称外设)。

这一章就是从硬件和软件两个方面讲解如何实现输入/输出(I/O)设备和计算机主机的相互连接。

5.1.1　输入/输出接口

随着计算机技术的不断发展,输入/输出(I/O)设备的种类越来越多,这些输入/输出(I/O)设备是怎么和计算机主机相连接的呢? 常见的输入/输出(I/O)设备和计算机主机的相互连接方式是先通过输入/输出(I/O)接口连接到计算机系统总线上,然后通过总线与计算机的主机相连接, 如图 5.1 所示。

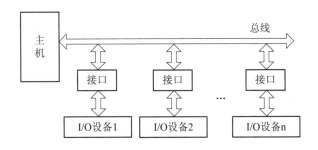

图 5.1　主机和输入/输出设备连接图

1. 输入/输出接口的功能

计算机主机对输入/输出(I/O)设备的数据进行处理时，输入/输出设备的数据线是不能直接连接到 CPU 的数据总线上的，它们需要通过一个过渡的电路相连，这个连接计算机主机和输入/输出设备之间的逻辑电路称为接口电路(简称接口或 I/O 接口)。连接输入设备的称为输入接口，连接输出设备的称为输出接口。比如，最常见的键盘(输入设备)、打印机(输出设备)都是通过 USB 接口接入 USB 总线和计算机主机相连的。

接口电路位于总线和输入/输出(I/O)设备之间，起信息转换和数据传递的作用。

接口电路有以下几种功能：

(1) 速度匹配。I/O 设备的速度比主机速度慢很多，而且不同的 I/O 设备，工作速度差异也很大，比如：同是输出设备，打印机和显示器的工作速度是不同的。

通过接口可以解决主机和 I/O 设备之间连接时的速度差异问题。

(2) 时序配合。不同的 I/O 设备工作原理不一样，工作时序也不同，通过接口电路可以实现 I/O 设备和主机不同时序的相互协同。

(3) 信息转换。不同的 I/O 设备采用的信号格式和类型是不同的，其中有 ASCII 码、BCD 码，有模拟信号、数字信号，不同信号的处理方式不同。要使这些 I/O 设备正常工作，就必须通过接口电路来解决这种信息转换的问题。

2. 输入/输出接口的结构

输入/输出(I/O)接口的基本结构如图 5.2 所示。

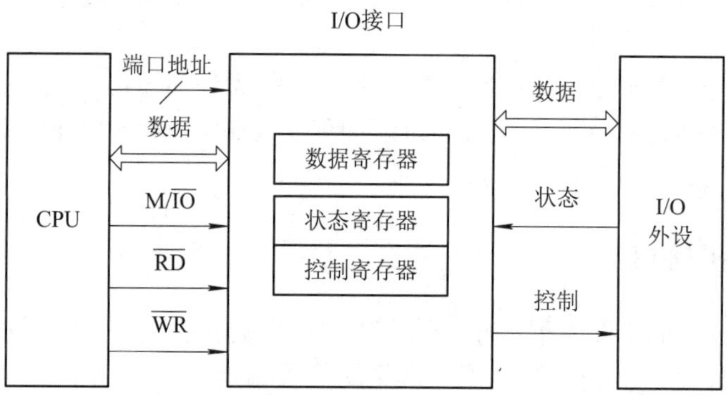

图 5.2　输入/输出接口基本结构图

图 5.2 所示中间部分就是输入/输出(I/O)接口，其中主要部件作用如下：

(1) 数据寄存器。数据寄存器起数据缓冲的作用，作为输入时，它保存输入设备向 CPU 发送的数据(称为数据输入寄存器)；作为输出时，保存 CPU 准备向输出设备发送的数据(称为数据输出寄存器)。

CPU 通过地址总线选择数据寄存器，如果是输入设备，CPU 会通过数据总线把数据寄存器中的数据读入主机再进行处理；如果是输出设备，CPU 会把需要送给输出设备的数据通过数据总线写入数据寄存器。

(2) 状态寄存器。状态寄存器反映 I/O 设备或接口电路的工作状态，便于 CPU 及时了解 I/O 设备的工作状态，能通过查询方式实现信息传递。

CPU 在查询 I/O 设备的状态时，实际上就是将状态寄存器中的二进制数据进行分析。

　　对于输入设备，常用"设备准备好"(READY)信号来表明等待输入的设备数据是否准备就绪。比如，若"设备准备好"(READY)信号为低电平(0)，则表示输入设备数据没有准备好，CPU 不可以读取输入数据；若"设备准备好"(READY)信号为高电平(1)，则表示输入设备数据已经准备好，CPU 可以读取输入数据。

　　对于输出设备，常用输出设备数据缓冲区是否为"空"(EMPTY)信号或者用"忙"(BUSY)信号表示输出设备是否为空闲状态。如为空闲状态，信号为高电平(1)，则 CPU 可以向输出设备输出(写入)新数据；否则，CPU 要等待输出设备工作结束，才能输出(写入)新数据。

　　对于不同输入/输出设备，状态寄存器中所定义的二进制位数是不同的，每一位二进制代表的状态信息含义也不同。设备越复杂，状态信息越多。

　　(3) 控制寄存器。控制寄存器主要用于确定接口电路的工作方式。控制寄存器会根据不同的 I/O 设备选择数据传送方向(输入或输出)及交换信息的方式(查询方式还是中断方式)，也可以用于控制 I/O 设备的启动或停止。

　　另外，除数据寄存器、状态寄存器、控制寄存器外，接口电路中还有一些命令译码、端口地址译码等控制电路。

　　上面只是一般性介绍了接口电路的基本结构，其中数据寄存器、状态寄存器、控制寄存器根据不同 I/O 设备和不同的设计方式所需的数量不同。比如，简单的 I/O 设备可能就只有数据寄存器，不需要状态寄存器和控制寄存器；而复杂的 I/O 设备，相应的接口电路越复杂，其内部的寄存器种类和数量也就越多。

3. 输入/输出端口的编址方式

　　I/O 接口中的数据寄存器、状态寄存器、控制寄存器又称为端口。一个接口可以有多个端口，如数据端口对应于数据寄存器，状态端口对应于状态寄存器，命令端口对应于控制寄存器。每个端口都有自己的地址，称为端口地址。所以，我们常说的一个设备有多少个地址，其实就是指这个设备的接口有多少个端口地址。

　　端口地址的作用是为了让 CPU 通过地址总线选择不同的端口，以便向这些端口(寄存器)传送数据、读取状态、发送命令。

　　CPU 和接口之间有许多互相连接的信号线(见图 5.2)，其中端口地址线(地址总线)传送的是端口地址，决定这次读/写操作对应的端口；数据总线传送的是要向对应地址的端口读出或写入的数据；控制总线上的相关控制信号 $\overline{\text{RD}}$ 、$\overline{\text{WE}}$ 分别表示"读"信号和"写"信号(低电平有效)，M/$\overline{\text{IO}}$ 信号为高电平时表示 CPU 和主存储器交换数据，M/$\overline{\text{IO}}$ 信号为低电平时表示 CPU 和 I/O 设备交换数据。

　　由此可知，每个输入/输出设备都是通过一个接口和计算机主机相连的，每个接口中都有若干个端口，每个端口都有自己的地址。这样 CPU 对输入/输出设备的操作实质上变成对端口的操作，即 CPU 访问的是输入/输出设备相关的端口，而不是直接访问输入/输出设备本身。

　　CPU 对 I/O 端口的访问是通过端口地址进行的，不同的计算机系统在设计时，端口地址的编址方式是不一样的，我们可以根据实际情况选择合适的编址方式。

　　I/O 端口编址方式有统一编址和独立编址两种方式。

　　(1) 统一编址。所谓统一编址，是把 I/O 端口地址和主机中的主存储器(主存)的存储单元地址一起编址。我们知道，主存的每一个存储单元都有一个地址编号，CPU 通过这个地址编号访问主存的存储单元，进行数据的读/写。同样，输入/输出设备每个接口里的若干个端口也都有自己的地址编号，CPU 也是通过这个地址编号访问不同的端口，进行端口数据的读/写。

把所有输入/输出设备的端口地址和主存的存储单元地址统一编号，称为统一编址。

例如：假设计算机系统中 CPU 的地址总线可以提供 200 个主存地址编号，但计算机系统设计时只需要 100 个主存地址，这样剩下的 100 个主存地址编号就可以用于端口地址。如果我们把 CPU 原本提供的 200 个主存地址编号，从 0 到 99 号作为主存地址编号，余下的 100 到 199 号作为端口地址编号，这样的编号方式称为统一编址。

早期计算机系统都采用这种编址方式，这种地址编址方式的前提是 CPU 给主存的地址编号有多余，否则就不能实现。统一编址方式的优点是：由于 CPU 把输入/输出设备地址也看成了主存储器的地址，所以 CPU 对输入/输出设备的操作和对主存的操作完全相同，所有访问主存的指令都可以访问输入/输出设备。统一编址的缺点是：输入/输出设备占用了主存的地址空间，使得主存地址空间减少，同时，访问主存的指令比专门的访问输入/输出设备的指令速度要慢；而且，由于采用统一编址，程序员编程时如果只看地址，则有时候不能确定指令是访问主存还是访问输入/输出设备，使得程序的可读性变差。

(2) 独立编址(又称为不统一编址)。所谓独立编址，是指把 I/O 设备的端口地址和主存的存储单元地址分开单独进行编号，这样两个地址空间各自独立，互不影响。例如，假定我们设计的计算机系统需要有 100 个主存单元地址和 100 个端口地址，我们采取的地址编号方式是从 0 到 99 号作为主存地址编号，同时 0 到 99 号也作为端口地址编号，这样的编号方式称为独立编址。在独立编址方式中，CPU 指令如果要访问 90 号地址，到底是访问内存的 90 号地址还是端口的 90 号地址，它是通过不同的指令来区别的，访问主存单元地址用 MOV(传送)类指令，访问 I/O 端口地址使用专门的 I/O 指令(IN 和 OUT 指令)。同时利用控制总线的 M/$\overline{\text{IO}}$ 信号进行区别：当指令为 MOV(传送)类指令时，M/$\overline{\text{IO}}$ 控制信号为高电平，说明是访问主存储器的单元地址；当指令为专门的 I/O 指令时，M/$\overline{\text{IO}}$ 控制信号为低电平，说明是访问 I/O 设备的端口地址。

独立编址方式的优点是由于端口地址编号不占用主存的地址编号，大大节省了主存的地址空间；缺点是由于专门的 I/O 指令很少，所以程序员在程序设计时可使用的指令少，编程的灵活性相对较差。

5.1.2　输入/输出系统的数据传送方式

输入设备是指能把生活中的信息转换为数据传送给 CPU 的设备或装置，输出设备是指能把 CPU 处理完的数据转换成相应控制信号的装置或设备。现实生活中能作为计算机输入/输出设备的有很多，比如键盘、鼠标、打印机、显示器等都是常见的输入/输出设备。

但一定要注意，在某些专用计算机系统中，尤其在计算机控制系统中，输入设备不一定是 PC 上常见的键盘、鼠标等。从理论上讲，只要能通过接口给 CPU 输入相应数据的都称为输入设备，比如温度、压力传感器也是输入设备，它能给 CPU 输入相应的温度和压力数据。同样，输出设备也不一定是我们常见的打印机、显示器等，只要通过接口能执行 CPU 的相关指令和数据的都可称为输出设备，比如一些电动机、电磁阀门等执行装置也是输出设备。

随着输入/输出设备种类的不断增多，对一些设备的控制也越来越复杂，各种外设的工作原理、数据处理速度都不一样，差异很大，在 CPU 和输入/输出设备进行数据传送时，要针对不同的输入/输出设备采取不同的数据传送方式。

在现代计算机系统中，输入/输出系统的数据传送方式分为四种：无条件传送方式、查询传送方式、中断传送方式、DMA 传送方式。

1. 无条件传送方式

无条件传送方式是一种最简单的数据传送方式，主要用于功能和工作原理比较简单的外设。比如输入设备中的开关、键盘，输出设备中的 LED 发光二极管等。这类外设是处于时刻准备好的状态中，所以 CPU 不必去检查外设是否准备好，就可以直接输入或输出数据。当输入/输出指令执行后，数据传送就立即开始。

无条件传送方式根据输入/输出设备分为：无条件输入方式和无条件输出方式。两种工作原理相似，只是数据传送方向不同。无条件输入方式是通过输入设备输入数据给 CPU，或者说是 CPU 读取输入设备的数据；无条件输出方式是 CPU 把处理后的数据传送给输出设备，或者说是 CPU 把数据写入输出设备。

由于设备简单，所以在这种情况下进行接口电路设计时，相应接口中只需要设计一个数据端口(数据寄存器)，不需要设计状态端口和命令端口。

下面以无条件传送方式输出为例，通过程序控制 LED 发光二极管的亮或灭，说明其工作原理，如图 5.3 所示。

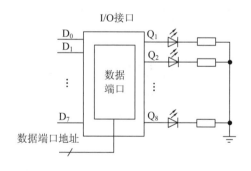

图 5.3 无条件传送方式输出接口图

在图 5.3 中，8 个 LED 发光二极管分别接在输出接口($Q_1 \sim Q_8$ 端)，由于 LED 发光二极管工作原理简单，可以采用无条件数据传送方式，所以该接口只有一个数据端口，不需要状态端口和控制端口。CPU 通过运行程序把控制 LED 亮或灭的输出数据通过数据总线送到数据端口，如果数据端口的地址被选中，则该数据就被写入该接口的数据端口，传送到 $Q_1 \sim Q_8$ 端。由于这 8 个 LED 发光二极管采用共阴极连接，所以，输出为高电平(1)时，对应的 LED 灯亮，输出为低电平(0)时，对应的 LED 灯灭。比如，CPU 通过数据总线写入数据端口的 8 位二进制数据是 11110000 时，则高四位 LED 灯亮，低四位 LED 灯灭。显然，由于 LED 灯总是处于正常可用状态，CPU 可随时向这个端口写入数据来控制相应 LED 灯亮或灭。

前面举例是输出设备的无条件传送方式，对于输入设备的无条件传送方式也一样，也只要一个数据端口，只是 CPU 是读入输入设备的数据，进行相应的处理。

无条件传送方式要求输入/输出设备的工作状态是处于随时可用的状态，CPU 不需要检查外设的工作状态，直接进行数据的输出或输入，因此，无条件传送控制方式的硬件设计和程序编写都比较简单。

2. 查询传送方式

查询传送方式也称为条件传送方式。大多数情况下，当 CPU 用程序和外设交换数据时，很难保证输入设备总是准备好了数据，或者输出设备随时处在可以接收数据的状态。为此，在查询传送方式下，CPU 在和外设开始交换数据前，必须先确认外设是否已经"准备好"，才能进行传送，否则就会出现数据交换错误。

采用查询传送方式进行数据交换，接口电路比无条件传送方式要复杂，这样的接口电路中至少要包含两个端口：数据端口和状态端口。状态端口用来检测外设是否准备好数据或者是否可以接收数据；数据端口用来读入数据或者写入数据。

采用这种方式交换数据前，CPU 先执行一条输入指令，从外设的状态端口读取它的当前状态。如果当前外设的状态是没有准备好数据或者处于"忙"的状态，则 CPU 要反复执行读取状态的指令，不断检测外设状态，一直到外设中的输入设备处于"准备好"的状态或者输出设备处于"空闲"状态时才可以数据交换。

对于输入设备而言，当外设准备好数据时，状态端口的"READY"信号有效，表示外设已经准备好了，CPU 可以从输入设备读取数据；对输出设备来说，当其处理完一次数据后，会使状态端口的"BUSY"信号失效，表示输出设备处于"空闲"状态，CPU 可以写入新的数据给输出设备。查询传送方式输出接口程序流程图如图 5.4 所示。

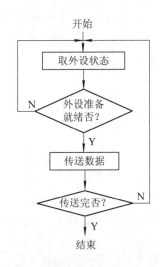

图 5.4　查询传送方式输出接口程序流程图

我们以输出设备打印机为例，说明查询传送方式输出接口的工作原理和工作过程。如

图 5.5 所示是输出设备打印机的输出接口原理图。在这个原理图中我们可以看到，I/O 接口中设计有数据端口和状态端口。

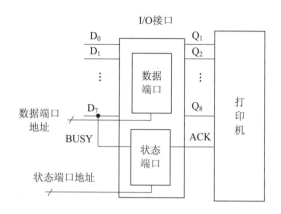

图 5.5　查询传送方式打印机输出接口原理图

　　为了说明接口工作原理，我们首先要了解打印机的工作原理。打印机开机时，打印机的状态信号 ACK 为低电平，ACK 通过状态端口连接到数据总线的 D7 位，对 CPU 来说就是对应的"BUSY"状态线，所谓 CPU 查询打印机的状态就是通过状态端口把 ACK 信号送到 D7 作为"BUSY"信号，因此"BUSY"信号和 ACK 信号是一致的，此时 CPU 查询打印机的状态信号也为低电平，表示设备空闲，说明打印机可以通过数据端口接收打印字符数据。

　　当打印机接收到 CPU 通过数据端口送来的打印字符数据，打印机的状态信号 ACK 就会变成高电平，这时 CPU 再查询状态端口的状态线"BUSY"时，就会检测到高电平，表示打印机正在打印字符，处于"忙"的状态，不能接收新的数据，由于打印机打印字符需要时间，在打印机打印字符的时间里，CPU 一直查询打印机的状态端口，不能做其他的事情。

　　一直到打印机把这个字符打印完毕，它的状态信号 ACK 变为低电平，这时 CPU 查询状态端口的状态线"BUSY"，就会检测到低电平，表示设备空闲，又可以接收下一个字符数据。周而复始，一直到把需要打印的所有字符打印完毕。

　　综上所述，如果 CPU 需要打印一组字符，首先要将这组输出字符的第一个字符数据准备好，然后发出 IN 指令读出打印机 I/O 接口中状态端口的状态信息。打印机的状态信号 ACK 通过状态端口连接到数据总线上的 D_7 位(BUSY)，如图 5.5 所示。CPU 通过指令查询 D_7 位，如果 D_7 位为高电平(BUSY = 1)，则表示设备"忙"，CPU 会不断循环查询状态端口的状态信息，直到输出设备"空闲"(BUSY = 0)，这时，CPU 执行 OUT 指令，把第一个字符数据传送到数据端口被打印机接收。打印机接收到字符数据后会自动开始打印对应字符，同时使 BUSY = 1，表示设备正忙，不能接收新数据。等到第一个字符数据打印完成，打印机又重新使 BUSY = 0，CPU 查询到 BUSY = 0，紧接着再发送第二个字符数据。就这样按照图 5.4 所示流程图周而复始，直到这组字符数据全部打印完成。

　　利用查询传送方式进行数据输入/输出时，在整个查询过程中，如果数据未准备好或设备"忙"，则 CPU 只能循环等待，无法进行其他工作，这种方式大大降低了 CPU 的效率。

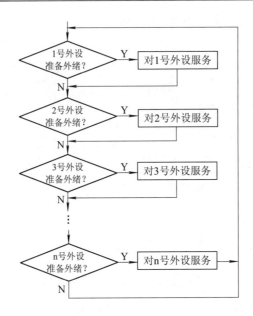

图 5.6　多外设查询传送方式流程图

实际上一个计算机系统还常常连接多个外设，采用查询传送方式，需要对每个外设进行依次查询，多个外设查询传送方式的流程图见图 5.6。

在多个外设的查询过程中，有时候某一外设刚好在查询之后就处于"准备好"状态，而 CPU 也必须查询完所有其他外设后，再次查询到这个外设时，才能发现它处于"准备好"状态，然后再对其进行处理。这种情况下，数据交换的实时性较差，对于实时性要求高的数据会造成数据丢失。因此，查询传送方式多用于简单、慢速、实时性要求不高的外设。

3. 中断传送方式

无条件传送方式和查询传送方式都有一定的局限性，只能在一定条件下使用。无条件传送方式虽然接口简单，但仅适用于慢速设备，而且要求输入/输出设备随时可以交换数据；查询传送方式中，CPU 要不断读取状态信息，检查输入设备是否"准备好"数据，输出设备是否"忙"。若外设没有准备就绪，CPU 就必须反复查询，进入循环等待状态，这使 CPU 的效率降低，不适合实时性要求高的外设。

因此，为了提高 CPU 的利用率和进行实时数据处理，CPU 常采用中断方式与外设交换数据。

中断是指 CPU 在执行主程序时，被内部或外部的事件打断，转去执行一段事先安排好的用于处理这一事件的中断服务程序，在中断服务程序结束后，又返回原来的断点继续执行原来的主程序的过程。采用中断的方式传送数据称为中断传送方式。

为了保证 CPU 的主程序不会因为运行中断服务程序而出现错误，中断服务程序要按照以下流程编写：保护现场→中断服务→恢复现场→中断返回。其中"保护现场"的作用就是在运行中断服务程序前，必须把主程序中的数据保护起来，使其不会因为运行中断服务程序而被破坏；"恢复现场"的作用是在运行中断服务程序后、准备"中断返回"前，把"保护现场"保护好的主程序数据恢复成原来的状态。

　　中断传送方式最大的优点是 CPU 可以运行主程序，由外设在需要时主动向 CPU 提出请求，请求 CPU 为其服务，无需像查询传送方式那样连续不断地查询外设。

　　在输入时，当输入设备准备好数据后，就向 CPU 提出中断请求，CPU 接到该请求后，暂停当前程序(在中断方式中称为主程序)的执行，转去执行相应的中断服务程序，用输入指令进行一次数据输入，然后再返回到原来被中断的程序中继续执行；在输出时，当输出设备已经完成一次操作，处于空闲状态时，就会向 CPU 发出中断请求，CPU 接到该请求后，暂停当前程序的执行，转到相应的中断服务程序，用输出指令向外设进行一次数据输出，输出操作完成之后，CPU 返回去执行原来被中断的程序。

　　在硬件设计上，所有的 CPU 都至少会有一个以上的中断请求引脚，用来接收外部中断请求，比如 8086 CPU 的这个引脚用 INTR 来标记，表明这个引脚可以接收外设的中断请求。

　　还是以打印机为例，把查询方式改为中断方式，其接口电路只需要把图 5.5 中的 ACK 直接作为"忙"(BUSY)信号接到 CPU 的 INTR 引脚上即可。

　　如图 5.7 所示，为了保持中断信号稳定，在 ACK 和 INTR 引脚之间增加了中断请求信号整形电路。

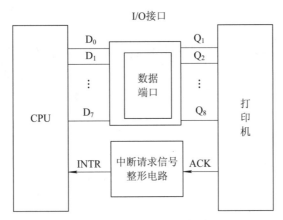

图 5.7　中断传送方式打印机接口电路图

采用中断传送方式的打印机工作过程如下：

(1) 首先，CPU 启动打印机设备工作，然后继续执行原来的主程序。

(2) 当打印机准备好或已经完成一个字符输出时，把输出设备置为"空闲"状态，ACK(BUSY) = 0。

(3) 由于 ACK(BUSY) = 0 这个信号直接接在 CPU 的 INTR 引脚上，相当于这时打印机向 CPU 提出中断请求，要求 CPU 为其服务。

(4) CPU 接到中断请求信号后，中断正在执行的主程序去响应中断请求，转入为打印机服务的中断服务程序，通过中断服务程序实现发送下一个字符数据，把这个字符数据通过 I/O 接口中的数据端口送到打印机打印。打印机收到打印字符数据同时把 ACK(BUSY) 变成高电平。

(5) CPU 执行完中断服务程序后，从中断服务程序返回主程序中原来被打断的地方(称为断点)继续执行原来的程序。

(6) 重复(2)~(5)，直到整个需要打印的文件输出结束后关闭打印机。

在前面介绍的打印机查询传送方式中，我们知道查询传送方式是 CPU 主动查询打印机的状态。由于打印机打印一个字符需要时间，在这个时间里，CPU 不能做其他的事情，只能不断地查询状态端口，一直到所有字符全部打印完毕才能做其他事情。而中断方式则是 CPU 运行主程序，打印机打印一个字符后，由打印机向 CPU 提出中断请求，暂时打断 CPU 正在运行的主程序，转而执行一段中断服务程序，向打印机传送下一字符数据，交给打印机打印，执行完中断服务程序后，CPU 从中断服务程序返回原来的主程序继续运行，直到打印机下一次提出中断申请。采用中断传送方式，打印机在打印字符的同时，CPU 可以运行主程序，实现了 CPU 和打印机并行工作。

利用中断服务程序进行数据传送，可实现外设和 CPU 并行工作，提高了 CPU 的工作效率。但实际上中断管理的硬件和软件实现过程十分复杂，在提高计算机工作效率的同时，硬件和软件的设计难度也增加了。比如说，如何保证 CPU 中断原来程序后能找到相应外设的中断服务程序的入口地址？如何保证执行完中断服务程序后能准确返回原来的地方？当多个设备都采用中断方式时，如果同时发生中断请求，如何设置外设的优先级？如果在中断服务程序运行时，某个设备再一次发生中断请求如何处理？如何保证每个设备都能找到其中断服务程序入口地址而不发生混乱？这些都是硬件和软件设计时需要重点考虑的问题。

采用中断传送方式传送数据还有一个缺点是每完成一次数据传送，CPU 都要执行一次中断服务程序。这样，CPU 每次都要保护和恢复断点，并且还要在中断时保护断点数据(称为保护现场)和返回时恢复断点数据(称为恢复现场)，以便于中断服务程序处理完成后能准确返回原来的主程序，让主程序正确运行。显然，这些操作与数据传送没有直接关系，但会占用 CPU 的一些时间，在大批量数据传送时，就会造成数据传输效率的降低。所以，中断传送方式多适用于小批量数据的输入/输出，大批量数据传输需要采取 DMA 传送方式。

4．DMA 传送方式

DMA(Direct Memory Access)传送方式，也称为直接存储器存取方式。

DMA 方式主要应用于某种特定类型的外设和内存进行数据传送，这种外设在一段时间内需要和内存交换大批量数据。

比如硬盘的数据读出或写入过程，实际上就是硬盘和主存交换数据的过程，如果采取前面几种方式进行数据交换，都需要通过 CPU 才能完成，而且都存在一些缺点：采取查询传送方式则实时性差，采用中断传送方式则数据传送效率低。

DMA 方式采取的是在主存和外设之间开辟一条专门的数据通道，这个数据通道在特殊的硬件电路——DMA 控制器的控制下，直接进行数据传送而不必通过 CPU，不需要使用 I/O 指令进行传送。

DMA 方式在主存和外设交换数据的过程中需要使用系统的数据总线、地址总线、控制总线，所以当外设和主存之间需要用 DMA 方式交换数据时，DMA 控制器首先向 CPU 发出总线请求信号 HRQ，要求 CPU 让出对总线的控制权。当 CPU 检测到总线请求信号 HRQ 后会发出总线响应信号 HLDA，这时 CPU 进入"保持"状态，暂停工作；同时 DMA 控制器取代 CPU，临时接管总线，控制外设和主存之间直接进行高速数据传送，在结束高速数据传送前再不需要 CPU 干预。

外设和主存的大批量数据传送，实际上是一个大的数据块从一个外设搬入(读)主存或者从主存搬入(写)外设的过程。在这个过程中，DMA 控制器给出访问主存所需要的首地址信息，并在每传送一次数据后自动修改地址指针，使其指向下一个地址，还要设置和修改所需传送的字节数，向存储器和外设发出相应的读/写控制信号。在整个数据传送完成后，DMA 控制器释放总线控制权，重新让 CPU 恢复对总线的控制权。

可见，采用 DMA 方式传送数据时，不再需要 CPU 管理，也不需要像中断方式一样保护断点和恢复断点的额外操作，一旦进入 DMA 方式传送数据，就可在 DMA 控制器的控制下快速完成一批数据的传送任务，减少了 CPU 的干预，加快了数据传送过程，数据传送的速度基本上只取决于外设和存储器本身的存取速度。

DMA 传送方式中最关键的部件是 DMA 控制器，DMA 控制器必须具备如下功能：

(1) 向 CPU 发出要求控制总线的 DMA 请求信号 HRQ。

(2) 当收到 CPU 发出的 HLDA 响应信号后接管总线，进入 DMA 传送方式。

(3) 发出地址信息对存储器寻址并修改地址指针，同时发出对存储器和外设相应的读/写信号。

(4) 设置传送的字节数并判断 DMA 传送是否结束。

(5) 接收外设的 DMA 请求信号和向外设发出 DMA 响应信号。

(6) 发出 DMA 结束信号，使 CPU 恢复正常对总线控制。

综上所述，DMA 传送方式实际上就是把外设与主存交换信息的操作和控制交给了 DMA 控制器，简化了 CPU 对数据交换的控制，实现这种方式的程序简单，数据传送速度很快，但这种电路结构复杂，需要专门的 DMA 控制器芯片，硬件成本高。

5.2 输入/输出设备

5.2.1 输入设备

生活中的数据、文字、图像、声音、视频等信息都可以通过不同类型的输入设备转换成计算机能识别的二进制数据，将其输入计算机主机进行存储和处理。常见的输入设备有键盘、鼠标、扫描仪、麦克风、数码影像输入设备等。

1. 键盘

键盘是应用最普遍的输入设备。它可以通过键盘上的各个按键，按某种编码规范向主机输入各种信息，如汉字、外文、数字、各种符号等。

键盘是把一组按键按一定方式排列组合而成的输入设备，是计算机系统中最早通过人工输入方式实现人机对话的工具，它由按键开关、编码器、盘架和接口电路等部分组成。工作时通过按下键盘上某个键而产生相应的键开关动作，使电路中产生触发电脉冲信号去控制编码器产生该键所代表的字符、数字等信息的编码，并将其翻译成计算机能够接收的二进制代码输入计算机。

键盘输入信息的过程分为以下 3 个步骤：

(1) 按下一个键；

(2) 查出按下的是哪个键；

(3) 将此键转换为相应的代码，比如 ASCII 码，送入计算机主机内存中。

使用者在使用键盘时，会按下相应的按键，计算机通过硬件或软件的方法来确认操作者按下的具体是键盘上哪个按键，并产生和这个按键相符合的信息。

2. 鼠标

鼠标，也称为鼠标器。鼠标器是一种手持式的定位设备，因其外形像一只小老鼠而得名。常用的鼠标器有两种：机械式鼠标和光电式鼠标。机械式鼠标已经基本被淘汰，目前使用最多的是光电式鼠标。

常用鼠标有左键、右键和中间的翻页滚轮。翻页滚轮上下滚动时，会使正在观看的文档或网页上下滚动。而当滚轮被按下时，则产生中键的作用。

注意：中键产生的动作，可由用户根据自己的需要进行定义。

光电鼠标的工作原理是：在光电鼠标内部有一个发光二极管，通过该发光二极管发出的光线，照亮光电鼠标底部表面(这就是为什么鼠标底部总会发光的原因)，然后将光电鼠标底部表面反射回的一部分光线，经过一组光学透镜，传输到一个光感应器件(微成像器)内成像。这样，当光电鼠标移动时，其移动轨迹便会被记录为一组高速拍摄的连贯图像。最后利用光电鼠标内部的一块专用图像分析芯片(DSP，数字信号处理器)对移动轨迹上摄取的一系列图像进行分析处理，通过对这些图像上特征点位置的变化进行分析，从而判断鼠标的移动方向和移动距离，最后完成光标的定位。

光电鼠标与机械式鼠标最大的不同之处在于其定位方式不同。

鼠标有一个非常重要的概念就是 dpi 对鼠标定位的影响。dpi 用于表征鼠标每移动一英寸所能检测出的点数。dpi 越小，用来定位的点数就越少，定位精度就低；dpi 越大，用来定位的点数就多，定位精度就高。

通常情况下，传统机械式鼠标的扫描精度都在 200 dpi 以下，而光电鼠标则能达到 400 dpi 甚至 800 dpi，这就是为什么光电鼠标在定位精度上能够轻松超过机械式鼠标的主要原因。

3. 扫描仪

扫描仪是一种光、机、电一体化的高科技产品，它是将各种形式的图像信息输入计算机的一个重要工具，是继键盘和鼠标之后的第三代计算机输入设备。扫描仪具有比键盘和鼠标更强的功能，从最原始的图片、照片、胶片到各类文稿资料都可用扫描仪输入计算机，进而实现对这些图像形式的信息的处理、管理、使用、存储、输出等，配合光学字符识别软件 OCR(Optic Character Recognize)还能将扫描的文稿转换成计算机的文本形式。

自然界的每一种物体都会吸收特定的光波，而没被吸收的光波就会反射出去，扫描仪就是利用这个原理来完成对稿件的读取。扫描仪的工作原理如下：扫描仪工作时发出的强光照射在稿件上，没有被吸收的光线被反射到光学感应器，光感应器接收到这些信号后，将这些信号传送到模数(A/D)转换器，模数转换器再将其转换成计算机能读取的信号，最后通过驱动程序转换成显示器上能看到的正确图像。待扫描的稿件通常可分为反射稿和透射稿，前者泛指一般的不透明文件，如报刊、杂志等，后者包括幻灯片(正片)或底片(负片)。如果经常需要扫描透射稿，就必须选择具有光罩(光板)功能的扫描仪。

扫描仪的主要性能指标包括分辨率、彩色深度、灰度级、扫描速度及动态范围等。

4. 数码影像设备

20 世纪 90 年代开始，由于数码摄影技术、数字视频处理技术和计算机技术的有机结合，使计算机的输入设备又多了新的一族，我们统称为数码影像输入设备，主要有数码相机和数码摄像机两种。

数码相机是一种可以与计算机配套使用的新型数码影像设备，由于数码相机所获得的数字化图像可以很方便地用计算机处理，所以伴随着多媒体计算机的迅速普及，数码相机也成为计算机的一种常见输入设备。

数码摄像机是一种记录声音和活动图像的数码视频设备，由于它不仅能记录活动图像，也可以记录声音，还可以拍摄静态图像，同时这些记录的数据可以直接输入计算机进行编辑处理，因此它成为多媒体计算机的一种重要输入设备。

5.2.2　输出设备

输出设备的作用是把计算机主机处理后的二进制数据转换成我们能识别的数据、文字、图像、声音、视频等。常见的输出设备有显示器、打印机、绘图仪、音响等。

1. 显示器

显示器是应用最广泛的计算机输出设备。显示器的种类繁多，发展变化很快，从广义上讲，街头随处可见的电子广告牌、电视机、手机等设备的显示屏都属于显示器的范畴。在生活中，由于我们使用最多的是个人计算机，所以我们说到显示器一般指与个人计算机主机相连的显示设备。

与个人计算机主机相连的显示器根据制造材料的不同，可分为阴极射线管显示器(CRT)、等离子显示器 PDP、液晶显示器 LCD、发光二极管 LED 显示器等。显示器的主要性能指标有可视面积、点距、分辨率、扫描频率等。

2. 打印机

打印机也是一种常见的计算机系统输出设备，它用于将计算机处理的结果打印在相关介质上。衡量打印机性能的指标有三项：打印分辨率，打印速度和噪声。

打印机的种类很多：按打印元件对打印纸是否有击打动作可分为击打式打印机与非击打式打印机；按打印字符结构可分为全形字打印机和点阵字符打印机；按一行字在纸上形成的方式可分为串式打印机与行式打印机；按所采用的技术可分为柱形、球形、喷墨式、热敏式、激光式、静电式、磁式等打印机。

目前市场上的主流产品是针式打印机、喷墨打印机、激光打印机。

3. 绘图仪

绘图仪是一种能按照人们要求自动绘制图形的设备，它可将计算机的输出信息以图形的形式输出，可绘制各种管理图表和统计图、大地测量图、建筑设计图、电路布线图、各种机械图与计算机辅助设计图等。

绘图仪在绘图软件的支持下可绘制复杂、精确的图形，是各种计算机辅助设计不可缺少的工具，绘图仪的性能指标主要有绘图笔数、图纸尺寸、分辨率、接口形式及绘图语言等。

　　绘图仪一般由驱动电机、插补器、控制电路、绘图台、笔架、机械传动等部分组成。绘图仪除了必要的硬件之外，还必须配备丰富的绘图软件，只有软件与硬件结合起来的绘图仪，才能实现自动绘图，绘图软件包括基本软件和应用软件两种。

　　绘图仪的种类很多，按结构和工作原理可以分为滚筒式和平台式两大类。用户可以根据不同需要选择不同种类的绘图仪。

思考与练习 5

一、单选题

1. I/O 设备与主机交换信息的常见数据传送方式不包括____方式。

A. 随机　　　　　　　　　　　　B. 查询

C. 中断　　　　　　　　　　　　D. DMA

2. 中断服务程序的流程可表示为____。

A. 中断服务→保护现场→中断返回→恢复现场

B. 保护现场→中断服务→中断返回→恢复现场

C. 中断服务→保护现场→恢复现场→中断返回

D. 保护现场→中断服务→恢复现场→中断返回

3. 键盘、鼠标属于___设备。

A. 输出　　　　　　　　　　　　B. 输入

C. 机-机通信　　　　　　　　　　D. 信息存储

4. 当内存和外设之间进行数据传送时，不需要 CPU 参与的控制方式是____。

A. 中断方式　　　　　　　　　　B. 查询方式

C. DMA　　　　　　　　　　　　D. 都需要

5. 在统一编址方式下，根据____区分 CPU 访问的是内存还是外设。

A. 不同的数据线　　　　　　　　B. 不同的地址线

C. 不同的地址码　　　　　　　　D. 不同的控制线

6. I/O 编址方式可分为统一编址和不统一(独立)编址，下列对这两种方法叙述正确的是____。

A. 不统一(独立)编址是指将 I/O 地址看作存储器地址的一部分，可用专门的 I/O 指令对设备进行访问

B. 统一编址是指将 I/O 地址看作存储器地址的一部分，可用专门的 I/O 指令对设备进行访问

C. 统一编址是指 I/O 地址和存储器地址是分开的，所以可用访存指令实现 CPU 对设备的访问

D. 不统一(独立)编址是指 I/O 地址和存储器地址是分开的，所以对 I/O 访问必须有专门的 I/O 指令

7. 以下设备中，不属于人机交互设备的是____。

A. 鼠标　　　　　　B. 硬盘　　　　　　C. 键盘　　　　　　D. 显示器

二、问答与计算题

1. 计算机系统中输入设备的作用是什么？输出设备的作用是什么？

2. 计算机的输入/输出设备是如何和计算机主机相连接的？

3. 什么是接口？输入/输出设备接口的作用是什么？

4. 什么是端口？端口和接口的关系是什么？

5. 什么是统一编址？什么是独立编址？

6. 输入/输出设备有几种数据传送方式？各有什么特点？

思考与练习 5
参考答案

第 6 章　指 令 系 统

6.1　机 器 指 令

我们把指挥计算机工作的指示和命令称为计算机指令，简称指令。计算机程序由一系列按照一定顺序排列的指令和数据组成。机器指令是 CPU 唯一能识别的指令，它由一连串二进制编码组成。

一种型号 CPU 能认识的全部机器指令的集合称为这种型号 CPU 的指令系统。

每种型号的 CPU 都只认识自己的机器指令，也就是说不同型号的 CPU 的指令系统是不同的。如 Intel 8086 和 Intel MCS-51 两种型号的 CPU，虽然都是 Intel 公司的产品，但它们的指令系统完全不同。一个简单 CPU 的指令系统约有 100 多条机器指令。

我们把用机器指令写成的程序称为机器语言程序，计算机所有的计算和处理最终都必须由机器指令组成的机器语言程序来完成。例如在第 1 章里的 8 加 12 的例题，用机器语言写出的程序为

　　　10110000　00001000　　；数值 8 送到寄存器 AC 中

　　　00000100　00001100　　；数值 12 和寄存器 AC 的内容相加送到 AC 中

这种用机器语言指令编写的程序代码称为"机器码"。"机器码"用二进制书写位数太多，为了书写方便，程序员在实际工作中常常把二进制转换成十六进制来书写机器指令代码。上面例子中的二进制机器码转换成十六进制书写为

　　　B0H　08H　　；数值 8 送到寄存器 AC 中

　　　04H　0CH　　；数值 12 和寄存器 AC 的内容相加送到 AC 中

对于程序员来说，如果直接使用机器语言编程是十分不方便的，因为机器指令记忆、阅读都比较困难，为此，对应某种型号的 CPU，制造 CPU 的厂家会把它的每一条机器指令都用规定的符号和格式来表示，称为助记符。助记符顾名思义就是帮助记忆的符号。

上例中的两条机器指令分别用助记符来写可写为

　　　MOV　AC，#8　　；数值 8 送到寄存器 AC 中

　　　ADD　AC，#12　　；数值 12 和寄存器 AC 的内容相加后送到 AC 中

这种用助记符写成的程序称为汇编语言程序，其中的指令称为汇编语言指令。很显然，这种用助记符写成的汇编语言程序比机器语言程序直观、容易理解和记忆。在计算机指令中，汇编语言指令和机器语言指令是一一对应的关系。也就是说每条汇编语言指令都对应一条机器语言指令，如：

　　　MOV　AC，#8　　对应的机器指令：10110000　00001000

　　ADD　AC，#12　对应的机器指令：00000100　　00001100

　　用汇编语言写成的程序称为汇编语言源程序，这种汇编语言源程序都必须汇编成机器语言程序后才能执行，这种汇编后的机器语言程序称为目标程序。

　　这里的汇编，通俗地讲就是翻译。把汇编语言源程序汇编成机器语言程序的过程，其实就是把汇编语言源程序翻译成机器语言程序的过程。这个汇编的工作由专门的"汇编程序"来自动完成。

　　所以，现在做底层编程的程序员也不需要用机器语言编写程序，他们使用汇编语言编程，然后用"汇编程序"把它们汇编成机器语言程序。

　　需要注意的是：不同型号的 CPU 其生产厂家规定的助记符是不同的。比如：把十进制数 8 传送到累加器 AC 中这条汇编语言指令，有些 CPU 型号规定的助记符是"LDA　#8"，其中 LD 取自 Load 这个英语单词，意思是装载，A 代表 AC 累加器，#8 表示参与指令的数据是十进制数 8。而另外一些 CPU 型号规定的助记符是"MOV　AC，#8"，其中 MOV 取自 Move 这个英语单词，意思是传送，AC 代表累加器，#8 表示参与指令的数据是十进制 8。

　　每选用一种不同型号的 CPU 来设计程序，程序员如果使用汇编语言编程，就必须重新熟悉这个 CPU 的汇编语言指令系统，也就是要熟悉它的助记符的规定。如果能熟练掌握一种汇编语言指令，其他型号 CPU 的汇编语言指令触类旁通也就很容易掌握了。

6.1.1　指令的一般格式

　　计算机程序中的指令可以用机器语言指令和汇编语言指令两种方式表示，由于计算机的硬件唯一认识的指令是机器语言指令，所以这里讲的指令本质上是指机器语言指令，但由于机器语言指令和汇编语言指令是一一对应的关系，有时候为了说明方便，我们也用汇编语言指令来对应说明。

　　计算机的机器语言指令是一串二进制代码，这一串二进制代码是有一定规律的，比如汇编语言指令"MOV　AC，#8"，它对应的机器指令为 10110000　00001000。这一串二进制数据的前 8 位二进制数 10110000 称为操作码，表示这是一条传送指令(MOV)，执行的是把某个数送入 AC 的操作；后面 8 位二进制数 00001000 称为操作数，转换成十进制数为 8，表示把 8 这个操作数送入 AC。这样执行完这条指令后就能实现把十进制数 8 传送到累加器 AC 中。

　　同样汇编语言指令"ADD　AC，#12"，它对应的机器指令为 00000100　00001100。前面 8 位二进制数据 00000100 为操作码，表示这是一条加法指令(ADD)，执行的是把某个数和 AC 中的数相加后存入 AC 的操作；后面 8 位二进制数 00001100 为操作数，转换成十进制数为 12，表示把 12 这个操作数和 AC 相加。这样执行这条指令后就能实现把十进制数 12 和累加器 AC 中的数据相加再传送到累加器 AC 中。

　　由此我们可以看出：指令一般是由操作码和操作数两个部分组成的，个别指令只有操作码，没有操作数，比如暂停指令(HLT)就只有操作码，没有操作数。

　　指令的一般格式分两种表示方法。一种表示方法把指令表示成由操作码和操作数两部分组成，其基本格式如下：

操作码字段	操作数字段

另一种表示方法把指令表示成由操作码和地址码两部分组成，其基本格式如下：

操作码字段	地址码字段

这两种表示方法的基本含义是一样的，下面分别加以说明。

指令格式的两种表示方法中第一部分都是相同的，称为"操作码字段"。指令格式中的"操作码字段"指出机器指令需完成的某种特定操作，如传送、加法、移位等。

两种表示方法中的区别在于第二部分，一个称为"操作数字段"，另一个称为"地址码字段"。

第一种指令格式中的"操作数字段"表明：参与完成这些指令操作的数据已经直接在机器指令中体现出来。如前面例子中的 8 和 12，这两个参与指令操作的数据分别在机器指令中直接体现出来了。

第二种指令格式中的"地址码字段"表明：参与操作的数据没有在机器指令中直接体现，这些操作数存放在主存或寄存器中，如果要寻找到这个操作数需要知道操作数的地址，指令格式中的"地址码字段"提供的就是参与指令操作的操作数的地址。

在 CPU 指令系统的设计中，会以各种寻找操作数地址的方式来形成操作数的地址，其中直接在指令中体现出操作数也是一种寻找操作数的方式，这样，计算机的指令系统就把第一种表示方法归属到第二种表示方法中，统一把指令格式写成第二种表示方法，即

操作码字段	地址码字段

大多数教材都直接采用第二种表示方法。

1. 操作码

操作码用来指出该指令所需要完成的相关操作。一个普通的 8 位 CPU 一般有 100 多条指令，指令完成什么操作，都是由该指令的操作码决定的，设计一个 CPU 最主要的工作就是设计该 CPU 的指令系统，也就是如何用不同的操作码(一串二进制代码)去控制不同的逻辑电路完成每条指令所对应的操作。比如加法指令(ADD)、减法指令(SUB)、传送指令(MOV)等都有相对应的操作码。

设计一个简单的 CPU 指令系统，我们可以采用把操作码的位数长度固定的方法，然后用不同操作码的数据组合代表 CPU 的操作种类，即 CPU 的指令条数。

比如设计一个 CPU 的指令系统，其指令的操作码长度固定占用 4 位二进制，4 位二进制共有 $2^4 = 16$ 种代码组合，表明该指令系统共有 $2^4 = 16$ 条指令。例如我们可以把操作码 0000 代表传送指令、0001 代表加法指令、0010 代表减法指令……一直到 1111，共 16 种指令，对应 16 种操作。如果一个 CPU 的指令系统其指令的操作码长度固定占用 8 位二进制，8 位二进制共有 $2^8 = 256$ 种代码组合，则表明该指令系统共有 $2^8 = 256$ 条指令。由此可见操作码的位数长度越长，机器的指令也就越多。

当然，我们也可以不固定操作码的长度，采用变化的操作码长度，这种设计灵活性更好，但指令系统的设计会困难很多，会增加指令译码、分析的难度，使计算机的控制器设计变得复杂。

例如，我们设计一个机器的指令系统，如果指令字长是 16 位，其中操作码字段 OP 的长度为 4 位，另外有 3 个地址字段，分别为字长 4 位的 A_1、A_2、A_3。如果采取把操作码

位数长度固定的方式，4 位基本操作码都采用三地址指令，则共有 $2^4 = 16$ 条三地址指令。

OP	A₁	A₂	A₃

但实际机器的指令系统中指令对地址码的要求是不一样的，有些指令需要 3 个地址，有些指令只需要两个地址，有些指令只需要一个地址或者不需要地址码(零地址)，这样就可以采取扩展操作码技术，这时我们可以不固定地址码，根据设计需要来确定各种地址码的指令数量，这样对应的依然是上面那种 16 位指令字长格式，却可以不止有 16 条指令。

操作码位数长度不固定的方式之一就是采用扩展操作码技术，如图 6.1 所示。

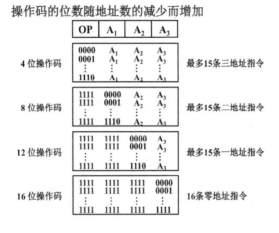

图 6.1　扩展操作码的一种安排示意图

从图 6.1 中可以发现，当某种指令只需要两个地址时，就有一个地址字段的 4 位可以作为操作码，如果某种指令只需要一个地址，则有两个地址共 8 位可以作为操作码，如果某种指令不需要地址码，则整个 16 位都可以作为操作码，这样操作码的位数长度增加，可以多出很多条指令。

图 6.1 所示的方案中，操作码字段 4 位本来可以产生 $2^4 = 16$ 条三地址指令，但我们只设计出 15 条三地址指令，对应操作码范围为 0000～1110。当操作码为 1111 时，4 位 A_1 可以作为扩展操作码，这时候就变成二地址指令，对应 4 位 A_1 的变化为 0000～1111，可以设计出 16 条二地址指令，但这里只设计出 15 条二地址指令；当扩展操作码 4 位 A_1 为 1111 时，4 位 A_2 可以作为扩展操作码，这时候就变成一地址指令，同理这样可以产生 16 条一地址指令，但依然只设计出 15 条一地址指令；当扩展操作码 4 位 A_2 为 1111 时，A_3 作为扩展操作码，这时候 A_3 的变化范围为 0000～1111，共计 16 条零地址指令。按照这个方案，同样是 16 位指令字长，我们设计出三地址指令 15 条、二地址指令 15 条、一地址指令 15 条、零地址指令 16 条，各种地址指令共计 61 条，远远超过固定操作码位数长度的方式。

图 6.1 所示只是一种扩展操作码的设计方案，根据这个原理，我们可以设计出很多种扩展操作码方案来满足不同 CPU 指令系统的需要。

例 6.1　假设指令长度为 16 位，操作数的地址码为 6 位，有零地址、一地址、二地址 3 种地址码格式。

(1) 设操作码位数长度固定，如果零地址指令有 P 种，一地址指令有 Q 种，则二地址指令有多少种？

(2) 如果采用扩展操作码技术，若二地址指令有 X 种，零地址指令有 Y 种，则一地址指令有多少种？

解　(1) 由于操作数地址码为 6 位，则二地址指令中操作码的位数为 $16-6-6=4$；如果操作码位数长度固定，则 4 位操作码可有 $2^4=16$ 条指令；除去零地址指令有 P 种，一地址指令有 Q 种，剩下的二地址指令最多有 $16-P-Q$ 种。

(2) 采用扩展操作码技术时，操作码的位数可变，则二地址时操作码为 4 位，一地址时操作码位数长度变成了 $4+6=10$ 位，零地址时操作码位数长度变成了 16 位。可见二地址指令操作码每减少一种，就可以多构成 2^6 种一地址指令操作码；一地址指令操作码每减少一种，就可以多构成 2^6 种零地址指令操作码。

因为二地址指令有 X 种，则一地址指令最多有 $(2^4-X)\times 2^6$ 种。设一地址指令有 M 种，则零地址指令最多有 $[(2^4-X)\times 2^6-M]\times 2^6$ 种。

题目中给出的零地址指令为 Y 种，即

$$Y=[(2^4-X)\times 2^6-M]\times 2^6$$

则

$$M=(2^4-X)\times 2^6-Y\times 2^{-6}$$

在设计操作码位数长度不固定的指令系统时，应尽量使指令使用频度高的指令占用短的操作码，使用频度低的指令占用长操作码，这样可以缩短常用指令的译码时间，提高程序运行速度。

2. 地址码

大多数指令的功能是需要相关数据参与才能实现的，比如加法指令需要被加数和加数，减法指令需要被减数和减数等，地址码的作用是给出参与指令操作的操作数的地址，通过地址码找到对应的操作数去实现指令的功能，并且提供指令执行结果的存放地址，有些指令设计还在地址码中指明下一条指令的地址。

这里的地址可以是主存的地址，也可以是寄存器的地址，还可以是 I/O 设备的端口地址等。

下面以主存地址为例，分析各种指令的地址码字段的设计方式。

1) 四地址指令

这种指令有 4 个地址字段，其格式如下：

OP	A_1	A_2	A_3	A_4

其中，OP 代表操作码，A_1 为第一操作数地址，A_2 为第二操作数地址，A_3 为操作结果地址，A_4 为下一条指令的地址。

该指令完成 $(A_1)OP(A_2)\rightarrow A_3$ 的操作。完成这条指令后，下一条指令的地址为 A_4。

这种四地址指令的优点是直观易懂，设计简单；缺点是 CPU 执行这种指令时共需要访问主存四次(取指令一次、取两个操作数两次、存放结果一次)，指令执行速度慢。

因为多数时候程序中指令是按照顺序执行的，而程序计数器 PC 既能存放当前欲执行指令的地址，又有自动加 1 的计数功能，因此它能自动形成下一条指令的地址。这样，指令字段中第四地址字段 A_4 就可以省去，即得三地址指令格式。

2) 三地址指令

三地址指令有 3 个地址字段，其格式如下：

OP	A_1	A_2	A_3

三地址指令完成$(A_1)OP(A_2)\rightarrow A_3$的操作，三地址指令中没有下一条指令地址 A_4，下一条指令的地址隐含在程序计数器 PC 中，执行这条指令后，PC 自动加 1 形成下一条指令地址，如果是转移类指令，PC 也会按照某种方式指向相应的指令地址。

这种三地址指令的优点是省去了一个地址字段，设计简单。同理 CPU 执行三地址指令也需要访问主存四次，指令执行速度慢。

3) 二地址指令

二地址指令只有 2 个地址字段，其格式如下：

OP	A_1	A_2

二地址指令完成$(A_1)OP(A_2)\rightarrow A_1$的操作，其中 A_1 字段既代表源操作数地址，操作完成后又代表本次操作结果地址，这样就省去了 A_3。有些机器设计表示成$(A_1)OP(A_2)\rightarrow A_2$，这时 A_2 字段既代表源操作数地址，又代表本次操作结果地址。二地址指令中没有下一条指令地址 A_4 字段，也没有 A_3 这个操作结果地址字段。

这种二地址指令在三地址指令基础上再省去了一个地址字段，地址字段更短。同理 CPU 执行二地址指令也需要访问主存四次，指令执行速度还是慢。

4) 一地址指令

一地址指令只需要一个地址字段，其格式如下：

OP	A_1

一地址指令的设计出发点是利用 CPU 中的寄存器，指令操作的结果不存放到主存中，而是存放到 CPU 的寄存器中(一般放在 AC 寄存器中，所以 AC 寄存器又称为累加器)。

一地址指令完成$(AC)OP(A_1)\rightarrow AC$的操作，在这种设计方式中，AC 寄存器既存放参与运算的操作数，又存放运算的中间结果，这样 CPU 完成一条一地址指令只需要访问两次内存，比前面几种情况减少了两次访问内存，大大提高了指令执行速度。

5) 零地址指令

零地址指令主要是一些控制类指令，它不需要运算，所以只有操作码，没有操作数。例如空操作指令(NOP)、停机指令(HLT)、子程序返回(RET)指令等。

通过前面的几种地址指令的介绍我们知道，如果利用一些硬件资源如程序计数器 PC、累加器 AC 等来存放指令中需要指明的地址码，则可缩短指令字长，减少访问内存次数，提高指令执行速度。但设计 CPU 时究竟采用哪种地址格式，必须从 CPU 的性能和应用等方面综合考虑，目前常见的 CPU 产品中很少采用四地址和三地址指令，大多数采用二地址指令、一地址指令和零地址指令这几种地址码方式，主要目的是缩短指令字长。

以上讨论的地址都是指主存地址，实际上也可在地址字段用地址码表示 CPU 中的寄存器。当一个 CPU 中有多个寄存器时，给每个寄存器一个编号，便可以指明源操作数和结果存放在哪个寄存器中。地址字段表示寄存器时，也可以有三地址、二地址、一地址之分，它们的共同特点就是指令执行阶段不需要访问主存储器，直接访问寄存器，所有运算都尽量在 CPU 中完成，这大大节约了指令执行时间，使机器运行速度得到提高。

在 CPU 中大量增加寄存器个数，可以减少 CPU 访问主存的次数，大大提高计算机的性能，但同时 CPU 的成本增加了，CPU 的价格也提高了。所以，CPU 生产厂家提供各种不同型号的 CPU，就是使计算机工程师可以根据计算机产品的需要去选用相应的 CPU，实现所设计的计算机产品具有较高的性价比。

6.1.2　指令字长

一条指令所包括的二进制数位的长度称为指令字长，如果一条指令包括了 16 位二进制数，则表示指令字长为 16 位。指令字长取决于操作码字段的长度、操作数地址码字段的长度和操作数地址的个数。不同型号 CPU 的指令字长是不相同的。

在讨论指令时，因为主要研究的是指令的组成和每个字段数据位的功能，所以，常常把指令称为指令字。

早期计算机的指令字长、机器字长、存储字长都是相同的，这样访问一个存储单元，就可以取到一条完整的指令或一个完整的数据。这种机器的指令字长是固定的，所以 CPU 控制方式比较简单，设计相对容易。

随着计算机技术的发展，要求处理的数据类型增多，计算机的指令字长也发生了很大的变化。一台机器的指令系统可以采取位数不同的指令，即指令字长是可变的，比如单字指令、多字指令等。这类指令的控制器电路比较复杂，而且多字长指令要多次访问存储器才能取到一条完整的指令，因此 CPU 设计难度更大。为了提高 CPU 性能，设计指令时，指令字长一般取 8 的整倍数，同时把常用指令尽量设计成单字长格式指令。

6.2　操作数类型和操作类型

6.2.1　操作数类型

机器中常见的操作数类型有数据类型和地址类型。

1. 数据类型

参与指令操作的数据一般分两种情况，一种是在指令中直接给出了参与操作的数据，这时操作数的类型就是数据类型。例如在第 1 章里的 8 加 12 的例子中，8 和 12 就是操作数，其类型就是数据类型。

至于 8 和 12 代表什么数据形式的数据由程序员统一约定，它可以是定点数、浮点数、字符数据、逻辑数据等。

2. 地址类型

指令格式中操作数部分不是直接指明参与运算的数据，而是指明参与运算的操作数的主存或寄存器的地址，这时操作数的类型我们称为地址类型。

6.2.2　操作类型

所谓操作类型，就是指令系统中指令的大致分类。比如，MOV 指令完成的是传送功能的操作，ADD 指令完成的是加法功能的操作，SUB 完成的是减法功能的操作等。其中，MOV 指令归属到数据传送类操作指令，ADD、SUB 归属到算术逻辑运算类操作指令。

不同 CPU 的指令系统，指令的操作类型不完全相同，但大多数 CPU 都会提供以下几类常用的操作指令。

1. 数据传送操作

数据传送类操作指令一般包括数据和寄存器之间、寄存器和寄存器之间、寄存器和主存之间、主存单元和主存单元之间的数据传送指令。例如"MOV　AC，#8"，就是一条典型的数据传送指令，执行指令后，十进制数 8 被送入寄存器 AC 中。

2. 算术逻辑运算操作

算术逻辑运算操作指令一般包括算术运算(加、减、乘、除、加 1、减 1 等)指令和逻辑运算(与、或、非、异或等)指令。有些功能强大的 CPU 指令系统还包括浮点运算指令。例如"ADD　AC，#12"，就是一条加法指令，执行指令后，十进制数 12 和寄存器 AC 中的数据相加，结果送入寄存器 AC 中。

3. 移位运算操作

移位运算操作指令包括算术移位指令、逻辑移位指令和循环移位指令。我们知道二进制的移位在不丢失有效位的情况下左移一位相当于乘以 2，右移一位相当于除以 2，而且移位指令执行的速度远大于乘法和除法指令，所以常用移位运算指令代替简单的乘法和除法指令。例如：SHR 是算术右移指令，SHL 是算术左移指令。

4. 转移操作

在大多数情况下，一个计算机程序中的指令是按顺序执行的，也就是计算机程序执行当前指令后，程序计数器 PC 中的地址会自动加 1，顺序形成下一条指令的地址。但程序碰到分支和循环结构时，就需要改变这种指令按顺序执行的情况，跳过若干条指令到另外一条指令地址去执行指令，这时候就需要用转移指令来完成。

转移指令分为无条件转移指令和条件转移指令，还包括子程序的调用和返回等。

1) 无条件转移

无条件转移指令是指不接受任何条件约束，在执行当前指令后，从本应该按顺序执行的指令地址转移到下一条需要执行的指令地址的指令。

例如汇编语言指令"JMP　X"，其功能是执行当前指令后，程序无条件地从本应该按顺序执行的指令地址转移至新地址 X 去执行指令；其中操作码助记符 JMP 是英语单词 Jump 的简写，表示跳转，地址码 X 为下一条指令的地址。

2) 条件转移

条件转移指令是根据当前指令执行的结果决定是否需要转移。如果条件满足，则转移到相应的地址去执行指令；若条件不满足，则继续按顺序执行指令。一般 CPU 都会提供一些条件标志，这些标志是某些指令执行后的结果，提供给条件转移指令作为是否转移的条件。

例如汇编语言指令"BAZ X",其功能是以累加器 AC 中的数据是否为 0 作为判断条件,在执行这条指令时,如果 AC 中的数据为 0,则 CPU 中的条件标志 $Z = 1$,满足条件,下一步程序将转移到指令地址为 X 处去执行指令;如果 AC 中的数据不为 0,则 CPU 中的条件标志 $Z = 0$,不满足条件,则不发生转移,程序仍然按顺序执行下一条指令。

3) 调用与返回

在编写程序时,有些具有特定功能的程序段会反复使用,为了避免重复编写,可将这些程序段设定为独立的子程序,当需要执行某子程序时,只需要调用指令即可。从指令执行的角度来说,调用子程序其实就是执行调用指令后,指令转移到子程序所在的地址(子程序入口地址)开始执行子程序中的新指令,子程序的最后一条指令一定是返回指令。返回指令也是一条转移指令,它结束子程序,返回主程序中调用指令的下一条指令处开始执行。

通常,调用指令(CALL)和返回指令(RETURN)配合使用。CALL 指令用于从当前的程序位置转移至子程序的入口地址,RETURN 用于执行子程序后重新返回源程序的断点。

5. 输入/输出操作

对于 I/O 端口独立编址的计算机系统而言,通常设有输入/输出指令,它完成从外设接口中的寄存器读入一个数据到 CPU 的寄存器,或将数据从 CPU 中的寄存器输出到某外设接口的寄存器中。例如,IN 指令是输入指令,OUT 指令是输出指令。

6. 其他操作

其他还有一些等待指令、停机指令、空操作指令、开中断指令、关中断指令等。功能更强大的 CPU 指令系统还有字符串处理指令、多媒体指令等。例如:HLT 是停机指令,NOP 是空操作指令。

6.3 寻 址 方 式

所谓寻址方式,是指寻找地址的方式。这里所说的地址包括程序中指令的地址和指令中操作数的地址。它和硬件设计密切相关,也就是说不同型号的 CPU 提供的寻址方式是不完全一样的。本小节主要介绍常见的几种寻址方式。

寻找指令的地址方式称为指令寻址方式,寻找指令中操作数地址的寻址方式称为数据寻址方式。由于指令寻址方式比较简单,所以在计算机专业书中如果不特别说明,寻址方式都是指数据寻址方式。

6.3.1 指令寻址

指令寻址比较简单,只有两种情况,分别为顺序寻址和跳跃寻址。

顺序寻址是指通过程序计数器 PC 自动加 1 后,形成下一条指令的地址,使得程序中的指令一条一条按顺序执行。

跳跃寻址是指碰到转移指令后程序会改变指令的顺序执行情况,转为执行无条件或满足条件对应的地址位置的指令。

例如:如果某段程序的第一条指令所在的地址(首地址)编号为 0,我们只要先将第一条指令的地址编号 0 送至程序计数器 PC，启动机器后，程序计数器 PC 每执行一条指令后会自动加 1，这样程序就会按照地址编号 0，1，2，…的顺序执行指令，这就是顺序寻址。如果指令中有转移指令，比如第 3 号地址是一条无条件转移指令，它把程序转移到第 7 号地址，这时程序执行第 3 号地址指令后就不会顺序执行第 4 号地址中的指令，而是执行第 7 号地址中的指令，这就是跳跃寻址。

6.3.2 数据寻址

对于一条指令来说，要解决两个问题，一个是要指出进行什么操作，这个由操作码来决定；另一个就是要指出参与指令操作的数据(操作数)在哪里，这就是操作数的寻址方式，简称数据寻址。

数据寻址的种类很多，一条指令会在指令字中的地址码字段中指明属于哪种寻址方式。指令字的地址码字段通常都不代表操作数的真实地址，我们把它称为形式地址，记作 A。操作数的真实地址称为有效地址，记作 EA，它是由寻址方式和形式地址共同确定的。寻址方式就是如何找到真实地址 EA 的方式。

为了指明寻址方式，我们把指令格式中的地址码字段细分为两部分：寻址特征和形式地址，如下：

操作码字段	寻址特征	形式地址 A

数据寻址的过程就是通过寻址特征和形式地址共同形成操作数的有效地址(真实地址)EA，从而找到参加指令操作的操作数，完成指令功能。

在分析研究各类寻址方式时，我们假设指令字长和存储字长、机器字长均相同，同时约定操作码用英文字母 OP 代替。

同时，为了说明和理解方便，各种数据寻址方式用汇编语言指令说明，这也为以后进一步学习汇编语言程序设计打下基础，毕竟绝大多数情况下，程序员不会使用机器语言编写程序。

需要强调的是，在学习寻址方式的过程中，重点不是记忆不同寻址方式的各种汇编语言指令的符号，而是学习每种寻址方式实现的方法和过程，因为不同公司、不同系列 CPU 规定的寻址方式助记符是不一样的。

本小节介绍的数据寻址方式只是各种型号 CPU 指令中常见的几种寻址方式，本书中使用的汇编语言指令也不是具体某个型号 CPU 的汇编语言指令，只是参考了 Intel MCS-51 系列 CPU 的汇编语言指令系统指令，同时为了读者学习和理解更加方便，对它进行了适当的修改，形成本书的教学用汇编语言指令。

我们在本小节描述数据寻址方式时，一般都采用二地址指令，其格式如下：

OP	A_1	A_2

二地址指令完成$(A_1)OP(A_2) \rightarrow A_1$的操作。

例如，加法指令"ADD AC，#12"就是二地址指令。ADD 为操作码(OP)，表示指令做加法操作。第一个地址 A_1 为 AC，第二个地址 A_2 为#12。这条指令有两个地址就有两种寻址方式。在这条加法指令中，第一个地址 AC 是属于寄存器寻址，第二个地址#12 属于立即寻址。指令执行后的结果为$(AC) = (AC) + (\#12)$。

1. 立即寻址

立即寻址的特点是操作数本身被设计在指令字中，即形式地址 A 不是操作数的地址，而是操作数本身，此时该操作数又称为立即数，如图 6.2 所示，图中寻址特征"#"是立即寻址的特征标志。

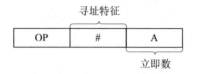

图 6.2　立即寻址示意图

我们以汇编语言的加法指令为例。在加法指令"ADD　AC，#12"中，操作数#12 是立即寻址方式，它表示参加加法指令运算的操作数就是十进制数 12。12 前面的符号"#"是立即寻址特征标志，表示这个操作数是立即寻址方式，所有立即寻址方式下的操作数都是"#"号后的数据。这条指令的功能就是将累加器 AC 中的数据加上 12 后的结果存入累加器 AC 中。

同理在"MOV　AC，#8"指令中，#8 也是立即寻址方式，8 前面的符号"#"是立即寻址的特征标志，表示这是立即寻址方式，这条指令的功能是把十进制数 8 传送到寄存器 AC 中。

立即寻址的优点在于只要取出指令，便可立即获得操作数，这种指令在执行阶段不必再访问主存储器。但显然，A 的位数限制了这类指令字中立即数的范围。

2. 直接寻址

直接寻址的特点是指令字中的形式地址就是操作数的有效地址 EA，即 EA＝A。图 6.3 所示即为直接寻址。

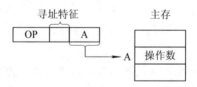

图 6.3　直接寻址示意图

在图 6.3 中寻址特征部分为空白。例如在"ADD　AC，12"指令中的操作数 12 前面没有任何寻址特征，这就是直接寻址方式，它和立即寻址方式#12 不同，直接寻址方式中的 12 是操作数的地址，去主存中找到地址为 12 的存储单元，取出这个存储单元中的数作为操作数参加指令的加法运算。

注意：直接寻址方式的操作数是在主存中，指令中出现的数据只是主存中存储单元的地址。

直接寻址的优点是寻找操作数比较简单，也不需要专门介绍操作数的地址，在指令执行阶段对内存只访问一次；它的缺点在于 A 的位数限制了操作数的寻址范围，而且必须修改 A 的值，才能修改操作数的地址。

3. 隐含寻址

隐含寻址是指在指令字中不明显地给出操作数的地址，其操作数的地址隐含在操作码或某个寄存器中。隐含寻址方式中寻址特征部分为空白。

例如，前面的加法指令写成一地址格式就是"ADD 12"，这种指令只给出一个操作数的地址，另外一个操作数被隐含了。指令中的 12 是直接寻址方式，但和前面二地址加法指令不同，另外一个操作数地址 AC 没有直接在指令中指明，其实这条指令的功能也是和累加器 AC 中的内容相加，但累加器 AC 没有写出来，这种方式就是隐含寻址方式。如图 6.4 所示即隐含寻址方式指令的执行过程。

由于隐含寻址方式在指令中少了一个地址，因此，这种寻址方式的指令有利于缩短指令字长。

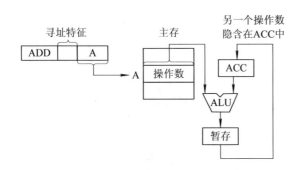

图 6.4 隐含寻址示意图

4. 间接寻址

间接寻址简称间址，如图 6.5 所示。间接寻址方式的寻址特征部分为@。倘若指令字中的形式地址不直接给出操作数的地址，而是指出操作数有效地址 EA 所在的存储单元地址，也就是说，有效地址 EA 是由形式地址间接提供的，即为间接寻址，亦即 EA = (A)。

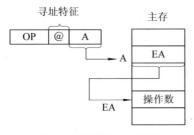

图 6.5 间接寻址示意图

图 6.5 所示为一次间接寻址方式，即 A 地址单元的内容为操作数的有效地址 EA。

例如加法指令"ADD AC，@12"中操作数@12 是间接寻址方式，12 前面的符号"@"是间接寻址特征标志，表示这个操作数是间接寻址方式，并且这个操作数的有效地址 EA 在地址为 12 的存储单元中。指令先从地址为 12 的存储单元中取一个数据，再以这个数据为有效地址 EA 找到实际参与加法运算的操作数。

注意：一次间接寻址方式的操作数有效地址 EA 在主存中，指令中出现的数据是主存的地址，根据这个地址找到主存中相应的存储单元，取到相应的数据，再以这个数据为有效地址 EA 在主存中找到对应的存储单元，取出实际参与运算的操作数。

同样还能推出二次间接寻址，即 A 地址单元的内容不是有效地址 EA，而是有效地址 EA 的地址。一般 CPU 的指令系统最多只是二次间接寻址。

　　间接寻址和直接寻址相比最大的优势是扩大了操作数的寻址范围,因为 A 的位数通常小于指令字长,而存储字长可以与指令字长相等。间接寻址的另外一个优点是它有利于编程的灵活性。

　　一次间接寻址的缺点在于指令取操作数需要访问两次主存,致使指令的执行时间延长。

5. 寄存器寻址

　　在寄存器寻址的指令中,寻址特征部分为空白。地址码字段直接给出寄存器的编号,即 $EA = R_i$,如图 6.6 所示,其操作数在由 R_i 所指的寄存器内。

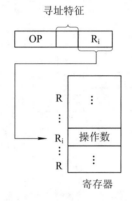

图 6.6　寄存器寻址示意图

　　由于操作数不在内存中,故寄存器寻址在指令执行阶段无需访问内存,减少了执行时间。由于地址字段只需指明寄存器编号,故指令字较短,节省了存储空间。

　　例如,在加法指令“ADD　AC,#12”中,操作数 AC 就是寄存器寻址方式,它表示参与加法指令运算的这个操作数是寄存器 AC(注意:寄存器 AC 又称为累加器)中的数据。

　　因此可知,“ADD　AC,#12”指令是二地址指令,指令中有两个操作数,所以有两个寻址方式;前面的操作数是寄存器寻址方式(AC),后面的操作数是立即寻址方式(#12)。

　　再比如,“ADD　AC,R_1”这条二地址指令中的两个操作数都是寄存器寻址,这条指令的功能是把累加器 AC 中的数据和寄存器 R_1 中的数据相加后存入累加器 AC 中。

6. 寄存器间接寻址

　　寄存器间接寻址特征部分为@,寄存器间接寻址的过程如图 6.7 所示。

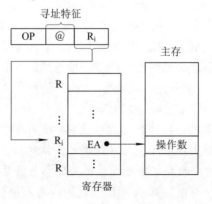

图 6.7　寄存器间接寻址示意图

图中 R_i 中的内容不是操作数,而是操作数所在主存单元的地址号,即有效地址 EA = (R_i)。与寄存器寻址方式相比,指令的执行阶段还是需要访问主存的。和图 6.5 所示的间接寻址相比,因为有效地址不是存放在存储单元中,而是存放在寄存器中,故称为寄存器间接寻址,它比间接寻址少访问一次内存。

例如,在加法指令"ADD AC,@R_1"中,操作数@ R_1 是寄存器间接寻址方式,R_1 前面的符号@是寄存器间接寻址特征标志,表示这个操作数是寄存器间接寻址方式,并且这个操作数的有效地址 EA 在寄存器 R_1 中,指令以寄存器 R_1 中的数据为有效地址 EA 寻找实际参与加法运算的操作数。

7. 基址寻址

在基址寻址的指令中,寻址特征部分为空白,但基址寻址需要设有基址寄存器 BR,其操作数的有效地址 EA 等于指令字中的形式地址与基址寄存器中的内容(称为基地址)相加,即 EA = A + (BR)。

基址寻址中基址寄存器可以是一个专门的寄存器 BR,也可以是通用寄存器 R_i。

基址寻址可以扩大操作数的寻址范围,因为基址寄存器的位数可以大于形式地址 A 的位数,所以可以实现对内存空间更大范围的寻址。图 6.8 所示为基址寻址的过程。

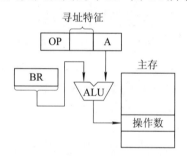

图 6.8 基址寻址示意图

如果假定基址寄存器为 BR,在加法指令"ADD AC,BR + 12"中,操作数 BR + 12 是基址寻址方式,基址寄存器 BR 表示这个操作数是基址寻址方式,并且这个操作数的有效地址 EA 是基址寄存器 BR 中的数据加上 12,指令以 BR + 12 的结果数据为地址寻找实际参与加法运算的操作数。

8. 堆栈寻址

堆栈寻址要求计算机中设有堆栈。堆栈既可以利用寄存器组来实现(硬堆栈),也可以用主存的一部分存储空间来实现(软堆栈)。堆栈的操作方式是"先进后出",也就是说最后进入堆栈的数据最先被取出,按照"先进后出"的原则依次取数,最先进入堆栈的数据最后被取出。

下面我们以主存的一部分空间作为堆栈(软堆栈)来说明堆栈寻址的基本要求和过程。

如图 6.9 所示,软堆栈需要一个特别的寄存器作为栈顶地址指示,这个寄存器称为堆栈指针 SP(Stock Pointer)。操作数只能从栈顶地址指示的存储单元存数或取数。

在 CPU 指令系统中,有两条专门用于堆栈寻址的指令:进栈指令 PUSH 和出栈指令 POP。

堆栈指针 SP 始终指向栈顶地址,所以每执行一条进栈指令 PUSH 或一条出栈指令

POP，SP 的内容都会发生变化。在图 6.9 中(a)和(b)分别显示了"PUSH　A"指令进栈的过程和"POP　A"指令出栈的过程。在图 6.9 中规定堆栈的栈底地址大于栈顶地址。

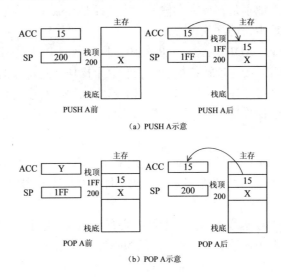

（a）PUSH A示意

（b）POP A示意

图 6.9 堆栈寻址示意图

下面分别说明两条指令的执行过程。

1) 进栈指令"PUSH　A"

"PUSH　A"这条指令的功能是把累加器 A(图中 ACC)的内容送入(压入)堆栈。

如图 6.9(a)所示，执行指令前，ACC 中的数据是 15，堆栈指针 SP 的内容是 200H，表示目前堆栈的栈顶地址是 200H。

执行这条指令的过程是：首先把 SP 的内容减 1，图中是做十六进制减法，指向新的栈顶地址 SP = 200H − 1 = 1FFH；然后把 ACC 中的数据送入(压入)堆栈，也就是把 ACC 中的数据送入地址为 1FFH 的存储单元中。

当执行"PUSH　A"指令后，SP 的值为 1FFH，对应主存地址 1FFH 的值为 15，ACC 中的值不变，仍然是 15。

2) 出栈指令"POP　A"

这条指令的功能是把堆栈中栈顶地址的数据送入(弹出)累加器 A(图中 ACC)中。

如图 6.9(b)所示，执行指令前，ACC 中的数据是 Y，堆栈指针 SP 的内容是 1FFH，表示目前堆栈的栈顶地址是 1FFH，栈顶地址单元中的数据是 15。

执行这条指令的过程是：首先把栈顶地址单元中的数据 15 送入(弹出)累加器 A(图中 ACC)中，也就是把存储单元地址为 1FFH 的数据 15 送到 ACC 中；然后把 SP 的内容加 1，图中是做十六进制减法，指向新的栈顶地址 SP = 1FFH + 1 = 200H。

当执行"POP　A"指令后，SP 的值为 200H，ACC 中的值变成原来栈顶存储单元中的值 15。

除上述常见的寻址方式外，还有变址寻址、相对寻址等，限于篇幅就不一一介绍。

下面通过一个具体实例帮助大家更好地理解寻址方式。

例 6.2　已知基址寄存器 BR 中的数据(BR) = 5，累加器 AC 中的数据(AC) = 15，R_0

寄存器中的数据$(R_0) = 16$；主存单元中的数据如图 6.10 所示，每一个方格代表一个主存单元，方格内表示主存单元存储的数据，方格旁边是主存的地址编号，地址和方格中的数据都采用十进制。现有 6 条加法指令如下：

(1) ADD AC，#14；

(2) ADD AC，14；

(3) ADD AC，@14；

(4) ADD AC，R_0；

(5) ADD AC，$@R_0$；

(6) ADD AC，BR + 12。

请问执行这 6 条加法指令后累加器 AC 中的结果是什么？

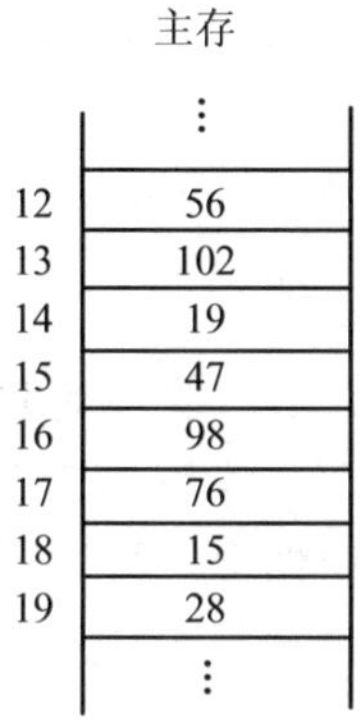

主存

地址	数据
	⋮
12	56
13	102
14	19
15	47
16	98
17	76
18	15
19	28
	⋮

图 6.10   主存数据图

解 (1) ADD AC，#14：

#14 为立即寻址方式，所以参与加法运算的操作数为"#"后面的 14。

指令执行前累加器 AC 中的数据$(AC) = 15$；指令执行后累加器 AC 中的结果为

$$(AC) = (AC) + 14 = 15 + 14 = 29$$

(2) ADD AC，14：

14 为直接寻址方式，如图 6.10 所示，主存 14 号地址编号的存储单元中的数据为 19，所以参与加法运算的操作数为 19。

指令执行前累加器 AC 中的数据$(AC) = 15$；指令执行后累加器 AC 中的结果为

$$(AC) = (AC) + 19 = 15 + 19 = 34$$

(3) ADD AC，@14：

@14 为间接寻址方式，如图 6.10 所示，主存 14 号地址编号的存储单元中的数据为 19，再以 19 作为主存地址编号找到对应的存储单元中的数据为 28，所以参与加法运算的操作数为 28。

指令执行前累加器 AC 中的数据$(AC) = 15$；指令执行后累加器 AC 中的结果为

$$(AC) = (AC) + 28 = 15 + 28 = 43$$

(4) ADD AC，R_0：

R_0 为寄存器寻址方式，R_0 寄存器中的数据$(R_0) = 16$，所以参与加法运算的操作数为 16；

指令执行前累加器 AC 中的数据(AC) = 15；指令执行后累加器 AC 中的结果为

$$(AC) = (AC) + (R_0) = 15 + 16 = 31$$

(5) ADD　AC，@R_0：

@R_0 为寄存器间接寻址方式，R_0 寄存器中的数据(R_0) = 16，如图 6.10 所示，主存 16 号地址编号的存储单元中的数据为 98，所以参与加法运算的操作数为 98。

指令执行前累加器 AC 中的数据(AC) = 15；指令执行后累加器 AC 中的结果为

$$(AC) = (AC) + 98 = 15 + 98 = 113$$

(6) ADD　AC，BR + 12：

BR + 12 是基址寻址方式，基址寄存器 BR 的数据(BR) = 5，则(BR) + 12 = 17。

如图 6.10 所示，主存 17 号地址编号的存储单元中的数据为 76，所以参与加法运算的操作数为 76。

指令执行前累加器 AC 中的数据(AC) = 15；指令执行后累加器 AC 中的结果为

$$(AC) = (AC) + 76 = 15 + 76 = 91$$

由此看出，虽然都是加法指令 ADD，但不同的寻址方式使得执行指令后的结果完全不同。因此在学习汇编语言程序设计时，学好数据寻址方式十分重要。

一种型号 CPU 的寻址方式的多样性会给程序员带来编程的灵活性，但如果设计的寻址方式太复杂，则增加了程序员学习的难度，也增加了 CPU 硬件设计的难度。

6.4　RISC 技术

RISC 即精简指令系统计算机(Reduce Instruction Set Computer，RISC)，与其对应的是 CISC 技术，即复杂指令系统计算机(Complex Instruction Set Computer，CISC)。

6.4.1　RISC 技术的产生和发展

计算机发展到今天，机器的功能越来越强大，硬件结构也越来越复杂。我们看到不断有新型号的计算机出现，其根本原因是 CPU 的不断升级换代。以个人计算机为例，它的发展几乎就是 Intel 公司生产的 CPU 的不断升级的过程。Intel 公司制造的个人计算机 CPU 从 8088(8086)到 80286、80386、80486……一直发展到今天的"酷睿"多核系列。每次在新的 CPU 出现时，人们都希望原来的软件依然能被继承和兼容，这就意味着新的高性能 CPU 的指令系统和寻址方式一定要兼容原来旧机种所有的指令和寻址方式，于是出现了同类型的系列机，比如个人计算机的 80x86 系列 CPU。

在系列机的发展过程中，由于考虑到指令系统的兼容，使得同一系列的计算机 CPU 指令系统越来越复杂，某些机器的指令系统竟包含几百条指令、十多种寻址方式，这类机器就称为复杂指令系统计算机，简称 CISC。

复杂指令系统计算机由于指令系统过于复杂，CPU 的设计周期很长，研发资金耗费巨大。例如，Intel 公司的 32 位 CPU 80386 研发资金达到 1.5 亿美金，开发周期长达三年。

为了解决这些问题，20 世纪 70 年代中期，人们就开始进一步分析研究 CISC，结果发现在软件开发过程中，程序员所使用的指令存在一个规律，即典型程序中 80 %的语句仅使用了 CPU 指令系统 20 %的指令，而且这些指令都属于简单指令，如取数、加、转移等；也就是说，付出巨大代价研发和增加的复杂指令只有 20 %的使用率。人们从这个规律中得到启示：能否仅用最常用的 20 %的简单指令，重新组合出不常用的 80 %的指令功能呢？也就是说只设计 20 %的指令，其他 80 %的指令由 20 %的指令组合完成，这样指令系统的设计就变得简单了，由此引出了 RISC 技术。

1975 年，IBM 公司的 John Cocker 提出了精简指令系统的设想，RISC 技术由于设计的指令条数有限，相对而言，它只需要较小的芯片空间便可以制作逻辑控制电路，从而可将更多的芯片空间做成寄存器，并且用它们作为暂时存储数据的快速存储区，从而减少了 RISC 机器访问内存的次数，大大提高了机器的运行速度。最早出现的 RISC I 机器，仅有 31 条指令和两种寻址方式，访问存储器的指令只有取数(LOAD)和存数(STORE)两条指令，但它设计有 128 个寄存器。这个指令系统看起来很简单的机器，其功能却远远超过同类的 CISC 机器，其速度比同期的机器也快了近一倍。

6.4.2 RISC 的主要特征

由上面的分析得知，RISC 技术是用 20 %的简单指令的组合来实现不常用的 80 %的那些指令功能，但这不意味着 RISC 技术就是简单的精简指令系统。在提高性能方面，RISC 技术还采取了许多有效措施，最有效的方法是减少指令的执行周期数。

计算机执行程序所需的时间 P 可以用下面等式来表示：

$$P = I \times C \times T$$

其中：I 是高级语言程序编译后在机器上运行的机器指令数；C 为执行每条机器指令所需的平均机器周期数；T 是每个机器周期的执行时间。

由于 RISC 机器的指令系统指令少且比较简单，所以需要用简单指令编写的子程序来代替 CISC 机器中比较复杂的指令的功能，因此采用 RISC 技术的计算机在高级语言程序编译后产生的机器指令数 I 比采用 CISC 技术的计算机多 20 %～40 %，但 RISC 机器的大多数指令仅用一个机器周期就能完成，其 C 值比 CISC 机器的 C 值小得多，而且 RISC 机器结构简单，完成一个操作所经过的数据通路较短，这使得 T 值也大大下降。因此总的折算结果，RISC 机器的性能仍优于 CISC 机器 2 至 5 倍。

1. RISC 的主要特点

(1) 选取高频度的简单指令以及一些很有用但又不复杂的指令，让复杂指令的功能由频度高的简单指令组合来实现。

(2) 指令长度固定，指令格式少，寻址方式种类少。

(3) 只有取数(LOAD)和存数(STORE)指令访问内存，其余指令的操作都在 CPU 的寄存器中完成。

(4) CPU 有多个通用寄存器。

(5) 采用流水线技术，大部分指令在一个时钟周期内完成。采用超标量和超流水线技术，可以使每条指令的平均执行时间小于一个时钟周期。

(6) 控制器采用组合逻辑控制，不用微程序控制。

(7) 采用优化的编译程序。

2. RISC 和 CISC 的比较

与 CISC 机器相比较，RISC 机器的主要优点可归纳如下：

(1) 充分利用 VLSI 芯片的面积。

CISC 机器的控制器部分在 CPU 中所占面积为 50% 以上，而 RISC 机器控制器只占 CPU 芯片面积的 10% 左右，它可以把节约的面积用作其他用途，例如用于增加大量的通用寄存器。

(2) 提高计算机的运算速度。

RISC 机器的指令数和寻址方式都很少，指令的编码很有规律，因此 RISC 的指令译码比 CISC 的指令译码快。RISC 机器内部寄存器多，减少了访问存储器的次数，加快了机器运行速度。RISC 的指令大多数是在一个时钟周期内完成，指令的执行速度快。

(3) 便于设计，降低成本，提高可靠性。

相比 CISC 机器，RISC 机器的指令系统简单，所以设计周期短，开发成本低；同时因为逻辑简单，出错的可能性小，有错容易发现，可靠性高。

(4) 有效支持高级语言程序。

RISC 机器靠优化编译来更有效地支持高级语言程序。由于 RISC 指令少，寻址方式少，使得编译程序容易选择更有效的指令和寻址方式，而且由于 RISC 的通用寄存器多，可尽量安排寄存器的操作，提高编译程序的代码优化效率。

目前，随着技术的不断发展，RISC 和 CISC 设计思想不断相互融合、相互借鉴，现在的 CPU 指令系统很难纯粹地说是 RISC 技术还是 CISC 技术。最近几年，由于集成电路技术的不断发展，芯片的集成度越来越高，CISC 也增加了通用寄存器数量以及更加强调指令流水线设计，所以两者很难明确区分。

思考与练习 6

一、单选题

1. 下列说法正确的是____。

A. 操作码的长度可以是固定的，也可以是变化的

B. 操作码的长度是固定的

C. 操作码的长度是变化的

D. 无正确答案

2. 下列和指令字长无关的是____。

A. 操作数地址的长度　　　　　　B. 操作码的长度

C. 数据总线宽度　　　　　　　　D. 操作数地址的个数

3. 假设指令字长为 16 位，操作数的地址码为 6 位，指令有零地址、一地址、二地址 3 种格式。设操作码固定，若零地址指令有 3 种，一地址指令有 5 种，则二地址指令最多有____种。

A. 7　　　　　　　　B. 8　　　　　　　　C. 9　　　　　　　　D. 4

4. 假设指令字长为 16 位，操作数的地址码为 6 位，指令有零地址、一地址、二地址 3 种格式。采用扩展操作码技术，若二地址指令有 8 种，零地址指令有 64 种，则一地址指令最多有____种。

A. 255　　　　　　　B. 512　　　　　　　C. 342　　　　　　　D. 511

5. 设机器字长为 16 位，存储器按照字编址，对于单字指令而言，读取该指令后 PC 自动加____。

A. 2　　　　　　　　B. 1　　　　　　　　C. 3　　　　　　　　D. 4

6. 数据传送指令的功能一般不包括____。

A. 主存单元与主存单元之间传送数据　　　B. 寄存器与寄存器之间传送数据
C. 寄存器与主存单元之间传送数据　　　　D. 寄存器与外设之间传送数据

7. 以下不属于立即寻址特点的是____。

A. 指令中的形式地址就是操作数的真实地址

B. 从主存中取出指令即同时取到操作数

C. 操作数的范围受指令长度限制

D. 该类型指令在执行阶段不需要访问内存

8. 所谓寻址方式是指确定本条指令的数据地址以及下一条将要执行的指令地址的方法，一般分为____。

A. 指令寻址和间接寻址　　　　　　　　　B. 直接寻址和间接寻址
C. 指令寻址和数据寻址　　　　　　　　　D. 数据寻址和间接寻址

9. RISC 是____的简称。

A. 算术指令系统计算机　　　　　　　　　B. 复杂指令系统计算机
C. 精简指令系统计算机　　　　　　　　　D. 变长指令系统计算机

10. 指令的一般格式包括____。

A. 操作码字段和地址码字段　　　　　　　B. 操作码字段和校正码字段
C. 地址码字段和校正码字段　　　　　　　D. 地址码字段和起始码字段

二、多选题

1. 在设计指令系统时应该考虑的因素包括____。

A. 指令格式　　　　B. 寻址方式　　　　C. 操作类型　　　　D. 数据类型
E. 数据总线宽度

2. 以下指令中，属于转移指令的是____。

A. 无条件转移指令　　　　　　　　　　　B. 条件转移指令
C. 调用与返回指令　　　　　　　　　　　D. 输入输出指令

三、问答与计算题

1. 什么是指令？什么是 CPU 的指令系统？不同型号系列的 CPU 的指令系统相同吗？

2. 指令的基本格式是由哪两部分组成的？每个部分的作用是什么？

3. 什么是指令字长？什么是机器字长？什么是存储字长？

4. 各种指令地址码字段的设计方式有哪些？目前常用的有哪些？

5. CPU 指令系统中常见的操作类型有哪些？

6. 假设指令长度为 16 位，操作数的地址码为 5 位，有零地址、一地址、二地址 3 种地址码格式。

(1) 设操作码位数长度固定，如果二地址指令有 20 种，一地址指令有 16 种，则零地址指令有多少种？

(2) 如果采用扩展操作码技术，若二地址指令有 60 种，零地址指令有 64 种，则一地址指令有多少种？

7. 如果 CPU 有 4 个寄存器，分别为 AX、BX、CX、DX，其中每个寄存器中的数据值分别为 AX = 13H，BX = 14H，CX = 15H，DX = 16H。请问连续执行 PUSH　AX、PUSH BX、POP　CX、POP　DX 这四条指令后，AX、BX、CX、DX 中的值是多少？假定栈底地址大于栈顶地址，其中 SP = 200H，请画出堆栈寻址的过程。

8. 已知基址寄存器 BR 中的数据(BR) = 3；累加器 AC 中的数据(AC) = 25；R_1 寄存器中的数据(R_1) = 25；主存单元中的数据如图所示，每一个方格代表一个主存单元，方格内表示主存单元存储的数据，方格旁边是主存的地址编号，地址和方格中的数据都采用十进制。现有 6 条加法指令如下：

主存	
	⋮
21	52
22	26
23	37
24	105
25	98
26	36
27	75
	⋮

(1) ADD　AC，#22；　(2) ADD　AC，22；

(3) ADD　AC，@22；　(4) ADD　AC，R_1；

(5) ADD　AC，@R_1；　(6) ADD　AC，BR + 22。

请问这 6 条加法指令执行后的累加器 AC 中的结果是什么？

9. 什么是 RISC 技术？RISC 技术的主要特点是什么？

第 8 题图

思考与练习 6
参考答案

第 7 章　CPU 系 统

本章从分析 CPU 的功能和内部结构入手，详细讨论计算机完成一条指令的全过程，以及为了进一步提高 CPU 数据处理能力所采取的流水线技术，同时也归纳和总结了中断技术在提高整机系统效能方面的作用。通过本章的学习，可以更加清楚地了解 CPU 在计算机中的地位和作用，对中断的理解也更加深入。

7.1　CPU 的结构与功能

7.1.1　CPU 的结构

虽然从整体结构来讲，CPU 是由运算器和控制器两部分组成的，但不同型号的 CPU 性能各不相同，价格也从几元到几千元人民币不等，产生差异的原因是不同型号的 CPU 运算器和控制器的设计不一样，使用的技术也不一样，性能差异很大。

不同价格、不同性能 CPU 的应用场合是不一样的，比如简单运算、低速控制、单机运行等场合，可以使用结构简单、价格便宜、速度较慢的 CPU，使得整个计算机系统获得较好的性价比。如果要求工作在复杂运算、高速控制、联网运行等场合，需要使用结构复杂、运算速度快、具有网络通信连接等功能的 CPU，这样的 CPU 技术更复杂，价格也就更高。

本小节我们从最基本、最简单的 CPU 结构开始，介绍它的基本工作原理，不管多复杂的CPU，它的基本工作原理都是一样的。

一个最基本的CPU的内部结构如图7.1所示，不论是功能强大的 CPU 还是结构简单的 CPU 都必须包含图中的几个基本部件，否则就不能称之为 CPU。下面结合图7.1 依次对图中各个部件进行介绍。

1. 算术逻辑运算部件(ALU)

CPU 由运算器和控制器组成，其中运算器最主要的部件就是算术逻辑运算部件ALU，所以常用 ALU 指代运算器。

ALU 可以进行算术和逻辑运算。图 7.1

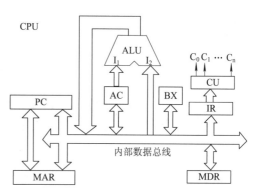

图 7.1　基本型 CPU 内部结构图

中 ALU 有两个输入端 I_1 和 I_2，一个输出端 OUT。两个输入端 I_1 和 I_2 分别输入参加算术运算和逻辑运算的数据，输出端 OUT 输出运算后的结果。

2. 程序计数器(PC)

程序计数器(PC)是 CPU 中最重要的部件之一，它是程序指令能够被不断自动执行的关键。程序计数器(PC)在每执行一条指令后，能自动加 1 指向下一条指令。

计算机开机后，CPU 会进行上电复位，CPU 上电复位的一个重要工作就是给程序计数器 PC 一个初值(大多数型号 CPU 复位后程序计数器 PC 的初值为 0)，所以，计算机中的第一条指令必须放在程序计数器 PC 初值对应的主存储器地址中，这样计算机开机后才能找到程序员编写好的计算机启动程序，并按照程序员编好的程序进行启动计算机的各项工作。

在不同公司的不同型号 CPU 中，程序计数器 PC 的名称不一样，比如，在 Intel 公司的 8086 CPU 中，称作 IP(Instruction Pointer，缩写 IP)指令指针，但是作用是一样的。

3. 寄存器组

不同型号 CPU 的寄存器数量是不一样的，CPU 的寄存器数量越多，每个寄存器能保存的二进制位数越长，CPU 的性能就越好，但价格也就越高。

计算机的机器字长和 CPU 寄存器中的二进制位数是相关的，如果 CPU 的每个通用寄存器能保存 16 位二进制数，则计算机的机器字长就是 16 位，我们称之为 16 位机。

在图 7.1 中，作为最基本型的 CPU 只有两个通用寄存器，一个是 AC，一个是 BX。所谓通用寄存器，是指能参与 ALU 运算的寄存器。如图 7.1 所示，AC 寄存器固定连接在 ALU 的一个输入端 I_1，这样参与算术或逻辑运算的一个数据必须放在 AC 寄存器中，另外，在完成算术逻辑运算后，运算结果一般也是通过内部数据总线存放在寄存器 AC 中，AC 寄存器是 CPU 的指令中使用最频繁的寄存器，所以 AC 寄存器有一个专门的名称：累加器(Accumulator)。

在图 7.1 中还有两个和主存储器打交道的专用寄存器 MAR 和 MDR。

MAR 称为主存地址寄存器，它的作用是存放 CPU 提供的主存地址，以便于 CPU 寻找主存储器中对应的存储单元。

MDR 称为主存数据寄存器，它的作用是存放 CPU 从主存对应地址中读出的指令或数据，或者存放 CPU 即将写入主存对应地址中的数据。

另外，指令寄存器 IR 也属于专用寄存器，当 CPU 从主存中读出的是指令时，就会将指令从 MDR 送到指令寄存器 IR 中，再在控制单元中进行译码产生相关的控制操作。

4. 控制部件 CU

CPU 控制器的核心部件是 CU，CU 是 CPU 中最复杂的部件。

CU 的功能是接收指令寄存器 IR 送来的指令，然后对指令的操作码部分进行译码，找出接收的指令属于什么指令，最后产生完成这条指令功能的一系列微操作 C_0，C_1，$\cdots$，C_n。

5. 片内数据总线

要把 CPU 这些通用、专用寄存器、程序计数器 PC 以及 ALU 连接在一起，需要在 CPU 中设计一条内部数据总线。在图 7.1 中的内部数据总线就是起到把这些部件连接起来进行数据传送的作用。

注意在图 7.1 中，数据传送的箭头有单向也有双向，它们分别表示数据传送方向是单向还是双向。

7.1.2 CPU 的功能

CPU 是由运算器和控制器两部分组成的。在本书的第 2 章已经讨论了计算机的各种运算及相应的硬件配置，本章重点介绍控制器的功能。

对于冯·诺依曼结构的计算机而言，程序的指令和相关的数据通过输入设备输入主存储器，一旦程序进入主存储器后，计算机就会在 CPU 控制器的控制下自动完成取指令和执行指令的任务，同时还会自动形成下一条指令的地址，再取下一条指令，再执行……周而复始，直到完成程序的最后一条指令。

控制器的基本功能就是完成取指令、分析指令和执行指令，同时形成下一条指令的地址。

1. 取指令

执行指令的第一步就是从主存储器中取指令，控制器必须具备自动地从主存储器中取指令的功能。要取指令就必须知道指令的地址，为此，控制器必须自动形成指令的地址，并发出取指令的命令，将对应此地址的指令送至指令寄存器 IR 中。

和其他电子设备不同，计算机打开电源启动机器就要运行程序，计算机开机启动程序中第一条指令的地址是由 CPU 复位时的程序计数器 PC 中的初值决定的。

根据 CPU 的功能，要取指令，必须有一个计数器存放当前指令的地址，这个存放当前指令地址的计数器就是程序计数器 PC，当它没有遇到转移类的指令时，在执行当前指令后，其值自动加 1，形成下一条指令的地址。

2. 分析指令

分析指令包括两部分内容：第一，分析所取的指令要完成什么样的操作，控制器需要发出什么样的操作命令；第二，分析参加本次操作的操作数寻址方式，形成操作数的有效地址 EA。

要分析指令，就必须有存放当前指令的寄存器，即指令寄存器 IR。同时还要有对存放在指令寄存器 IR 中的指令操作码进行译码的部件，这个指令的操作码译码器电路在控制器电路 CU 中。

3. 执行指令

执行指令就是根据分析指令产生的操作命令和操作数地址的要求，形成该指令操作控制信号序列，通过对运算器、存储器或者 I/O 设备的一系列操作，执行该指令。

要执行指令，就必须有一个能发出各种操作命令序列的控制部件 CU；如果要完成算术和逻辑运算，就必须有算术逻辑部件 ALU。

此外，为了处理异常情况和特殊请求，还要有中断系统。

7.1.3 CPU 中的寄存器

图 7.1 所示只是一个基本型的 CPU，只有几个保证 CPU 完成基本功能的寄存器。不同架构 CPU 的寄存器数目是不同的，实际上一个型号 CPU 性能的好坏，寄存器的设计占

有很重要的成分，现代 CPU 有多达上百个各种用途的寄存器。

CPU 的寄存器大致分为两类：一类是程序员可见的寄存器，程序员通过使用寄存器编程，可以减少 CPU 访问主存储器的次数，从而加快程序的执行速度；另外一类属于控制类寄存器，程序员不可以对这类寄存器编程，它们被控制器部件使用，控制 CPU 的某种操作，我们把这类寄存器称为程序员不可见的或者说对程序员透明的寄存器。

1. 程序员可见的寄存器

程序员可见的寄存器是指程序员用汇编语言编程时可以在程序中使用的寄存器。通常 CPU 执行机器语言或者汇编语言可以使用和访问的寄存器称为程序员可见的寄存器，按其使用特点又可以分为以下几类，这种分类是一种理论上的一般分类方法，实际应用型号的 CPU 可能有自己特有的分类名称。

(1) 通用寄存器。通用寄存器可由程序员根据不同指令指定许多功能，可用于存放操作数，也可以作为某种寻址方式所需的寄存器。如图 7.1 所示的寄存器 AC、BX，以及实际型号 Intel 8086 CPU 中的 AX、BX、CX、DX 等都称为通用寄存器。

(2) 数据寄存器。数据寄存器用于存放操作数，其位数应满足多数数据类型的数值范围。有些 CPU 把数据寄存器归类于通用寄存器(例如 8086 CPU)，也有些 CPU 的数据寄存器只能存放数据，不能存放操作数的地址，不能用于寻址方式。

(3) 地址寄存器。地址寄存器用于存放操作数地址，满足各种指令的寻址方式，其本身也具有通用性，还可用于特殊的寻址方式。

(4) 条件码寄存器。条件码寄存器是一类很重要的寄存器，在实际型号的 CPU 中，有些称为标志寄存器，有些称为程序状态字寄存器(PSW)。这类寄存器对于程序员来说属于部分透明，寄存器中有些位程序员可以设置和测试，但有些位程序员不能使用。

条件码寄存器存放条件码，它是 CPU 在执行指令后根据运算结果由硬件置位或复位，例如，执行加减算术运算指令后有可能产生进位或借位等，如果执行加法指令产生了进位，就把条件码寄存器中进位位 C 置位(C = 1)。还有运算器做某种运算后，如果运算结果是 0，则条件码寄存器中 0 标志位 Z 就置位(Z = 1)。根据条件码寄存器的各种标志位的值，程序员可以了解某些指令执行后其结果的一些状态，程序员在编写程序时对需要的条件码寄存器相关位进行测试，根据测试结果决定分支程序的转移。

2. 控制和状态寄存器

CPU 中还有一类寄存器用于控制 CPU 的操作或运算。在一些机器里，大部分这类寄存器对程序员来说是透明不可见的。所谓透明不可见是指程序员不能使用但实际存在的寄存器，它在执行程序指令过程中，帮助指令完成相应功能。以下是程序员不能使用，但在执行指令过程中起到重要作用的四种寄存器。

(1) MAR：存储器地址寄存器，存放将被访问的存储单元的地址。

(2) MDR：存储器数据寄存器，存放欲写入主存储器的数据或准备从主存储器中读出的数据。

(3) PC：程序计数器，存放现行指令的地址，通常具有计数功能，顺序执行程序时，每执行一条指令后会自动加 1；当遇到转移指令时，PC 指令的值可自动修改。

(4) IR：存放当前欲执行的指令。

通过这四种寄存器，CPU 和主存储器实现指令、数据交换。

每个公司在设计自己的 CPU 架构时都有各自的设计理念，其中寄存器的组织方式也各不相同，至于如何组织好各类寄存器，目前也无统一的标准，主要由设计者根据产品的定位来决定。

图 7.2 所示分别为 Zilog 公司设计的 Z8000 CPU、Intel 公司设计的 8086 CPU 和 Motorola 公司设计的 MC68000 CPU 的寄存器组织图。

图 7.2　三种 CPU 中的寄存器组织图

Zilog 公司设计的 Z8000 CPU 有从 0 到 15 号共计 16 个通用寄存器，1 个标志控制字寄存器(条件码寄存器)，1 个程序计数器 PC(根据对主存储器的组织分了几个段)，还有用于堆栈寻址方式的堆栈指针 SP。

Intel 公司设计的 8086 CPU 有 4 个通用寄存器 AX、BX、CX、DX，4 个指针和变址寄存器 SP、BP、SI、DI，其中 SP 寄存器是堆栈寻址方式的堆栈指针，还有 4 个段寄存器用于对主存储器的分段管理，IP 叫指令指针，功能和程序计数器 PC 是一样的，还有 1 个标志寄存器(条件码寄存器)F。

在 Motorola 公司设计的 MC68000 CPU 中，有从 D_0 到 D_7 共计 8 个数据寄存器，A_0 到 A_7 共计 8 个地址寄存器以及 A_7' 管理栈寄存器，另外，还有 1 个程序计数器 PC 和 1 个程序状态字寄存器。

在设计一个计算机系统时究竟选哪一种 CPU，首先要考虑的是产品的性价比，同时不同计算机工程师有不同的偏好和习惯，有时候还有很多技术以外的因素，比如市场供应情况、软件兼容情况、所在公司应用系列等。

7.2　指　令　周　期

1. 指令周期

CPU 取出并执行一条指令所需的全部时间称为指令周期，即 CPU 完成一条指令所需要的全部时间。

图 7.3　指令周期定义示意图

如图 7.3 所示，一般来说指令周期由取指周期和执行周期两个部分组成。取指周期阶段完成取指和分析指令的操作；执行周期阶段完成指令的功能。

2. 不同指令的指令周期

由于每种类型的 CPU 其指令系统不同，同一指令系统中每条指令的功能也不同，所以各种指令的指令周期也不一样。

例如，无条件转移指令"JMP X"，在执行阶段不需要访问主存储器，而且操作简单，完全可以在取指阶段的后期就完成转移地址 X 送到 PC，达到转移的目的，因此，无条件转移指令"JMP X"的指令周期就只有取指周期，而没有执行周期。还有空操作指令 NOP，指令功能就是什么也不做，所以也只有取指周期。

又如，一地址格式的加法指令"ADD X"，在执行阶段需要把操作数从 X 地址指示的存储单元中取出，和 AC 相加，结果存入 AC 中，这种指令就需要取指周期和执行周期。

再如乘法指令，其操作比加法指令复杂得多，执行指令所需要的时间也长得多，所以乘法指令的执行周期也远远超过加法指令，几种指令周期比较如图 7.4 所示。

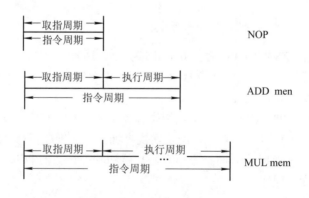

图 7.4　几种指令周期比较图

3. 具有间接寻址的指令周期

还有寻址方式复杂的指令，比如间接寻址方式的指令，由于间接寻址(简称间址)指令中给出的只是操作数有效地址，因此，为了取得操作数，需要先访问一次主存储器，取出有效地址 EA，然后再访问主存储器，取出操作数。这样，所需要的时间就远远超过立即寻址和直接寻址方式，所以间接寻址方式的指令需要增加间址周期，整个指令周期比立即寻址和直接寻址的指令周期长，如图 7.5 所示。

图 7.5 具有间址周期的指令周期

4. 带有中断周期的指令周期

我们知道许多外设是通过中断方式实现主机和外设交换数据的，所以，CPU 在执行周期结束后都要发出中断查询信号，以检测是否有中断请求，如果有中断请求，CPU 就进入中断响应阶段，又称为中断周期。在中断周期中 CPU 必须完成主程序的断点保护到主存储器中，同时将中断服务程序的入口地址给程序计数器 PC。具有中断周期的指令周期如图 7.6 所示。

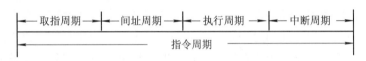

图 7.6 具有中断周期的指令周期

由上述分析可知，CPU 指令系统中的一条最复杂指令的指令周期可能包括 4 个周期：取指周期、间址周期、执行周期、中断周期，这样的指令完成时间很长。一般来说指令系统中大多数指令的指令周期是由取指周期和执行周期组成。

7.3 指 令 流 水

我们总是希望计算机运算速度越快越好，为了进一步提高计算机的运算速度，通常是从提高元器件的性能和改进系统的结构、开发系统的并行性两个方面入手。

1. 提高元器件的性能

提高元器件的性能是提高计算机整机性能的重要途径，计算机的发展历史就是以电子元器件的发展历程作为分代，第一代为电子管计算机、第二代为晶体管计算机、第三代为中小规模集成电路计算机、第四代为大规模和超大规模集成电路计算机。

电子元器件的每一次更新换代都使计算机的软硬件技术和计算机性能获得突破性发展。特别是超大规模集成电路的出现，使计算机有了集成度高、体积小、功耗小、可靠性高、价格便宜等特点。但由于半导体器件的集成度已经越来越接近物理极限，因此靠提高半导体元器件性能来提高计算机的性能越来越难。

2. 改进系统结构、开发系统的并行性

在通过提高元器件性能来提升计算机性能的同时，我们也通过改进系统结构、开发系统的并行性来提升计算机系统的性能。

所谓并行，包含有同时性和并发性两个方面。同时性是指两个或多个事件在同一时刻发生，并发性是指两个或多个事件在同一时间段发生；也就是说，在同一时刻完成两种或

两件以上的事情，只要能在时间上重叠，就存在并行性。

并行性体现在不同等级，通常分为 4 个级别：作业级(程序级)、任务级(进程级)、指令之间级、指令内部级。前两级统称为粗粒度(又称为过程级)；后两级称为细粒度(又称为指令级)。粗粒度并行性一般通过算法(软件的方式)来实现，细粒度并行性一般由硬件来实现。

从计算机的体系结构来看，粗粒度并行性是在多个处理机上分别运行多个进程，由多个处理机合作完成一个程序；细粒度并行性是指在处理机的指令级和指令内部级的并行性，其中指令流水线是一项重要技术。本节重点讨论指令流水的一些主要问题，其他有关粗粒度和细粒度并行技术只作一般介绍，详细过程请参考相关书籍。

7.3.1　指令流水的原理

指令流水的原理类似工厂的产品生产装配线，工厂为了提高产品生产速度和效率，在生产装配一个产品时，把产品的生产装配过程分成许多步骤，同时尽可能使每一步骤的时间相同或相近，形成流水线装配过程，这么做使产品的生产速度和效率大大提高。计算机硬件将这种产品装配生产线的思想用到指令的执行上，就引出了指令流水的概念。

从前面学习过的指令知识我们知道，指令的操作执行可以细分为许多阶段。为了方便说明，我们把每一条指令的操作执行过程分为两个阶段，即"取指令"阶段和"执行指令"阶段。对于不采用指令流水技术的计算机，在执行程序的一条条指令的过程中，取指令和执行指令是周而复始地重复出现，各条指令按顺序串行执行。

取指令 1	执行指令 1	取指令 2	执行指令 2	取指令 3	执行指令 3	…

图 7.7　指令的顺序串行执行过程

如图 7.7 所示，取指令 1 和执行指令 1 表示第一条指令的两个阶段，取指令 2 和执行指令 2 表示第二条指令的两个阶段……依次类推。70

图中每条指令的"取指令"操作由取指令的电路部件完成，"执行指令"的操作由执行指令的电路部件完成。进一步分析我们发现，这种顺序执行虽然简单，但执行指令过程中各个电路部件的利用率不高。如：取指令的电路部件工作时，执行指令的电路部件基本空闲；而执行指令的电路部件工作时，取指令的电路部件基本空闲。那么，我们是否可以这样设计：如果指令执行阶段不访问主存储器，我们利用这个时间段取下一条指令，这样就使取下一条指令的操作和执行当前指令的操作同时进行，如图 7.8 所示。这样两条指令的重叠，大大加快了程序执行的速度，我们把这种方式称为指令的二级流水。

图 7.8　指令的二级流水过程

指令二级流水的过程如下：由取指令的电路部件取出一条指令，并将它暂时存起来，如果此时执行电路部件空闲，就将暂存的指令传给执行电路部件去执行，与此同时，取指令的电路部件又可以去取下一条指令并暂存起来，这个过程称为指令预取，显然这种工作方式能加速指令的执行。如果一个程序中的所有指令都能做到“取指令”阶段和“执行指令”阶段完全重合，相当于 CPU 在绝大多数时间是同时处理两条指令，这样可以将指令周期减半，也就是说实现指令的二级流水后比原来不采用指令流水的情况计算机的执行速度会提高将近一倍。

虽然从理论上分析指令两级流水可以做到指令操作速度提高一倍，但实际实现起来就会发现存在两个方面的问题：第一，指令的执行时间一般大于取指令时间，因此，“取指令”阶段可能要等待一段时间才能传给执行部件；第二，当遇到转移指令时，下一条指令地址是不可知的，因为必须等当前指令结束后才能知道转移条件是否成立，才能决定下一条指令的地址，所以不能在当前指令执行阶段同时就取下一条指令。在这种情况下，我们一般采取猜测法，即当条件转移指令从取指阶段进入执行阶段时，取指令部件仍然按照顺序预取下一条指令。这样，如果条件不成立，转移没有发生，就不会有时间损失；若条件成立，转移发生，则将所取指令丢掉，再取新指令。尽管这两个因素降低了两级流水的效率，不能做到理论分析上的速度加倍，但还是可以获得一定程度的加速。

从上面的分析可知，只是把指令操作分成“取指令”和“执行指令”两个阶段就可以提高速度近一倍，如果我们尝试着把指令的处理过程从“取指令”和“执行指令”两个阶段细分为更多的几个阶段，显然可以进一步加快指令执行的速度。

按照这个思路，我们把指令操作从两个阶段再细分为 6 个阶段，称为指令六级流水。

① 取指(FI)：从存储器中取出一条指令并暂时存入指令部件的缓冲区。

② 指令译码(DI)：确定操作性质和操作数地址形成方式。

③ 计算操作数地址(CO)：按照寻址方式计算操作数的有效地址。

④ 取操作数(FO)：从存储器中取操作数(若操作数在寄存器中，则无此阶段)。

⑤ 执行指令(EI)：执行指令所需的操作，并将结果存入目的位置(寄存器中)。

⑥ 写操作数(WO)：将结果写入主存储器。

为了方便说明，我们假设上述各段的时间都是相等的，于是可得到如图 7.9 所示的指令六级流水时序图。在这个 6 级流水线中，处理器有 6 个操作部件，同时对 6 条指令进行加工，加快了程序的执行速度。

如图 7.9 所示，共有 9 条指令依次执行，若不采取流水线技术，9 条指令依次执行完成需要 $9 \times 6 = 54$ 个时间单元，而采用六级流水只需要 14 个时间单元，大大提高了 CPU 处理速度。

	1	2	3	4	5	6	7	8	9	10	11	12	13	14
指令 1	FI	DI	CO	FO	EI	WO								
指令 2		FI	DI	CO	FO	EI	WO							
指令 3			FI	DI	CO	FO	EI	WO						
指令 4				FI	DI	CO	FO	EI	WO					
指令 5					FI	DI	CO	FO	EI	WO				
指令 6						FI	DI	CO	FO	EI	WO			
指令 7							FI	DI	CO	FO	EI	WO		
指令 8								FI	DI	CO	FO	EI	WO	
指令 9									FI	DI	CO	FO	EI	WO

图 7.9　指令六级流水时序图

　　指令流水线对机器性能的改善程度取决于把指令处理过程分解成多少个相等的时间段数。

　　如图 7.9 中一条指令分为 6 个时间段,若每一段需要 1 个时钟周期,则当不采取流水线时,需要每 6 个时钟周期执行一条指令。采用流水线后,假设流水线不出现断流,则除执行第一条指令需要 6 个时钟周期外,以后执行所有的指令都只需要 1 个时钟周期。因此,在理想的情况下,理论计算该流水线的速度可提高 6 倍。

　　当然,图中假定每条指令都是经过流水的 6 个阶段,每个阶段的时间长度是相等的,但实际情况可能并非如此,例如,一条单纯的取数指令就不需要 WO 阶段。此外,这里还假定不存在主存储器的访问冲突,而 FI、FO、WO 都涉及访问主存储器,如果出现对主存储器的访问冲突就无法同时并行执行。

　　下面,我们通过例题 7.1 来说明在理想状态下,不采取指令流水线和采取指令流水线的时间差异。在例题 7.1 中,我们用时空图描述指令流水线,所谓时空图是指坐标轴用时钟周期为横轴,用指令的过程阶段为纵轴。用时空图描述指令流水线可以十分清楚地看到程序中指令的流水过程。

　　例 7.1　假设指令流水线分为取指(IF)、译码(ID)、执行(EX)、回写(WR)4 个过程段,每个过程段占 1 个时钟周期,共有 10 条指令连续输入此流水线。

　　(1) 画出指令周期流程。

　　(2) 画出非指令流水线时空图,计算非指令流水线 10 条指令需要的时钟周期。

　　(3) 画出指令流水线时空图,计算按照四级指令流水线处理,10 条指令需要的时钟周期。

　　解　(1) 指令周期包括取指(IF)、译码(ID)、执行(EX)、回写(WR)4 个过程,则指令周期流程为→IF→ID→EX→WR。

　　(2) 非指令流水线时空图如图 7.10 所示(图中只画了两条指令 I_1、I_2)。一条指令需要 4 个时钟周期,非流水线处理 10 条指令则需要 $4 \times 10 = 40$ 个时钟周期。

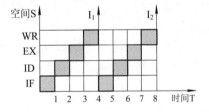

图 7.10　非指令流水线时空图

　　(3) 四级指令流水线时空图如图 7.11 所示。一条指令需要 4 个时钟周期,四级流水线处理 10 条指令所需要时钟周期数为 $4 + (10 - 1) = 13$。

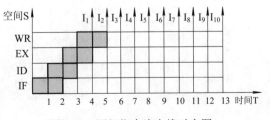

图 7.11　四级指令流水线时空图

　　由此可见，执行指令采用流水线和非流水线所需的时钟周期数相差是很大的，所以现代 CPU 设计都采用流水线技术。但显然，如果采用流水线技术，CPU 设计时需要考虑的因素很多，控制器电路也会复杂得多。

7.3.2　影响流水线性能的因素

　　前面对指令流水线的分析都是在指令流水理想化的状态下进行的，但实际上要做到指令流水线在理想状态下执行很难。要使指令流水线具有理想性能，必须解决影响流水线顺利运行的因素，做到不发生断流。

　　在分析影响流水线性能的因素时，我们发现在指令流水的过程中会出现三种情况，这三种情况使得要做到流水线不断流很困难。我们把这三种情况称为三种相关，这三种相关分别是结构相关、数据相关、控制相关。

1. 结构相关

　　结构相关是指当多条指令进入流水线后，指令在重叠执行过程中，不同指令争用同一功能部件产生的资源冲突，故又称为资源相关。

　　例如，大多数机器都是将指令和数据保存在同一主存储器中，且只有一个访问入口，如果在指令流水的某个时钟周期内，流水线既要完成某条指令访问数据存储器的操作，又要完成另外一条指令的"取指令"操作，这样就会发生访存冲突。

　　解决这类冲突的方法之一就是让流水线在执行前一条指令对数据存储器的访问时，暂停另外一条指令的"取指令"操作，等执行前一条指令访问存储器后，再开始另外一条指令的"取指令"操作。但这显然不能达到理想流水线的效率。

　　解决访问存储器冲突的另外一种方式就是设置两个物理独立的存储器，分别为指令存储器和数据存储器，这样就可以避免取指令和取操作数同时进行，互相冲突，使取某条指令和取另外一条指令的操作数可以实现时间上的同时进行，做到时间重叠。现代高性能的 CPU 很多采用了指令 Cache 和数据 Cache 技术，目的就是解决资源冲突的问题。

　　还有指令预取技术等也可以较好地解决这种结构相关(资源相关)。

2. 数据相关

　　所谓数据相关，是指流水线中的各条指令因为重叠操作，可能改变对操作数的读/写访问顺序，从而导致数据冲突。例如，当多条指令进入流水线后，可能在执行某一条指令的过程中要使用前面某条指令的结果数据，而那条指令在流水线上还没有完成，所以取到的数据就是错误的，导致指令操作出现错误。

　　例如，假设流水线上要执行如下两条三地址指令：

　　　　ADD　R_2, R_3, R_1　　　　; $(R_2) + (R_3) \rightarrow R_1$

　　　　SUB　R_1, R_5, R_4　　　　; $(R_1) - (R_5) \rightarrow R_4$

　　从两条指令上看，SUB 指令中的 R_1 必须是前面 ADD 指令的执行结果。正常执行程序的过程是先由 ADD 指令将指令结果"写"入 R_1，再由 SUB 指令"读" R_1 中的数据。在非流水线时，指令按顺序执行，这是很自然的事情，但在采用指令流水线时，由于重叠操作，使"读"和"写"的先后次序有可能发生变化，也就是说，有可能在 SUB 指令"读"R_1 的时候，ADD 指令还没有把数据"写"入 R_1，这样程序运行结果就会出现错误。这种错误由于是把"先写后读"改变成了"先读后写"，发生了"先写后读"错误，所以称为"写后读"(RAW)的数据相关冲突。解决这种数据相关冲突的方法之一就是采用后推法，即遇到这种数据相关时，就停顿后续指令的运行，直到前面指令的结果已经产生。

根据指令间对同一寄存器的"读"和"写"操作的先后次序关系，数据相关冲突可分为：写后读相关(Read After Write，RAW)、读后写相关(Write After Read，WAR)和写后写相关(Write After Write，WAW)三种类型。例如，有 i 和 j 两条指令，其中 i 指令在前，j 指令在后，则三种不同类型的数据相关含义如下：

(1) 写后读相关(Read After Write，RAW)：指令 j 试图在指令 i 写入寄存器之前就读出该寄存器内容，这样，指令 j 就会错误地读出该寄存器旧的内容。

(2) 读后写相关(Write After Read，WAR)：指令 j 试图在指令 i 读出寄存器内容之前就写入该寄存器，这样，指令 i 就会错误地读出该寄存器新的内容。

(3) 写后写相关(Write After Write，WAW)：指令 j 试图在指令 i 写入寄存器之前就写入该寄存器，这样，两次写的次序就被颠倒，因此会错误地使由指令 i 写入的值成为该寄存器的内容。

这三种数据相关在按次序流动的流水线中，只可能出现 RAW 相关。在非按次序流动的流水线中，由于允许后进入流水线的指令超过先进入流水线的指令而先流出流水线，则既可能发生 RAW 相关，又可能发生 WAR 和 WAW 相关。

3. 控制相关

控制相关主要是由转移指令引起的。统计表明，程序中使用的转移指令数约占总指令数的 25% 左右，相比数据相关，它会使流水线丧失更多的性能。当执行转移指令时，是否发生转移，需要在执行转移指令后，根据转移条件才能判断，这样流水线由于无法判断预测结果就会带来性能损失，这种情况我们称之为控制相关。

为了解决控制相关的冲突，可以采用尽早判别转移是否发生和尽早生成转移目标地址等方法；另外也可以采取预取转移成功和不成功两个控制流方向上的目标指令，这样不论转移是否成功都能迅速转到相应的指令处；还有可以加快和提前形成条件码、提高转移方向猜准率等。

7.3.3　提升 CPU 性能的新技术

流水线技术使计算机系统结构产生了重大革新，为了进一步提升 CPU 性能，还可以开发流水线的多发技术，设法在一个时钟周期内，产生更多的指令结果，提高程序执行速度。常见的多发技术有超标量技术、超流水线技术等。同时，为了提高程序运行速度，CPU 还采用了超线程技术、多核技术等。

1. 超标量技术

超标量技术是指在每个时钟周期内同时并发多条独立指令，即以并行操作方式将两条或两条以上的指令同时编译并执行。如图 7.12 所示是 3 条指令同时执行。

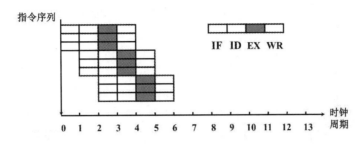

图 7.12　超标量流水

要实现超标量技术，就要求 CPU 中配置多个功能部件和指令译码电路，以及多个寄存器端口和总线，以便能实现同时执行多条指令，实际上是以增加硬件资源为代价来换取 CPU 性能的提高。由于不是所有的指令都可以超标量执行，所以还需要判断程序中哪些指令是可以超标量执行的。例如某程序段中有如下 3 条指令：

MOV　BX，3

ADD　AX，12

MOV　DX，CX

这 3 条指令是相互独立的，不存在数据相关，所以可实现指令级并行。

如果是如下 3 条指令：

INC　AX

ADD　AX，BX

MOV　DX，AX

则由于存在数据相关，故不能并行执行。

2. 超流水线技术

超流水线技术是将一些流水线寄存器插入流水线段中，好比是将流水中的每一段再分段，如图 7.13 所示，将原来的一个时钟周期段又分为三段。这样在原来的时钟周期内，功能部件被使用三次，使流水线以三倍于原来的时钟频率的速度运行。

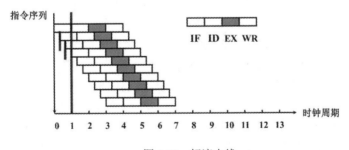

图 7.13　超流水线

3. 超线程技术

超线程是 Intel 公司提出的一种提高 CPU 性能的技术。简单地说就是将一个物理 CPU 当作两个逻辑 CPU 使用，使 CPU 可以同时执行多重线程，从而发挥更大效率。超线程技术利用特殊的硬件指令，把两个逻辑内核模拟成两个物理内核芯片，让单个处理器都能使用线程级并行运算，进而兼容多线程操作系统和应用软件，减少了 CPU 的闲置时间，提高了 CPU 的运行效率。

对于单线程芯片来说，虽然也可以每秒钟处理成千上万条指令，但是在某一时刻，其只能够对一条指令(单个线程)进行处理，结果必然是CPU处理器内部的其他处理单元闲置。而超线程技术则可以使处理器在某一时刻，同步并行处理更多指令和数据(多个线程)。所以说，超线程技术是一种可以将 CPU 内部暂时闲置资源充分调动起来的技术。

在处理多个线程的过程中，多线程处理器内部的每个逻辑处理器均可以单独对中断作出响应，当第一个逻辑处理器跟踪一个软件线程时，第二个逻辑处理器也开始对另外一个软件线程进行跟踪处理。另外，为了避免 CPU 资源冲突，负责处理第二个线程的逻辑处理器，其使用的仅仅是运行第一个线程时被暂时闲置的处理单元。例如，当一个逻辑处理器在执行浮点运算(使用处理器的浮点运算单元)时，另外一个逻辑处理器可以执行加法运算(使用处理器的整数运算单元)。这样做，无疑大大提高了处理器内部处理单元的利用率和相应的数据、指令的吞吐能力。

4. 双核和多核技术

在单核技术下，提高 CPU 性能的方式是提高 CPU 的工作主频，但当 CPU 的主频提高到一定程度后，再继续提高主频就会使 CPU 的功耗和散热等都成为问题，所以这种方式不可持续。于是出现了双核和多核技术。所谓多核处理器，主要特征就是在一个处理器芯片上集成了多个 CPU 内核。

最早的多核处理器是 Intel 和 AMD 的首款双核 CPU，它在一个处理器芯片上有两个运算核心，从而使处理器的运算能力大幅提高。由于 AMD 和 Intel 所使用的设计理念不同，于是有 AMD 的原生双核和 Intel 的封装双核。

双核处理器并不能达到性能提高两倍的效果，IBM 公司曾经对比了 AMD 的双核处理器和单核处理器的性能，其结果是双核比单核性能大致提高 60%。不过，需要指出的是，这个 60% 不是说处理同一个程序时的提升幅度，而是要在多线程任务下得到的提升。换句话说，双核处理器的优势是多线程应用，如果只是处理单个任务，同频率的单核和双核效果相差不大。

超线程和双核的区别在哪里呢？比如开启了超线程技术的 Pentium 4(单核)与 Pentium D(双核)在操作系统中都同样被识别为两个处理器，它们究竟是不是一样呢？答案是否定的。其实，我们可以简单地把双核 CPU 理解为两个"物理"处理器，是一种"硬"方式；而超线程技术只是两个"逻辑"处理器，是一种"软"方式。

支持超线程的 Pentium 4 能同时执行两个线程，但超线程的两个逻辑处理器并没有独立的执行单元、运算单元、寄存器等资源，在执行多线程时两个逻辑处理器均是交替工作，如果两个线程要同时使用某一个资源，则其中一个需暂停并让出资源，等待那些资源闲置时才能继续使用。因此，可以说超线程技术仅可以看作是对单个处理器运算资源的优化利用。

而双核技术则是通过"硬"的物理核心实现多线程工作，每个核心都有独立的指令集、执行单元，与超线程中采用的模拟共享机制完全不一样。从操作系统来看，它是实实在在的双处理器，可以同时执行多项任务，能让处理器资源真正实现并行处理模式，其效率和性能的提升要比超线程技术高得多，不可同日而语。

目前，对高性能处理器的研究从开发指令级并行转向开发多线程并行。单芯片多处理器(多核)就是实现多线程并行的一种新型体系结构。

在一个芯片上集成多个微处理器核，每个微处理器核实际上都是一个相对简单的单线程微处理器或比较简单的多线程微处理器，这样多个微处理器核就可以并行执行程序代码，因而具有较高的线程级并行性。

在 Intel 公司的 CPU 芯片中，Pentium 属于单核单线程处理器，Pentium 4 属于单核多线程处理器，Pentium D 属于多核单线程处理器，Pentium EE 属于多核多线程处理器。

多核处理器广泛受欢迎的主要原因是当 CPU 的工作频率受到限制时，并行处理技术可以采用更多的内核并行运行来大大提高处理器的运行速度，同时由于工作频率没有提高，功耗相对于同性能的高频单核处理器要低得多。不难看出，多核技术一定是未来 CPU 的发展方向。

7.4　中 断 系 统

在第 5 章中，对 I/O 设备的中断方式作了详细的介绍，通过第 5 章的学习我们知道，所谓中断是指 CPU 在执行现行程序时，被内部或外部的事件打断，转去执行一段事先安排好的为处理这一事件的中断服务程序，在中断服务程序结束后，又返回原来的断点继续执行原来的程序的过程。

为了处理各种中断，CPU 通常设有处理中断的机构——中断系统。本节进一步分析中断的功能，以便更深入了解中断系统的原理和作用。

7.4.1　概述

在第 5 章中主要介绍了如何采用中断方式实现主机和 I/O 设备交换数据，相比其他数据交换方式，中断方式的优点在于可使 CPU 和 I/O 设备并行工作，提高了 CPU 的工作效率。

其实，计算机在运行过程中，除了会有 I/O 设备产生的中断以外，还会有许多其他的意外事件引发的中断，如电源突然掉电、机器出现故障等。此外，在一些实时的过程控制系统中，如果突然出现温度过高、电压过大等突发情况，这些都是随机发生的，必须实时处理，那么必须使用中断方式中断现行程序，转去执行中断服务程序，以解决这种异常情况。

再如计算机实现多道程序运行时，可以通过分配给每道程序一个固定的时间片，利用时钟定时引发中断进行程序切换。在多处理器系统中，各个处理器之间的信息交流和任务切换也可以通过中断来实现。

总之，为了提高计算机的效率，为了处理一些随机产生的异常情况以及实现实时控制、多道程序和多处理器切换运行的需要，提出了中断的概念。

引起中断的因素很多，大致有以下几种。

(1) 人为设置的中断。这种中断是指程序中人为设置的，一旦机器执行这种人为中断，便自动停止现行程序转入中断处理。有些 CPU 有"INT"中断指令，用于人为中断。

(2) 程序性事故。这种中断是指定点溢出、浮点溢出、操作码不能识别、除法出现"非法"等，这些都是属于程序设计不周引起的中断。

(3) 硬件故障。硬件故障类型很多，如插件接触不良、通风不良、磁表面损坏、电源掉电等，这些都属于硬件故障。

(4) I/O 设备。I/O 设备启动后，一旦准备就绪，便向 CPU 发出中断请求，每个 I/O 设备都能发出中断请求。

(5) 外部事件。用户通过键盘来中断现行程序属于外部事件。

上述各种中断因素除第一种人为设置的中断外，其他都是随机产生的。

通常将能引起中断的各个因素称为中断源。中断源分为两大类：一类是不可屏蔽的中断源，不可屏蔽的中断源是指 CPU 通过指令不可以把它屏蔽掉；另外一类是可屏蔽中断源，可屏蔽中断源发出的中断请求是可以通过指令屏蔽掉的，如果屏蔽掉了，即便有中断请求，CPU 也不会响应，只有没有屏蔽的中断请求，CPU 才可以响应中断。

对于一个能够实际应用的中断系统，必须能够解决以下问题：各个中断源如何向 CPU 提出请求？当多个中断源同时提出请求时，中断系统如何确定优先响应哪个中断源？CPU 在什么条件、什么方式、什么时候响应中断？CPU 中断响应后如何保护现场？CPU 响应中断后如何转入中断服务程序入口地址？中断服务程序结束后，如何返回源程序的间断处？在中断处理过程中有新的中断请求时，CPU 该如何处理？

中断系统要解决好这些问题，必须要有相应的硬件和软件才能完成。下面逐一介绍中断系统的相关硬件和软件的工作原理。

7.4.2 中断请求标记和中断判优逻辑

1. 中断请求标记

为了让 CPU 判断是哪一个中断源提出的中断请求，在中断系统中设置一个中断请求标记触发器。每个中断源都有一个和自己相对应的中断请求标记触发器，多个触发器构成一个中断请求标记寄存器。在没有中断请求时，触发器是置"0"的，如果有某一个中断源提出中断请求，对应这个中断源的触发器状态就会转变为"1"。

2. 中断判优逻辑

由于每个中断源提出中断请求是随机的，所以就有可能在同一时刻有多个中断源提出中断请求，但任何一个中断系统，在同一时刻，都只能响应一个中断源的请求，因此中断系统必须有一个中断判优电路，对提出中断请求的中断源按照其优先顺序予以响应。这个优先顺序由设计者根据具体设计需要来确定。例如，电源掉电对计算机工作影响最大应该设定优先级最高，又如，定点溢出对运算正确影响较大，优先级也应该较高。

中断判优可由硬件排队电路来实现，也可由软件查询实现。

7.4.3 中断服务程序入口地址的形成

我们知道，所谓的中断处理，就是 CPU 停止正在运行的程序，转去执行一段中断服务程序，在中断服务程序结束后再返回原来的程序的过程。

中断服务程序是指由程序员编写的对提出中断请求的中断源进行相应处理的一段程序。

每个中断源都会有自己的中断服务程序, CPU 在每条指令的执行周期结束时都会检测是否有中断请求, 当 CPU 检测到有中断请求时, 需要根据不同的中断源转到不同的中断服务程序的入口地址, 运行相应中断源的中断服务程序。所以, 如何准确找到对应的中断服务程序的入口地址是中断处理的核心问题。

通常有两种方法寻找中断服务程序的入口地址: 硬件向量法和软件查询法。

1. 硬件向量法

硬件向量法是通过硬件电路产生一个数值, 这个数值称为中断向量地址, 通过中断向量地址可以在主存中找到这个中断源的中断服务程序入口地址。

中断向量地址由中断向量地址形成部件产生。如图 7.14 所示, 若有 n 个中断源的中断请求分别为 INTP$_1$, INTP$_2$, …, INTP$_n$, 则应该产生 n 个不同的中断向量地址。

中断向量地址形成部件实际就是一个编码器电路, 有 n 个中断源就有 n 个中断向量地址。例如, 假设有 3 个中断源: INTP$_1$、INTP$_2$、INTP$_3$, 如果我们在设计时, 给出它们对应的中断向量地址分别是 12H、13H、14H, 则当 INTP$_1$ 的中断请求出现时, 编码器电路的输出端就应该输出对应的中断向量地址 12H; 同理, 当 INTP$_2$ 的中断请求出现时, 编码器电路的输出端就应该输出对应的中断向量地址 13H, 以此类推。

应该注意的是中断向量地址还不是中断入口地址, 图 7.15 给出的是一种寻找中断服务程序入口地址的方案, 其中 12H、13H、14H 称为中断向量地址。在内存 12H、13H、14H 地址中, 分别存放有 3 条无条件转移指令 JMP 200、JMP 300、JMP 400, 这里的 200、300、400 才是中断入口地址。

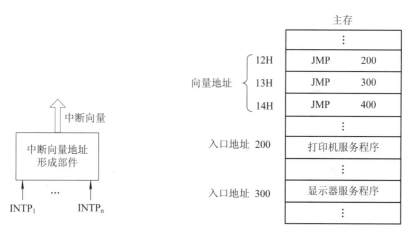

图 7.14 中断向量形成部件框图   图 7.15 通过中断向量寻找入口地址

假如中断源 INTP1 是打印机, 那么打印机中断服务程序入口地址形成的过程是: 首先由中断源 INTP1 提出请求, CPU 收到中断请求后, 给出中断响应, 这时由中断向量形成部件产生该中断源的中断向量地址 12H, 然后将中断向量地址 12H 送程序计数器 PC 作为下一条指令的地址, 由于在中断向量地址对应的主存存储单元中存放的是一条无条件转移指令 JMP 200, 故执行这条指令后, 即无条件转移到中断源打印机的中断服务程序的入口地址 200, 执行该中断服务程序。

2. 软件查询法

用软件方式寻找中断服务程序的入口地址的方法称为软件查询法。通过程序依次查询中断源是否有中断请求，如果有中断请求则安排一条转移指令，直接指向该中断源的中断服务程序入口地址，计算机就开始自动进入中断处理。这种方法不涉及硬件，但查询需要耗费时间，速度比硬件向量法慢。

现代计算机普遍采用硬件向量法。

7.4.4　中断响应过程

CPU 在每条指令的执行周期结束时，都会向所有中断源发出中断查询信号去检测是否有中断请求。如有中断请求，则进入中断周期；若无中断请求，则进入下一条指令的取指周期。

CPU 响应中断后，即进入中断周期。在中断周期内，CPU 自动完成一系列操作：首先保护程序断点，也就是把当前的程序计数器 PC 的值保存到主存储器中，以便中断服务程序结束后能回到当前程序继续进行；其次，寻找中断服务程序入口地址；最后，关中断，CPU 进入中断周期，意味着 CPU 响应了某个中断源的请求，为了确保 CPU 响应后所做的一系列操作不受新的中断请求干扰，在中断周期内必须关闭中断，禁止 CPU 再响应新的中断请求。

这个过程由 CPU 的硬件电路自动完成。

7.4.5　保护现场与恢复现场

由于中断源向 CPU 提出中断请求时，CPU 正在运行程序，为了响应中断请求，CPU 必须把正在运行的程序停下来，把程序计数器 PC 的值和相关寄存器中的数据都保护起来，以便执行中断服务程序后，能回来继续正确执行原来的程序，这个保护数据的过程称为保护现场。

保护现场包括保护断点和保护CPU现行程序(我们称为主程序)所使用的各个寄存器中的内容。保护断点由 CPU 的硬件自动完成，不需要程序员考虑，程序员只需要考虑保护CPU 进入中断服务程序前现行程序(主程序)所使用的各个寄存器中的内容。具体方法是：在中断服务程序的开始部分把中断服务程序用到的寄存器中的内容保存起来，常见的保存方式是使用 PUSH 指令把寄存器数据压入堆栈。

恢复现场是指执行中断服务程序后，在返回原来的程序前，把原来保护的寄存器的内容恢复到中断处理前的状态，以保证原来的程序正确运行。常见的方式是把原来压入堆栈的数据采用 POP 指令弹出堆栈。

由于中断系统采用了对中断源的优先级判优，就有可能出现这样的情况：当优先级低的中断源正在运行的中断服务程序时，若优先级高的中断源提出中断请求，CPU 就需要打断正在运行的中断服务程序，转去执行新的中断服务程序，这种情况称为多重中断，又称为中断嵌套。

要实现多重中断，需要一系列的复杂硬件电路，限于篇幅在此就不作介绍了，有兴趣的读者可查阅相关资料。

思考与练习 7

一、单选题

1. 以下对于各寄存器功能的描述正确的是____。

A. IR 寄存器用于存放存储单元的地址

B. MAR 寄存器用于存放取回的数据

C. MDR 寄存器用于存放当前欲执行指令

D. PSW 寄存器用于存放程序状态字

2. 以下关于指令周期的描述正确的是____。

A. CPU 取出并执行一条指令所需的全部时间

B. CPU 从主存取出一条指令的时间

C. CPU 执行一条指令的时间

D. CPU 保存一条指令的时间

3. 以下措施中，能够有效提高计算机速度的是____。

A. 降低电源功率　　　　　　B. 提高访存速度

C. 提高 CPU 温度　　　　　　D. 减少硬盘容量

4. 以下关于并行等级的描述中，一般由硬件实现的是____。

A. 作业级并行　　　B. 任务级并行　　　C. 指令级并行　　　D. 进程级并行

5. 以下不属于 CPU 工作周期的是____。

A. 取指周期　　　　B. 存储周期　　　　C. 间址周期　　　　D. 执行周期

6. 以下相关因素能够影响指令流水的性能的是____。

A. 结构相关　　　　B. 控制相关　　　　C. 数据相关　　　　D. 都能影响

7. 以下因素能够引起中断的是____。

A. 程序性事故　　　B. 硬件故障　　　　C. 人为设置的中断　　D. 都能引起

8. 控制器的基本功能是____。

A. 取指令、分析指令、存储数据　　　　B. 存储指令、分析指令、执行指令

C. 取指令、分析指令、执行指令　　　　D. 取指令、存储指令、执行指令

9. 下列关于条件码寄存器的说法错误的是____。

A. 条件码寄存器对用户来说是部分透明的

B. 条件码不可以由程序员设置

C. 条件码可以由 CPU 根据运算结果由硬件设置

D. 条件码可被测试，作为分支运算的依据

10. 下列关于指令周期的基本概念说法错误的是____。

A. 在大多数情况下，CPU 是按照"取指令—执行—再取指令—再执行……"的顺序
自动工作的

B. CPU 每取出并执行一条指令所需的全部时间称为指令周期

C. 执行阶段完成执行指令的操作，又称为执行周期

D. 在同一个计算机中，各种指令的指令周期是相同的

11. 下列一组指令存在____的数据相关。

(1) SUB　R1，R2，R3　；　(R2)-(R3) →R1

(2) ADD　R4，R5,R1　；　(R5)+(R1) →R4

A. RAW　　　　　　　　B. WAW　　　　　　　　C. WAR　　　　　　　　D. 无相关

12. CPU 查询是否有请求中断的事件发生在____。

A. 执行周期中任意时刻　　　　　　　　　　B. 执行周期开始时刻

C. 执行周期结束时刻　　　　　　　　　　　D. 取指周期中任意时刻

二、多选题

1. 不属于 CPU 控制器功能的是 ____。

A. 取指令　　　　　B. 逻辑运算　　　　　C. 分析指令　　　　　D. 执行指令

E. 算术运算

2. 在寄存器中，一般来说属于控制和状态寄存器的是 ____。

A. IR　　　　　　　B. PC　　　　　　　C. MAR　　　　　　　D. MDR

3. 为用户(程序员)可见的寄存器的有____。

A. 通用寄存器　　　B. 数据寄存器　　　C. 地址寄存器　　　D. IR

三、问答与计算题

1. 寄存器 AC 为什么又称为累加器？

2. CPU 中控制器的基本功能是什么？

3. 什么是程序员可见的寄存器？什么被称为对程序员透明的寄存器？

4. 什么是指令周期？一个指令周期由哪几部分组成？

5. 什么是计算机系统的并行性？

6. 假设指令流水线分为取指(FI)、译码(DI)、计算操作数地址(CO)、取操作数(FO)、执行指令(EI)、写操作数(WO)等 6 个过程段，每个过程段占 1 个时钟周期，共有 5 条指令连续输入此流水线。

(1) 画出指令周期流程。

(2) 画出非指令流水线时空图，计算非指令流水线 5 条指令需要的时钟周期。

(3) 画出指令流水线时空图,计算按照四级指令流水线处理 5 条指令需要的时钟周期。

7. 什么指令流水线中的结构相关、数据相关及控制相关？

8. 什么是中断？为什么要有中断？CPU 如何知道产生了中断？什么是中断向量？什么是中断服务程序？什么是保护现场和恢复现场？

思考与练习 7
参考答案

第 8 章　控制器的组成与实现

CPU 是由控制器和运算器组成的，而且运算器是在控制器的控制下，根据计算机指令完成指令要求的相关操作。其实，整个计算机的硬件系统都是在控制器的控制下进行有序操作的。

本章主要讨论控制器的基本组成和实现，旨在使读者初步掌握设计控制单元的思路，为今后设计计算机硬件系统打下基础。

8.1　控制器的基本功能

计算机对信息的处理过程都是在程序的控制下实现的，程序是程序员根据特定的处理内容和要求编制的有序的指令序列。程序员把编写好的程序存储在计算机的存储器中，在执行程序时，控制器从存储器中逐条读出指令并进行分析和执行，当一个程序的指令全部执行完毕，就完成了这个程序对确定的信息的处理任务。

尽管计算机的程序是千变万化、多种多样的，它因处理的信息不同而不同，但是，构成程序的指令是有限的。例如 Intel 公司设计的 MCS-51 单片机，它的 CPU 指令系统只有111 条指令，也就是说再复杂的程序都是由这 111 条指令组成的。

一个 CPU 所有指令的集合称为这个 CPU 的指令系统。

控制器的任务就是根据 CPU 指令系统中每条指令的功能，产生有序的控制信号，形成一系列的微操作，再通过硬件逻辑电路完成该指令所规定的操作。

一个 CPU 的控制器最主要的任务就是实现对该 CPU 指令系统的解释，即控制硬件通过一系列的微操作实现指令系统的全部功能，这个过程就是控制器对指令系统进行解释和翻译的过程。

通俗地说，假如某个 CPU 的指令系统有 100 条指令，这个 CPU 的控制器电路就要产生实现这 100 条指令中每条指令功能的控制信号。

8.1.1　微操作命令的分析

所谓微操作命令，就是对 CPU 中某一个逻辑部件进行某项操作的控制信号。比如，一条指令在取指周期的任务是把指令从主存中取出送到 CPU 中的指令寄存器 IR 中，而完成这个任务需要有一系列的控制信号按照先后次序对 CPU 中的逻辑部件进行有序的控制，这一系列的控制信号就是我们说的微操作命令。CPU 中的逻辑部件在这些微操作命令指挥下完成在取指令过程中所需的相应微操作。

本小节主要分析指令系统中的每一条指令在它的取指周期、间址周期(如果有间址)、执行周期中需要哪些微操作命令才能最后实现其相应的指令功能。

概括地说，计算机的功能就是执行程序。程序是由有限条指令组成，执行程序的过程就是执行程序中的每一条指令，而每条指令又是由各种微操作命令组成的，所以要实现指令系统中每条指令的功能首先要对指令执行过程中的每个微操作命令进行分析。

通过分析发现，虽然不同的指令功能不同，指令周期也不完全相同，但指令周期中有些操作是相同或相似的。

通过第 7 章的学习我们知道，在 CPU 指令系统中，一条复杂指令的指令周期可能包括 4 个微操作周期：取指周期、间址周期、执行周期、中断周期。在这 4 个周期中，每条指令功能的差别主要体现在执行周期的微操作不一样，而取指周期、间址周期、中断周期的微操作都是一样或者说相似的。

在本小节，我们先讨论取指周期和间址周期的微操作，这两个周期的微操作对每条指令来说都是一样的，然后选择 8 条指令讨论它们的执行周期。限于篇幅，中断周期我们在此就不讨论了，想了解的读者可查阅相关资料。

为了方便说明，我们在讨论取指周期和间址周期的微操作时，在微操作说明图中只画出了 CPU 中控制器部分，其中包括 3 个寄存器(指令寄存器 IR、主存地址寄存器 MAR、主存数据寄存器 MDR)，一个程序计数器 PC 以及控制单元 CU，CPU 中的运算器部分没有在图中标出。

1. 取指周期微操作命令分析

取指周期微操作如图 8.1 所示。

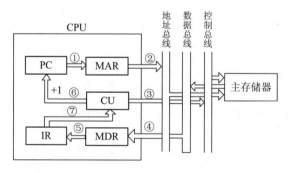

图 8.1　取指周期微操作图

在取指周期中要完成取指令功能，必须包括如下几个微操作：

① 将现行指令地址送到存储器地址寄存器，记作 PC→MAR。

② 把 MAR 中的地址送到地址总线上。(如果 MAR 直接连在地址总线上，就不需要这一步)

③ 向主存发送"读"命令，启动主存"读"操作，记作 1→R。

④ 将 MAR(通过地址总线)所指的主存单元中的内容(指令)经过数据总线读至 MDR 中，记作 M(MAR)→MDR。

⑤ 将 MDR 的内容送至 IR，记作 MDR→IR。

⑥ 形成下一条指令的地址，记作(PC) + 1→PC。

⑦ 将指令的操作码送至 CU 中的 ID 进行译码，记作 OP(IR)→CU(或 OP(IR)→ID)。

以上共计 7 个微操作命令。

需要特别说明的是(PC) + 1→PC，这个微操作可以放在第 1 个微操作后的任意一步，也就是说只要执行完 PC→MAR 这个微操作，PC 内容就可以加 1 了。这里我们放在第 6 步，而在第 1 章讲解计算机工作过程时，我们把(PC) + 1→PC 这个微操作放在第 2 步。

2. 间址周期微操作命令分析

如果指令存在间接寻址，则指令周期中会有间址周期。间址周期微操作如图 8.2 所示。

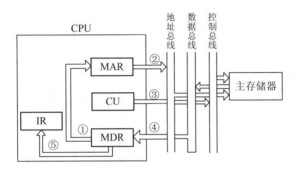

图 8.2　间址周期微操作图

在间址周期会有如下几个微操作：

① 将指令的地址码部分(形式地址)送至存储器地址寄存器中，记作 Ad(IR)→MAR。

注意：从取指周期中可以看到，MDR 和 IR 的内容是一样的，所以图 8.2 中画出的是将 MDR 中的内容送至 MAR。

② 把 MAR 中的地址送到地址总线。(如果 MAR 直接连在地址总线上，就不需要这一步)

③ 向主存发送"读"命令，启动主存"读"操作，记作 1→R。

④ 将 MAR(通过地址总线)所指的主存单元中的内容(有效地址 EA)经过数据总线读至 MDR 中，记作 M(MAR)→MDR。

⑤ 将有效地址 EA 送至指令寄存器的地址字段，记作 MDR→Ad(IR)。

以上共计 5 个微操作命令。

3. 执行周期微操作命令分析

由于不同指令的功能不同，其执行周期的微操作也不同。下面分别讨论 8 条指令在执行周期的微操作，其中非访存指令 3 条，访存指令 3 条，转移类指令 2 条。

1) 非访存指令(3 条)

这类指令在执行期间不需要访问主存储器，在 CPU 内部就能完成指令的功能，执行速度快。

(1) 清除累加器指令 CLA。该指令在执行阶段只完成清除累加器操作，记作 0→AC。

(2) 累加器取反指令 CPL。该指令在执行阶段只完成累加器取反操作，记作 $\overline{AC}$ →AC。

(3) 算术右移一位指令 SHR。该指令在执行阶段完成累加器 AC 算术右移一位操作。

该指令需要两个微操作,记作:

① L(AC)→R(AC);

② AC_0→AC_0(AC 符号不变)。

2) 访存指令(3 条)

这类指令都需要访问主存储器,这样就增加了访问存储器的时间,所以指令执行速度会慢一些。为了简单说明,这里只考虑直接寻址方式,不考虑其他寻址方式。

(1) 加法指令:ADD　AC,X。该指令在执行阶段需要完成累加器 AC 和对应主存 X 地址单元的内容相加,并将结果送累加器 AC 中,具体操作如下:

① 将指令的地址码部分送至存储器地址寄存器中,记作 Ad(IR)→MAR。

② 向主存发送"读"命令,启动主存"读"操作,记作 1→R。

③ 将 MAR(通过地址总线)所指的主存单元的内容(操作数)经数据总线读至 MDR 内,记作 M(MAR)→MDR。

④ 给 ALU 发送做加法的命令,将 AC 的内容和 MDR 的内容相加,结果存于 AC 中,记作(AC) + (MDR)→AC。

以上共计 4 个微操作命令。

(2) 存数指令:STA　X。该指令在执行阶段需要将 AC 的内容存于主存 X 的地址单元中,具体操作如下:

① 将指令的地址码部分送至存储器地址寄存器中,记作 Ad(IR)→MAR。

② 向主存发送"写"命令,启动主存"写"操作,记作 1→W。

③ 将累加器的内容送至 MDR 中,记作 AC→MDR。

④ 将 MDR 的内容(通过数据总线)写入 MAR(通过地址总线)所指的主存单元中,记作 MDR→M(MAR)。

以上共计 4 个微操作命令。

(3) 取数指令:LDA　X。该指令在执行阶段需要将主存 X 地址单元的内容取至累加器 AC 中,具体操作如下:

① 将指令的地址码部分送至存储器地址寄存器,记作 Ad(IR)→MAR。

② 向主存发"读"命令,启动主存"读"操作,记作 1→R。

③ 将 MAR(通过地址总线)所指的主存单元的内容(操作数)经数据总线读至 MDR,记作 M(MAR)→MDR。

④ 将 MDR 的内容(通过数据总线)送至累加器 AC 中,记作 MDR→AC。

以上共计 4 个微操作命令。

3) 转移类指令(2 条)

这类指令在执行阶段不访问存储器。

(1) 无条件转移指令:JMP　X。该指令在执行阶段完成将指令的地址码部分 X 送至 PC 的操作,记作 Ad(IR)→PC。

(2) 条件转移(结果为零则转移)指令:BAZ　X。该指令根据上一条指令运行的累加器结果决定下一条指令的地址。如果累加器结果为零,则条件码寄存器(标志寄存器)中的零标志 Z = 1,指令的地址码送至 PC,转移到(PC) = X 处执行;如果累加器结果不为零,则零标志 Z = 0，程序按原顺序执行。

由于在取指阶段已完成了(PC) + 1→PC，所以当累加器结果不为零时，即零标志 Z = 0 时，就按取指阶段形成的 PC 执行。

条件转移(结果为零则转移)指令"BAZ X"的微操作逻辑表达式记作

$$Z \cdot Ad(IR) + \overline{Z} \cdot (PC) \to PC$$

由此可见，不同指令在执行阶段所完成的微操作是不同的。

限于篇幅，这里只介绍了 8 条指令的执行周期的微操作，其他指令的执行周期和中断周期的微操作就不作介绍了，其分析方法和分析过程是类似的。

8.1.2 控制单元的外特性

图 8.3 所示为反映控制单元外特性的框图。

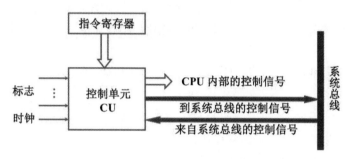

图 8.3 控制单元外特性框图

如图 8.3 所示，控制单元 CU 的引脚信号中，一部分信号是由其他部件输入给控制单元的，如时钟、状态标志信号、指令寄存器的操作码、系统控制总线的控制信号等；另一部分信号是由控制单元输出给其他部件的，如 CPU 内部控制信号、到系统总线的控制信号等。下面分别予以说明。

1. 输入信号

(1) 时钟。不管是在取指周期中，还是在间址周期、执行周期中，它们的各种微操作有以下两点应特别注意：

① 完成每个微操作都需占用一定的时间；

② 各个微操作是有先后顺序的。

例如在取指周期中，首先将现行指令地址送到存储器地址寄存器，记作 PC→MAR；然后向主存发送"读"命令，启动主存"读"操作，记作 1→R；再将 MAR(通过地址总线)所指的主存单元中的内容(指令)经过数据总线读至 MDR 中，记作 M(MAR)→MDR…。这些步骤必须按照先后顺序进行，否则就得不到正确的结果。

为了使控制单元按一定的先后顺序、一定的节奏发出各种控制信号，控制单元必须受时钟控制，即每出现一个时钟脉冲，控制单元就发出一个操作命令或发出一组需要同时执行的操作命令。

时钟电路是由自激多谐振荡电路产生的，所以，只要计算机接通电源，就会连续不断地产生时钟脉冲方波。

在计算机中，时钟是计算机的心脏，如果计算机的时钟信号出现故障，那么计算机硬件系统一定不能工作。

(2) 指令寄存器。指令的操作码决定了不同指令在执行周期所需完成的操作不同，故指令的操作码字段是控制单元的输入信号，它在译码后与时钟信号配合可产生不同的控制信号。

(3) 标志。CPU 中的标志是运算器根据运算结果产生的各种状态符号，它保存在条件码寄存器(标志寄存器)中。

比如条件码寄存器(标志寄存器)中的进位/借位标志 CY，它反映了运算中做加法时最高位有无进位或做减法时有无借位。CY = 1 表示两个数相加产生了进位或两个数相减产生了借位；CY = 0 则表示两个数相加没有产生进位或两个数相减没有产生借位。另外还有溢出标志 OV、奇偶标志 P、零标志 Z 等。

控制单元有时需依赖 CPU 当前所处的状态(如运算器 ALU 操作的结果)产生控制信号，例如条件转移指令：BAZ　X，为完成这条指令功能，控制单元要根据上一条指令的结果是否为零(零标志 Z 是否为 1)而产生不同的控制信号。因此状态标志信号也是控制单元的输入信号。

(4) 来自系统总线(控制总线)的控制信号。例如中断请求、DMA 请求等。

2. 输出信号

(1) CPU 内部的控制信号。这类信号主要用于 CPU 内的寄存器之间的数据传送和控制运算器 ALU 实现算术与逻辑运算操作。

(2) 送至系统总线(控制总线)的信号。例如：控制主存读/写，控制 I/O 设备读/写，中断响应等。

8.1.3　控制信号举例

控制器的主要功能就是发出各种信号，下面以间接寻址的加法指令"ADD　@X"为例，进一步讲解控制信号在完成一条指令的过程中所起的作用。在这个例子中，我们介绍的是不采用 CPU 内部总线的方式控制器。

间接寻址的加法指令"ADD　@X"的各种微操作控制信号如图 8.4 所示，虽然图中

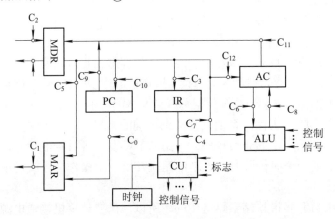

图 8.4　控制单元中的控制信号

未画出每个寄存器的输入或输出控制门电路，但标出了控制这些门电路的控制信号 C_i，考虑到从存储器取出的指令或有效地址 EA 都要先送至 MDR 再送至 IR 中，故图中省去了 IR 送至 MAR 的数据通路，凡是需要从 IR 送至 MAR 的操作，均由 MDR 送至 MAR 操作代替。

1. 取指周期

(1) 控制信号 C_0 有效，打开 PC 送往 MAR 的控制门。

(2) 控制信号 C_1 有效，打开 MAR 送往地址总线的控制门。

(3) 通过控制总线向主存发送"读"命令。

(4) 控制信号 C_2 有效，打开数据总线送至 MDR 的输入门。

(5) 控制信号 C_3 有效，打开 MDR 和 IR 之间的控制门，至此，指令送至 IR 中。

(6) 形成下一条指令的地址，(PC)+1→PC(图中没有标出)。

(7) 控制信号 C_4 有效，打开指令操作码送至 CU 的输入门。CU 在操作码和时钟的控制下，产生本指令的相应操作。

2. 间址周期

(1) 控制信号 C_5 有效，打开 MDR 和 MAR 之间的控制门，将指令的形式地址送至 MAR 中。

(2) 控制信号 C_1 有效，打开 MAR 送往地址总线的输出门。

(3) 通过控制总线向主存发送"读"命令。

(4) 控制信号 C_2 有效，打开数据总线送至 MDR 的输入门。此时，有效地址 EA 送入 MDR 中。

(5) 控制信号 C_3 有效，打开 MDR 和 IR 之间的控制门，将有效地址 EA 送至指令寄存器 IR 的地址码字段。

3. 执行周期

(1) 控制信号 C_5 有效，打开 MDR 和 MAR 之间的控制门，将有效地址 EA 送至 MAR 中。

(2) 控制信号 C_1 有效，打开 MAR 送往地址总线的输出门。

(3) 通过控制总线向主存发送"读"命令。

(4) 控制信号 C_2 有效，打开数据总线送至 MDR 的输入门。至此，操作数已经存入 MDR 中。

(5) 控制信号 C_6、C_7 同时有效，打开 AC 和 MDR 通往 ALU 的控制门。

(6) 通过操作码送至 CU 后产生的控制信号对 ALU 发出"ADD"做加法的控制信号，完成 AC 内容和 MDR 内容的相加。

(7) 控制信号 C_8 有效，打开 ALU 通往 AC 的控制门，将指令求和的结果存入 AC 中。

图中，C_9、C_{10} 分别是控制 PC 输入和输出的控制信号，C_{11}、C_{12} 分别是控制 AC 输入和输出的控制信号。

例 8.1 (1) 写出取指周期的全部微操作。

(2) 写出存数指令"STA M"(M 为主存地址)在执行周期的全部微操作。

(3) 写出加法指令"ADD M"(M 为主存地址)在执行周期的全部微操作。

(4) 写出无条件转移指令"JMP Y"在执行周期的全部微操作。

解 (1) 取指周期的全部微操作如下：

① 将现行指令地址送到存储器地址寄存器中，记作 PC→MAR。

② 将 MAR 中的地址送到地址总线上。

③ 向主存发送"读"命令，启动主存"读"操作，记作 1→R。

④ 将 MAR(通过地址总线)所指的主存单元中的内容(指令)经过数据总线读至 MDR 中，记作 M(MAR)→MDR。

⑤ 将 MDR 的内容送至 IR，记作 MDR→IR。

⑥ 形成下一条指令的地址，记作(PC) + 1→PC。

⑦ 将指令的操作码送至 CU 译码，记作 OP(IR)→CU。

(2) 存数指令"STA M"在执行周期所需的全部微操作如下：

① 将指令的地址码部分送至存储器地址寄存器中，记作 Ad(IR)→MAR 。

② 将累加器的内容送至 MDR 中，记作 AC→MDR。

③ 向主存发送"写"命令，启动主存"写"操作，记作 1→W。

④ 将 MDR 的内容(通过数据总线)写入 MAR(通过地址总线)所指的主存单元中，记作 MDR→M(MAR)。

(3) 加法指令"ADD M"在执行周期所需的全部微操作如下：

① 将指令的地址码部分送至存储器地址寄存器中，记作 Ad(IR)→MAR。

② 向主存发送"读"命令，启动主存"读"操作，记作 1→R。

③ 将 MAR(通过地址总线)所指的主存单元的内容(操作数)经数据总线读至 MDR 中，记作 M(MAR)→MDR。

④ 给 ALU 发做加法的命令，将 AC 的内容和 MDR 的内容相加，结果存于 AC 中，记作(AC) + (MDR)→AC。

(4) 无条件转移指令"JMP Y"在执行周期所需的微操作如下：

将指令的地址码部分 Y 送至 PC 中，记作 Ad(IR)→PC。

8.1.4 多级时序系统

1. 时钟周期(节拍)

计算机硬件系统中最基础的部分之一是时钟信号，它好比计算机的心脏。时钟信号由自激多谐振荡器电路产生，通过学习数字电路知识我们知道，自激多谐振荡器电路只要接通电源，就会产生一定频率的方波，在计算机电路里，这个方波经过整形、倍频或分频电路处理后，用来作为时钟信号。时钟信号的频率就是我们常说的计算机 CPU 的主频。时钟频率的倒数称为时钟周期，也称为振荡周期。时钟周期是计算机中最基本的时间单位。

用时钟信号控制节拍发生器电路，就可以产生节拍 T。每个节拍的宽度可以对应若干个时钟周期，如图 8.5 所示，一个节拍 T 正好对应一个时钟周期，节拍是控制计算机操作的最小时间单位。图 8.5 显示了时钟周期和节拍的关系，图中共有 4 个节拍：T_0、T_1、T_2、T_3。

2. 机器周期

一条指令从取出到执行结束所需要的全部时间称为这条指令的指令周期。不同的指令所需要的时间是不一样的，例如间址指令比非间址指令慢，访存指令比非访存指令慢。我们把指令周期分为 4 个阶段，分别为取指周期、间址周期、执行周期、中断周期，但不是所有的指令都一定有这 4 个阶段，例如非间址指令就不需要间址周期，没有响应中断请求就不会进入中断周期。

如何确定一条指令的时间呢？在计算机系统中，我们会设计一个基准时间，这个基准时间就称为机器周期。这个基准时间的长度需要通过分析指令执行步骤和每个步骤所需的时间来决定。我们在分析计算机的指令系统时发现，指令的操作分为两种情况：一种是在 CPU 内部的操作，不需要访问主存；另一种是需要访问主存的访存操作。在 CPU 内部的操作比较快，访存的操作比较慢，因此，通常将访问一次主存的时间定为基准时间比较合理。这样，我们把访问一次主存所需要的最短时间称为机器周期，也就是计算机完成一个基本操作所需要的时间。由于任何一条指令中都必须包括取指周期，而取指周期必须访问主存，所以也常常把取指周期看作机器周期。

图 8.5 所示的一个机器周期长度是 4 个节拍的长度。应该注意的是，不同的控制器设计方式，其机器周期长度是不一样的，不一定都是 4 个节拍，这取决于 CPU 控制器的设计者。

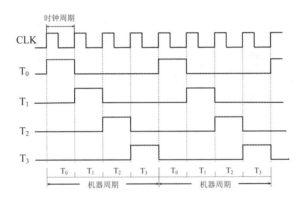

8.5　时钟周期、节拍、机器周期的关系

3. 多级时序系统

计算机的一条指令的指令周期由若干个机器周期组成，一个机器周期又由若干个节拍组成，每个节拍对应若干个时钟周期，这就是时钟周期、节拍、机器周期的关系。时钟周期、机器周期、节拍共同组成了计算机的多级时序系统。

一般来说，CPU 的主频越快，就意味着时钟频率越快，机器周期越短，计算机指令执行速度越快。但实际上，计算机运行速度的快慢不仅与主频有关，还和机器中每条指令所包含的机器周期数及一个机器周期中包含的节拍数有关。

比如两台计算机有同样的主频，但一台计算机的 CPU 中一条指令只用 3 个机器周期，一个机器周期包含 4 个节拍；另一台计算机的 CPU 中一条指令用了 4 个机器周期，一个机器周期也包含 4 个节拍。很显然，前一台计算机 CPU 的指令运行速度比后一台快。所以说，主频快的计算机运行速度快是以相同的 CPU 架构为前提的，不同架构的 CPU 不能简单地相互比较。

在 Intel 公司设计的 MCS-51 单片机中，它的 CPU 一个机器周期包含 6 个节拍(状态)，1 个节拍(状态)周期包含 2 个时钟周期，也就是一个机器周期为 12 个时钟周期，如果主频固定了，机器周期长度也就固定了。

对于主频为 12 MHz 的 MCS-51 单片机，其时钟周期为 1/12 μs，一个机器周期是 12 个时钟周期，所以一个机器周期的时间是 1 μs。如果采用主频为 24 MHz 的 MCS-51 单片机，则一个机器周期为 0.5 μs。后者的运算速度比前者快一倍，也就是在相同的 CPU 架构下，主频越快，计算机指令执行的速度越快。

同时，MCS-51 单片机的指令周期长度是不一样的，根据指令的复杂程度不同，分别包含 1~4 个机器周期。MCS-51 单片机的指令系统中，像"MOV A，Rn"这种不需要访存的指令就只需要 1 个机器周期；而像"MOV A，direct"这种访存指令就需要 2 个机器周期。在 MCS-51 单片机的指令系统中，乘法和除法指令最复杂，包含 4 个机器周期。

为了进一步理解计算机指令周期、机器周期、节拍(状态)、时钟周期的关系，我们举例如下。

例 8.2   设某计算机的 CPU 主频为 8 MHz，每个机器周期包含 2 个时钟周期，每条指令的指令周期平均有 2.5 个机器周期，试问：

(1) 该机的平均指令执行速度为多少 MIPS？

(2) 若 CPU 主频不变，但每个机器周期包含 4 个时钟周期，每条指令的指令周期平均有 5 个机器周期，该机平均指令执行速度又是多少 MIPS？

(3) 由此可得出什么结论？

解   由于 CPU 的主频是 8 MHz，所以时钟周期是 $1 \div 8 = 0.125$ μs。机器周期为 $0.125 \times 2 = 0.25$ μs，指令周期为 $0.25 \times 2.5 = 0.625$ μs

(1) 平均指令执行速度为 $1 \div 0.625 = 1.6$ MIPS。

(2) 若 CPU 主频不变，但每个机器周期平均含 4 个时钟周期，每条指令的指令周期平均有 5 个机器周期，则机器周期为 $0.125 \times 4 = 0.5$，指令周期为 $0.5 \times 5 = 2.5$ μs，故平均指令执行速度为 $1 \div 2.5 = 0.4$ MIPS。

(3) 由此得出结论：机器的运行速度不完全取决于 CPU 的主频。

4. 控制方式

设计一个 CPU 的控制器，机器周期应该安排几个节拍？一个节拍应该安排几个时钟周期？时钟的频率应该安排多少？这些问题没有标准答案。目前世界上有成千上万种型号的 CPU，价格不同、应用场合不同，CPU 的设计思想和设计方式也就不同，设计者需要根据不同的实际情况综合考虑。

控制器控制一条指令执行的过程，本质上是依次执行一个确定的微操作序列的过程。由于不同指令所对应的微操作数不同，因此每条指令和每个微操作所需的执行时间也不同。通常将控制不同微操作序列所采用的时序控制方式称为控制器的控制方式。控制器的控制方式有 4 种，分别为同步控制方式、异步控制方式、联合控制方式、人工控制方式。在这里我们介绍同步控制方式下的两种方案，让大家理解什么是控制方式。

同步控制方式是指任何一条指令或指令中任何一个微操作的执行都是事先确定的，并且受统一基准时标的时序信号所控制的方式。

1) 定长机器周期

通过第 7 章的学习我们知道，一条最复杂的指令可能会有 4 个周期：取指周期、间址

周期、执行周期、中断周期。在这 4 个周期中，我们采用微操作数最多、执行时间最长的
周期作为机器周期。比如，我们假定取指周期中包含的微操作数最多、执行时间最长，那
么我们就采用取指周期作为整个 CPU 的机器周期标准，同时把它固定下来，然后再根据
取指周期的长度来决定它要包含几个节拍或时钟周期，如图 8.6 所示。

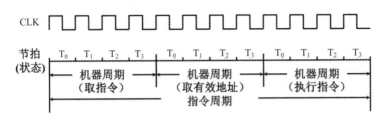

图 8.6　定长机器周期

　　在图 8.6 所示的设计方案里，每个机器周期都固定采用 4 个节拍：T_0、T_1、T_2、T_3，
每个节拍对应 1 个时钟周期。当然，设计者也可以根据需要把机器周期定为 3 个节拍：T_0、
T_1、T_2，每个节拍也可以对应 2 个时钟周期。但不管你的设计方案中一个机器周期包含几
个节拍，几个时钟周期，一旦确定好，机器周期的长度就固定不变了，也就是说不论是取
指周期，还是间址周期、执行周期、中断周期都采用这个固定长度的机器周期，这就是所
谓的"定长机器周期"设计方案。

　　这种"定长机器周期"方案的特点是：不论一条指令在它的不同周期所对应的微操作
数有多少，一律用最长的微操作序列作为标准来确定机器周期长度，然后采取完全统一的、
具有相同时间间隔和相同数目的节拍作为机器周期来运行各种不同指令。

　　显然，这种方案的最大缺点是：对微操作数较少的指令来说，会造成时间上的浪费。
比如，某条指令执行周期的微操作数很少，本来 2 个节拍的时间就可以完成，但按照图 8.6
所示把机器周期固定为 4 个节拍的方案，则需要 4 个节拍的时间，其中 2 个节拍的时间就
被浪费掉了。

　　这种"定长机器周期"设计方案的优点是结构简单，电路设计容易。Intel 公司设计的
MCS-51 系列单片机采用的就是"定长机器周期"方案，它的机器周期固定为 6 个节拍(状
态)，每个节拍(状态)包含 2 个时钟周期。

　　2) 不定长机器周期

　　为了克服"定长机器周期"方案的缺点，我们可以采用"不定长机器周期"的设计方
案。在"不定长机器周期"的设计方案中，每个机器周期内的节拍数可以不等，如图 8.7
所示。

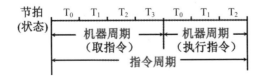

图 8.7　不定长机器周期

　　这种"不定长机器周期"方案克服了"定长机器周期"设计方案存在的节拍时间浪费
的问题，它根据指令周期实际微操作的时间来决定每个机器周期的节拍数长度。在图 8.7

中，指令的取指周期为 4 个节拍，执行周期为 3 个节拍。

这种设计方案带来的问题是：它的控制电路相对"定长机器周期"方案更复杂，设计起来要考虑的问题较多。

在同步控制方式中还有"中央控制和局部控制相结合"的方案，在此就不作介绍了。

总之，不同的控制方式都有自己的优点和缺点，设计者根据不同 CPU 的应用需要，可采取不同的设计方式。

8.2 控制单元的设计

目前，控制器的设计方式有两种：组合逻辑设计方式和微程序设计方式。我们先介绍传统的组合逻辑设计方式。

8.2.1 组合逻辑设计概述

组合逻辑设计方式是按照数字电路中组合逻辑的设计方法和步骤设计控制器。

它的基本步骤如下：首先把 CPU 指令系统中每条指令的全部微操作都一一列出来；再把每个微操作安排到机器周期中的每个节拍中，得到一个微操作命令的操作时间表；然后根据操作时间表写出每一个微操作命令的逻辑表达式；最后根据逻辑表达式画出相应的组合逻辑电路图。

若画出了一个 CPU 指令系统中所有指令的微操作命令的组合逻辑电路图，这个 CPU 控制器的设计也就基本完成了。

1. 组合逻辑控制器框图

前面图 8.3 所示的是控制器的外特性框图，把这个外特性框图细化，我们就得到了带译码和节拍输入的组合逻辑控制器框图，如图 8.8 所示。

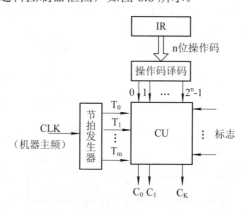

图 8.8 带译码和节拍输入的控制器框图

在图 8.8 中，我们以 CU 为设计对象，首先分析 CU 的输入信号。

CU 的输入信号第一部分来自指令寄存器 IR，为了简化设计，假定 CPU 指令的操作码是固定长度 n 位的。这样，n 位操作码通过指令译码器电路产生 2^n 个输出信号$(0\sim2^{n-1})$，即 CPU 指令系统的每条指令都会对应一个相应的输出信号。把指令译码器输出的 2^n 个输出信号($0\sim2^{n-1}$)作为 CU 的输入信号。当然，如果采取不固定指令长度操作码的设计方式，则设计方式是一样的，但它的译码电路更复杂。

如图 8.8 所示，CU 输入信号的第二部分来自节拍信号。以时钟电路产生 CLK 脉冲序列作为标准信号，再通过一个节拍发生器电路，便可产生出一连串的节拍信号(T_0, T_1, …, T_n)。这一连串的节拍信号(T_0, T_1, …, T_n)作为 CU 的外部输入信号用以控制微操作的先后次序。

在图 8.8 中，CU 输入信号的第三部分来自标志信号，标志信号由条件码寄存器(标志寄存器)产生，它反映了指令在运行过程中的不同状态。比如做加法是否有进位，做减法是否有借位等。

组合逻辑设计方式就是以上述三种信号作为 CU 的输入信号，根据 CPU 指令系统不同指令的功能，设计相应的组合逻辑电路 CU。对于 CPU 指令系统中的每一条不同指令，由 CU 产生完成该指令的相应的微操作序列(C_0, C_1, …, C_n)。

2. 微操作的节拍安排

为了方便说明，首先，假定 CPU 的控制器设计采用固定长度的机器周期，每个机器周期包含 3 个节拍：T_0、T_1、T_2；其次，这个 CPU 内部结构如图 8.4 所示，其中 MAR 和 MDR 分别直接连接到地址总线和数据总线；最后假设 IR 的地址码部分与 MAR 之间有通路。

前面我们在 8.1 节分析了 8 条指令的微操作，所以我们还假定一个 CPU 的指令系统就是这 8 条指令，通过这 8 条指令来讲解采用组合逻辑方式设计 CPU 控制器的基本方法和步骤。

为了能通过组合逻辑方式设计这个 CPU 控制器的逻辑电路，首先要把 8 条指令所包含的全部微操作都列出来，然后再把这些微操作按照执行的先后顺序分别安排到每个机器周期相应的节拍中。

安排微操作节拍时有下列 3 条基本原则。

(1) 有些微操作的顺序是不能改变的，所以安排微操作时一定要注意微操作的先后顺序。

(2) 凡是被控制对象不同的微操作，若能安排到一个节拍执行，应尽可能安排到同一个节拍内完成，以节省时间。

(3) 如果有些微操作所用的时间很短，几个微操作能够在一个节拍内完成，则应该将它们放到同一个节拍内完成，并且让这些微操作在这个节拍内按先后次序完成。

按照上述 3 条原则，以 8.1 节所分析的 8 条指令为例，把每条指令的微操作都安排到相应的机器周期节拍中。

(1) 取指周期微操作的节拍安排。

① 根据上面节拍安排原则的第 2 条，PC→MAR 和 1→R 这两个微操作分别控制不同的对象，所以可以同时放到 T_0 节拍中，记作 T_0: PC→MAR, 1→R。

② 同样根据上面节拍安排原则的第 2 条，T_1 节拍中可以安排 M(MAR)→MDR 和 (PC)+1→PC 这两个微操作。记作 T_1: M(MAR)→MDR, (PC)+1→PC。

③ 由于 MDR→IR 和 OP(IR)→ID 这两个微操作时间都很短，根据上面节拍安排原则的第 3 条，可以安排到节拍 T_2 中，MDR→IR 在前，OP(IR)→ID 在后。

记作 T_2：MDR→IR，OP(IR)→ID。

我们把上面描述的取指周期的微操作节拍安排统一写成如下形式：

T_0：PC→MAR，1→R

T_1：M(MAR)→MDR，(PC) + 1→PC

T_2：MDR→IR，OP(IR)→ID。

(2) 间址周期微操作的节拍安排。

依照节拍安排原则，间址周期微操作的节拍安排如下：

T_0：Ad(IR)→MAR，1→R

T_1：M(MAR)→MDR

T_2：MDR→(Ad)IR

(3) 执行周期微操作的节拍安排。

我们列出非访存指令 3 条，访存指令 3 条，转移类指令 2 条，共 8 条指令的节拍安排。

① 清除累加器 AC 的指令 CLA。

该指令只有一个微操作 0→AC，所以可以放到 T_0、T_1、T_2 这 3 个节拍中任意一个节拍中，其余节拍为空，例如：

T_0：

T_1：

T_2：0→AC

② 累加器 AC 取反指令 CPL。

同理，由于该指令也只有一个微操作，所以也可以放到 T_0、T_1、T_2 这 3 个节拍中任意一个节拍中，例如：

T_0：

T_1：

T_2：$\overline{AC}$→AC

③ 算术右移指令 SHR，节拍安排如下：

T_0：

T_1：

T_2：L(AC)→R(AC)，AC_0→AC_0

以上 3 条指令都不需要访问存储器，所以称为非访存类指令。这类指令微操作数比较少。

④ 加法指令 "ADD　AC，X"，节拍安排如下：

T_0：Ad(IR)→MAR，1→R

T_1：M(MAR)→MDR

T_2：(AC) + (MDR)→AC(该操作实际包括(AC)→ALU，(MDR)→ALU，ALU→AC 这 3 个微操作)

⑤ 存数指令 "STA　X"，节拍安排如下：

T_0：Ad(IR)→MAR，1→W

T_1：AC→MDR

T_2：MDR→M(MAR)

⑥ 取数指令 "LDA　X"，节拍安排如下：

T_0：Ad(IR)→MAR，1→R

T_1：M(MAR)→MDR

T_2：MDR→AC

在上面④、⑤、⑥这 3 条指令中，都需要访问存储器，所以称为访存指令。访存指令微操作数多。

最后是 2 条转移类指令：

⑦ 无条件转移指令"JMP　X"，节拍安排如下：

T_0：

T_1：

T_2：Ad(IR)→PC

⑧ 条件转移(零转移)指令"BAZ　X"，节拍安排如下：

T_0：

T_1：

T_2：Z·Ad(IR) + $\overline{Z}$·(PC)→PC

以上就是 8 条 CPU 指令微操作的节拍安排。

实际上，CPU 在每条指令之后都会查询所有中断源是否有中断请求，如果检测到有效的中断请求信号，CPU 就会进入中断周期。在中断周期会产生相应的微操作，为了简单说明，在这里我们就不考虑中断周期的微操作信号了。

8.2.2　组合逻辑设计步骤

用组合逻辑设计方式设计 CPU 的控制器，其步骤如下：

(1) 确定 CPU 所有指令的微操作的节拍安排，列出操作时间表。

我们以上面分析的 8 条指令为例，列出这 8 条指令的微操作命令的操作时间表，见表 8.1。其中：FE 为取指周期标志；IND 为间址周期标志；EX 为执行周期标志；T_0 到 T_2 为节拍；I 为间址标志。在取指周期的 T_2 时刻，如果测得 I = 1，则说明指令为间址寻址，IND 触发器置 1，进入间址周期；在取指周期的 T_2 时刻，如果测得 I = 0，则说明该指令没有间址寻址，直接进入执行周期，EX = 1。需要注意的是，由于考虑到有可能 2 次(或多次)间接寻址，所以在间址周期的 T_2 时刻，测试 IND 是否为 1，如果为 1，则继续间接寻址。

一定要注意的是：在每条指令的执行周期 T_2 时刻，CPU 都会向所有中断源发出中断查询信号，若检测到有中断请求且满足响应条件，则 INT 触发器置 1，说明指令进入中断周期。但为了分析简单，在表 8.1 中没有列出中断触发器 INT 置 1 的操作和中断周期的微操作。

说明：表 8.1 的第一行对应 8 条指令的操作码，代表不同指令，第四列为"微操作命令信号"，若某条指令中有相应的微操作，则对应空格为 1。

(2) 写出微操作命令的最简逻辑表达式。

我们可以根据表 8.1 写出每个微操作的初始逻辑表达式，经化简、整理后得到用于逻辑电路实现的微操作命令逻辑表达式。

表 8.1　操作时间表

工作周期标记	节拍	状态条件	微操作命令信号	CLA	CPL	SHR	ADD	STA	LDA	JMP	BAZ
FE (取指)	T_0		PC→MAR	1	1	1	1	1	1	1	1
			1→R	1	1	1	1	1	1	1	1
	T_1		M(MAR)→MDR	1	1	1	1	1	1	1	1
			(PC)+1→PC	1	1	1	1	1	1	1	1
	T_2		MDR→IR	1	1	1	1	1	1	1	1
			OP(IR)→ID	1	1	1	1	1	1	1	1
		I = 1	1→IND				1	1	1	1	1
		I = 0	1→EX	1	1	1	1	1	1	1	1
IND (间接寻址)	T_0		Ad(IR)→MAR				1	1	1	1	1
			1→R				1	1	1	1	1
	T_1		M(MAR)→MDR				1	1	1	1	1
	T_2		MDR→Ad(IR)				1	1	1	1	1
		IND = 0	1→EX				1	1	1	1	1
EX (执行)	T_0		Ad(IR)→MAR				1	1	1		
			1→R				1		1		
			1→W					1			
	T_1		M(MAR)→MDR				1		1		
			AC→MDR					1			
	T_2		(AC)+(MDR)→AC				1				
			MDR→M(MAR)					1			
			MDR→AC						1		
			0→AC	1							
			$\overline{AC}$→AC		1						
			L(AC)→R(AC), AC_0 不变			1					
			Ad(IR)→PC							1	
		Z = 1	Ad(IR)→PC								1

根据表 8.1 可以写出 M(MAR)→MDR 微操作命令的逻辑表达式如下：

M(MAR)→MDR

$$= FE \cdot T_1 + IND \cdot T_1(ADD + STA + LDA + JMP + BAZ) + EX \cdot T_1(ADD + LDA)$$

$$= T_1\{FE + IND(ADD + STA + LDA + JMP + BAZ) + EX(ADD + LDA)\}$$

式中，ADD、STA、LDA、JMP、BAZ 信号均来自指令译码器的输出。

(3) 画出微操作命令的逻辑图。

对应每个微操作的最简逻辑表达式都可以画出一个对应的逻辑图。

例如：根据上面介绍的 M(MAR)→MDR 微操作逻辑表达式画出对应的逻辑图，如图 8.9 所示。

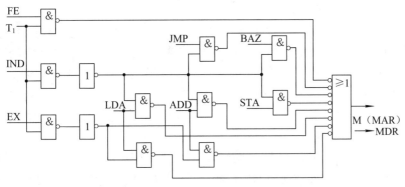

图 8.9　M(MAR)→MDR 微操作逻辑图

当我们把 CPU 所有指令的所有微操作都画出相应的逻辑图时，这样一个 CPU 的控制器也就设计完成了。

通过上面介绍，我们知道了组合逻辑设计方式的基本步骤。组合逻辑设计方式思路清晰、简单明了，而且运行速度很快，但因为每个微操作都要对应一个逻辑电路，所以最后完成的控制器逻辑电路会很复杂。

以上举例是假定 CPU 指令系统只包含 8 条指令，同时没有考虑中断周期。如果一个 CPU 的指令系统有 100 多条指令，再考虑中断周期，那么可以想象这个控制器的线路结构有多么庞杂，线路越复杂，调试也就越困难。

此外，组合逻辑设计方式还有一个问题，如果我们想扩大某个 CPU 的指令集，哪怕只增加一条指令，那么这个 CPU 的整个逻辑电路就都需要重新设计。

8.2.3　微程序的设计思想

对于组合逻辑设计方式存在的逻辑电路复杂、指令集扩展难等问题，有没有办法使控制器电路设计更简单和便于指令集扩展呢？为了克服组合逻辑设计方式的这些缺点，1951 年英国剑桥大学的 M.V.Wikes 教授提出了"微程序设计思想"的控制器设计方式。M.V.Wikes 教授设想采用类似存储程序的方式来解决微操作命令序列的形成。

从前面组合逻辑设计方式我们知道，所谓执行一条机器指令其实是完成与指令对应的一系列固定的微操作序列。那么，如果我们把一条机器指令中可以同时进行的微操作分配到一条微指令中，把不能同时进行的微操作放到不同的微指令中，这样通过执行一系列微指令的组合就能完成一条机器指令执行的所有微操作，我们把由一系列微指令组成的微操作称为微程序。这就是微程序的设计思想。其对应关系为：每一条 CPU 机器指令都对应一个微程序，每个微程序由一系列微指令组成，每条微指令中包含一组微操作。

这种微程序的设计思想实现了用软件的设计思想设计硬件，使 CPU 控制器的设计变得相对简单，也能很方便地扩大 CPU 的指令集。若要扩大指令集，则每增加一条指令，就相当于由已有的微指令按照新指令微操作序列重新组合一个新的微程序。只要设计好基本的微指令，几乎可以任意扩大 CPU 的指令集，而不需要对控制器的线路做大的改变。而且即使要改变微指令的功能，也只是把微存储器中的对应单元的数据进行修改，方法简单方便。

下面详细介绍微程序控制器设计的基本原理和方法。

1. 机器指令对应的微程序

首先，我们必须设计一个控制存储器(简称控存)用来存放微程序，如图 8.10 所示。

采用微程序方式设计控制器的过程就是编写每一条 CPU 机器指令对应的微程序的过程。每个微程序中的微指令是按照执行每条机器指令的微操作的先后顺序编写的。

由于每条机器指令都有取指令操作，而取指令的微操作是相同的，因此将取指令操作的命令统一编写成一个公共的取指周期微程序，这个微程序的功能就是负责把机器指令从主存储器中取到指令寄存器 IR 中。

同理，如果机器指令中有间接寻址操作，其微操作也是相同的，所以也可以把间址操作的微指令组成一个公共的间址周期微程序。另外，所有机器指令中断周期的微操作也是一样的，我们也可以把它们组成一个公共的中断周期微程序。

因此，如图 8.10 所示，控制存储器中存放有取指、间址、中断三个公共微程序和不同机器指令对应的执行周期微程序。

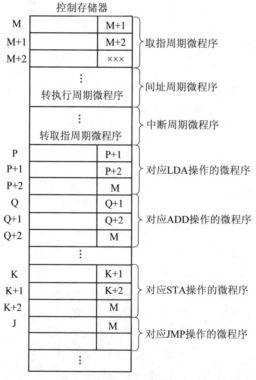

图 8.10　控制存储器微程序存放示意图

我们以机器指令 ADD 为例来说明其对应的微程序的执行过程：要执行一条 ADD 指令，首先在控制存储器中执行取指周期微程序；其次看这条机器指令是否有间接寻址，如果有间接寻址则执行间址周期微程序，执行后转到 ADD 操作执行周期的微程序；如果没有间接寻址，则直接转到 ADD 操作执行周期的微程序；最后再执行中断周期微程序。

取指周期微程序和中断周期微程序是每一条指令都有的,其微程序也是相同的。基本上,不同的机器指令只看这条机器指令是否有间接寻址,有间接寻址就执行间址周期微程序,没有就不执行间址周期微程序,然后转向不同指令的执行周期的微程序。

综上所述,CPU 指令系统中的每条机器指令对应一个微程序,这个机器指令微程序中又包括取指周期微程序、间址周期微程序(如果有间接寻址)、执行周期微程序、中断周期微程序。

这些取指周期微程序、间址周期微程序、中断周期微程序也可以理解成机器指令微程序中的子程序。

2. 微程序控制单元的基本框图

要运行机器指令微程序,必须有相应的控制单元,微程序的控制单元基本框图如图 8.11 所示,微程序控制单元主要由微地址形成部件、顺序逻辑控制器、CMAR、控制存储器、CMDR 等几个部分组成。其中控制存储器是微程序控制器的核心部件,用来存放所有指令对应的微程序;CMAR 是控制存储器的地址寄存器,用来存放即将执行的微指令的地址;CMDR 是控制存储器的数据寄存器,用来存放从控制存储器中读出的微指令;顺序逻辑控制器用来控制微指令的序列,形成下一条微指令地址。

微程序在执行过程中,每完成一条微指令,就必须知道下一条微指令的地址。如图 8.11 所示,下一条微指令的地址形成是由顺序逻辑控制器来完成的,它的输入与微地址形成部件的输出、CMDR 中下一地址字段以及外来的标志有关。具体形成方式后面再详细介绍。

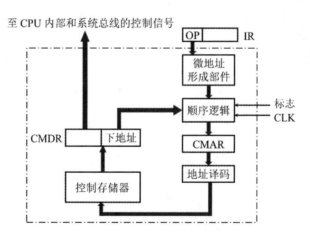

图 8.11　微程序控制单元的基本框图

微程序是由一条一条微指令组成的,要了解微程序的运行过程,就必须了解微指令的基本格式。

微指令的基本格式如图 8.12 所示。

图 8.12　微指令的基本格式

微指令的基本格式分为两个部分:一个是"操作控制"字段,用来产生微操作控制信号,即发出各个工作周期的各种控制信号,比如取指周期中的 PC→MAR 和 1→R 等。

另外一个为"顺序控制"字段，用来形成下一条微指令的地址，保证微程序中的微指令依次执行。

3. 微程序控制单元的工作原理

为了方便说明，我们假定有一个用户的汇编语言程序如下：

  LDA X；

  ADD Y；

  STA Z；

它存于主存中，起始地址为 2000H。我们来分析当采用微程序设计方式时，它的工作过程和工作原理。

下面结合图 8.10 和图 8.11 来说明运行上述用户程序时，微程序控制单元的工作过程。

(1) 取指周期。从前面章节的知识我们知道，如果要运行上述用户程序，首先需要把用户程序的首地址(2000H)送到 PC，然后进入取指周期。在取指周期就运行图 8.10 所示控制存储器中的取指周期微程序。它的运行步骤如下：

① 将图 8.10 所示取指周期微程序的首地址 M 送入图 8.11 所示微程序控制单元中的 CMAR，记作 M→CMAR。

② 取微指令。将控制存储器中对应 M 地址单元的第一条微指令读到图 8.11 所示控制存储器相对应的数据寄存器 CMDR 中，记作 CM(CMAR)→CMDR。

③ 产生微操作命令。根据微指令的格式我们知道，微指令由"操作控制"字段和"顺序控制"字段组成，其中"操作控制"字段中为 1 的各位发出微操作控制信号。根据取指周期微操作安排，第一条微指令的"操作控制"字段会产生取指周期 T_0 节拍阶段需要的微操作：PC→MAR，1→R，这两个控制信号就会实现把 PC 中的用户程序首地址送入主存中的 MAR，准备读第一条用户指令。

④ 形成下一条微指令的地址。在微指令产生微操作命令的同时，该微指令中的"顺序控制"字段会指出下一条微指令的地址为 M+1。如图 8.11 所示，CMDR 的"下地址"部分送入顺序逻辑控制器，通过顺序逻辑控制器送入 CMAR 中，记作 Ad(CMDR)→CMAR。

⑤ 取下一条微指令。将对应控制存储器中 M+1 地址单元中的第二条微指令读到 CMDR 中，记作 CM(CMAR)→CMDR。

⑥ 产生微操作命令。由第二条微指令的"操作控制"字段中为 1 的各位发出取指微操作中 T_1 节拍中的微操作控制信号：M(MAR)→MDR，(PC)+1→PC，实现把主存中首地址 2000H 中的第一条机器指令从主存中读出送至 MDR 中。

⑦ 形成下一条微指令的地址。将第二条微指令下地址字段指出的第三条微指令的地址 M+2 通过顺序逻辑控制器送至 CMAR，记作 Ad(CMDR)→CMAR。

以此类推，直到取出取指周期微程序中的最后一条微指令，并发出微指令为止。此时，取指周期所有微操作都已完成，即可实现第一条机器指令"LDA　X"存入指令寄存器 IR 中。

(2) 执行阶段。由于"LDA　X"指令没有间接寻址，所以不需要运行间址周期微程序，直接进入执行周期微程序。

① "LDA　X"指令执行周期微程序首地址的形成。当"LDA　X"指令存入指令寄存器 IR 时，其操作码 OP(IR)部分直接送入图 8.11 所示微地址形成部件，该部件的输出即

为"LDA　X"指令微程序的首地址 P(见图 8.10),同时将 P 通过顺序逻辑控制器送至 CMAR 中，记作 OP(IR)→微地址形成部件→CMAR。

② 取微指令。将控制存储器中对应 P 地址单元的第一条微指令读到图 8.10 所示的数据寄存器 CMDR 中，记作 CM(CMAR)→CMDR。

③ 产生微操作命令。由微指令的"操作控制"字段中为 1 的各位发出执行微操作中 T_0 节拍中的微操作控制信号：Ad(IR)→MAR，1→R；命令从主存中相应的地址读操作数。

④ 形成下一条微指令的地址。在微指令产生微操作命令的同时，该微指令中的"顺序控制"字段会指出下一条微指令的地址为 P+1。如图 8.11 所示 CMDR 的"下地址"部分送入顺序逻辑控制器，通过顺序逻辑控制器送入 CMAR 中，记作 Ad(CMDR)→CMAR。

⑤ 取下一条微指令。将对应控制存储器中 P+1 地址单元中的微指令读到 CMDR 中，记作 CM(CMAR)→CMDR。

⑥ 产生微操作命令。

以此类推，直到取出指令"LDA　X"微程序中地址为 P+2 的最后一条微指令，并发出相应的微操作命令。至此，即完成了取数指令"LDA　X"的功能，实现了将主存 X 地址单元中的操作数取至累加器 AC 的操作。

请大家注意，图 8.10 中指令"LDA　X"执行周期微程序中最后一条微指令的"顺序控制"字段为 M，表明 CPU 接下来开始进入下一条机器指令"ADD　Y"的取指周期微程序，这样按照前面介绍的"LDA　X"机器指令过程，类似地逐条取出相对应的微指令、执行相应的微指令、发出相关的微操作控制命令信号……一条接一条微执行指令，直到完成机器指令"ADD　Y"的功能。

指令"ADD　Y"执行周期微程序中最后一条微指令的"顺序控制"字段同样为 M，于是开始机器指令"STA　Z"的取指周期微程序……直到完成机器指令"STA　Z"的指令功能。

当用户程序所有的机器指令完成后，也就完成了整个用户程序的运行。

综上所述，如果采用只读存储器 ROM 作为控制存储器，仿照图 8.10 所示把 CPU 指令系统中所有指令微程序代码进行灌注，然后按照图 8.11 所示设计微地址形成部件、顺序逻辑控制器、CMAR、CMDR 等相关的逻辑电路，这样，一个微程序设计方式的控制器就完成了。

在这个微程序控制器中，CPU 可以根据指令系统中不同指令去运行在控制存储器中对应的微程序，通过运行相应的微程序即可完成 CPU 每一条机器指令。

通过上面的分析，我们知道采用微程序方式设计控制器，最重要的是如何设计微指令，包括微指令中"操作控制"字段、"顺序控制"字段的编码方式。

8.2.4　微指令的编码方式和序列地址的形成

在这一小节我们分别介绍微指令的编码方式和微指令序列地址的形成，即"操作控制"字段、"顺序控制"字段的设计方法。

1. 微指令的编码方式

微指令的编码方式又称为微指令的控制方式，它是指如何对微指令的"操作控制"字段进行编码，以形成相关的微操作控制信号。主要有直接编码方式和字段编码方式，分别介绍如下。

(1) 直接编码方式。使图 8.12 所示微指令基本格式中"操作控制"字段部分的每一位都代表一个微操作命令，如图 8.13 所示，这种编码方式称为直接编码方式。

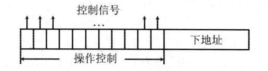

图 8.13　直接编码方式的微指令格式

直接编码方式中，"操作控制"字段的每一位都对应一个微操作命令，"操作控制"字段的位数长度决定微指令有多少个微操作命令。在图 8.13 中，如果控制信号中的某一位为 1，则表示所对应的微操作命令的控制信号有效，打开某个相应的控制门；如果控制信号中某一位为 0，则表示所对应的微操作命令的控制信号无效，不打开某个相应的控制门。

微指令格式中"下地址"字段表示执行本指令后，下一条指令所在的地址。

下面对应图 8.14 我们具体介绍两条采用直接编码方式的微指令。

在前面学习用组合逻辑设计方式设计控制器时，我们知道，取指周期 T_0、T_1 两个节拍中的微操作安排如下：

T_0：PC→MAR，1→R

T_1：M(MAR)→MDR，(PC) + 1→PC

如果把每个节拍对应一条微指令，这就需要两条微指令。采用直接编码方式的微指令如图 8.14 所示，在这里假定微指令"操作控制"字段的最高位代表微操作命令 PC→MAR，最低位代表微操作命令 1→R，次高位代表微操作命令 M(MAR)→MDR，次低位代表微操作命令(PC) + 1→PC。其他的位也对应相应的其他微操作命令，就不一一说明了。

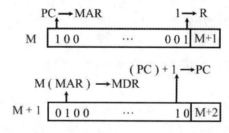

图 8.14　直接编码方式两条微指令举例

T_0 节拍中有两个微操作命令：PC→MAR，1→R，它是第一条微指令，所以这条微指令需要把这两个微操作命令对应的位置 1，其余位置 0。这样第一条微指令中有两位为 1，分别对应 T_0 中的 PC→MAR 和 1→R 两个微操作，其余位都为 0。指令中"下地址"字段是 M + 1，说明执行完这条指令就会指向 M + 1 地址中的第二条微指令。

同理，第二条微指令中另外两位为 1，分别对应节拍 T_1 中的 M(MAR)→MDR 和(PC) + 1→PC 两个微操作，其余位为 0。

这种直接编码方式一目了然，我们可以根据 CPU 所有指令需要的所有微操作来设计不同的微指令，然后由微指令组成一个个微程序实现 CPU 指令的功能。

直接编码方式的优点是从控制存储器中读出的微指令就是控制命令，所以执行速度快。缺点是 CPU 中的指令越多，相应的微操作命令就越多，所需微指令中"操作控制"字段的位数也就越多，有些机器甚至可达到数百位，这使得需要的控制存储器的容量极大。

为了解决这个问题，我们可以采用字段编码方式。

(2) 字段编码方式。在字段编码方式中，我们重点介绍字段直接编码方式。在字段直接编码方式上还可以衍生出字段间接编码和混合编码等方式，这里就不介绍了，愿意进一步了解的读者可以参考其他教材或书籍。

字段直接编码方式主要解决前面介绍的直接编码方式中需要解决的"操作控制"字段位数多的问题。字段直接编码方式将微指令的"操作控制"字段分成若干段，将一组互斥的微操作命令放在一个字段内，通过对这个字段译码，再产生一个个微操作命令。

所谓互斥的微操作命令，是指在同一个时间段不会同时出现的微操作命令。

比如某个机器需要 24 个微操作命令，如果采用直接编码方式，微指令的"操作控制"字段就需要 24 位。但如果我们把"操作控制"字段分为 3 段，每段 3 位，每段再通过译码器分别可以产生 8 位信号，这样仍然可以得到 $3 \times 8 = 24$ 个微操作命令，但这时候"操作控制"字段的位数只需要 $3 \times 3 = 9$ 位。当然，这样做的前提是每个字段的微操作命令是互斥的，如图 8.15 所示。

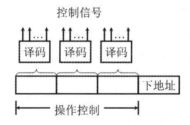

图 8.15　字段直接编码方式的微指令格式

这是一种理想的计算方式，实际上每一字段译码后至少会留 1 位表示不激活任何一条控制线。所以 3 位字段译码后能作为微操作命令位的最多为 7 位，也就是说 3 个 3 位的字段实际只能产生 21 个微操作命令，每个字段需要留 1 位用于"不激活任何一条控制线"信号。

至于把"操作控制"字段分几段合适，取决于需要并行发出的微操作命令个数。如果需要并行发出的命令有 5 个就需要分 5 个字段，每个字段的长度可以不等，每个字段的长度与需要互斥的微操作数有关。

和直接编码方式相比，字段直接编码方式位数少，但需要增加译码器电路，由于译码器译码需要时间，所以字段直接编码方式的执行速度比直接编码方式慢。

下面我们通过例题来帮助大家理解上面两种编码方式。

例 8.3　某机器的微指令格式中共有 8 个控制字段，每个控制字段可分别激活 5、8、3、16、1、7、25、4 种微操作命令。请分别采取直接编码和字段直接编码方式设计微指令的"操作控制"字段，并说明两种方式的"操作控制"字段各取几位。

解　(1) 如果采用直接编码方式，微指令的"操作控制"字段的总位数等于可激活的微操作命令数，即

$$5 + 8 + 3 + 16 + 1 + 7 + 25 + 4 = 69 \text{ 位}$$

(2) 如果采用字段直接编码方式，则需要 8 个控制字段。由于每个控制字段都需要 1 位用于"不激活任何一条控制线"的信号，所以每个控制字段的位数就是在原来的位数上加 1。

8 个字段原来对应的位数：5、8、3、16、1、7、25、4，采用字段控制编码后对应的位数：6、9、4、17、2、8、26、5。

第 1 字段译码输出为 6 位，则译码输入的最小位数为 3，因为 $2^3 > 6$；同理，第 2 字段译码输出为 9，则译码输入的最小位数为 4，因为 $2^4 > 9$；以此类推，第 3 字段译码输入的最小位数为 2；第 4 字段译码输入的最小位数为 5；第 5 字段译码输入的最小位数为 1；第 6 字段译码输入的最小位数为 3；第 7 字段译码输入的最小位数为 5；第 8 字段译码输入的最小位数为 3。这样把所有的字段译码输入位数加起来就是微指令的操作控制字段的总位数，即

$$3 + 4 + 2 + 5 + 1 + 3 + 5 + 3 = 26 \text{ 位}$$

由此可见，字段直接编码方式所需的"操作控制"字段的总位数会比直接编码方式少很多，但需要多使用 8 个译码器，由于译码需要时间，所以字段直接编码方式比直接编码方式执行速度慢。

2. 微指令序列地址的形成

在图 8.12 所示微指令的基本格式中除"操作控制"字段外，还有"顺序控制"字段。"顺序控制"字段的作用是在执行当前微指令后形成下一条微指令的地址。

一条机器指令对应一个微程序，微程序又是由一系列微指令组成的，在微程序中执行一条微指令后如何找到下一条微指令的地址，这就是微指令序列地址的形成。

从图 8.10 可知，微程序中每条微指令的后续微指令地址大致由下面几种方式形成。

(1) 直接由微指令的"下地址"字段指出。我们把图 8.12 所示的微指令基本格式中的"顺序控制"字段直接作为下一条微指令的地址(称为下地址)，如图 8.13 所示，这种方式又称为断定方式。

(2) 根据机器指令的操作码形成。如图 8.10 所示，当完成取指微程序后，具体再执行哪一条指令的微程序，其微指令的首地址由机器指令的操作码决定。比如是执行 LDA 指令对应的微程序(首地址为 P)，还是执行 ADD(首地址为 Q)、STA(首地址为 K)指令对应的微程序，都由机器指令的操作码决定的。

如图 8.11 所示，将机器指令取到指令寄存器中，其操作码通过微地址形成部件产生微指令的地址。其中微地址形成部件实际上就是一个编码器，其输入为指令操作码，其输出为对应该指令的微程序首地址。

(3) 增量计数器法。如果我们观察微程序中的微指令，就会发现大多数时候后续微指令的地址是连续的，是顺序控制，这样微指令可以采用增量计数法，即 $(CMAR) + 1 \to CMAR$ 形成后续微指令的地址。

(4) 分支转移法。当遇到条件转移指令时，微指令出现了分支，必须根据各种标志来决定下一条指令的地址。其指令格式如下：

"操作控制"字段	转移方式	转移地址

把微指令格式中的"顺序控制"字段分为"转移方式"和"转移地址"两个部分,其中,转移方式指明判别条件,转移地址指明转移成功后的去向地址,若不成功则顺序执行。

也有在转移微指令中设两个转移地址,条件满足时选择其中一个转移地址;条件不满足时选择另外一个转移地址。

(5) 由硬件产生微程序入口地址。需要由硬件产生微程序入口地址的情况有以下三种:

① 当电源加电后,这时第一条微指令的地址可由专门的硬件电路产生,也可由外部直接向 CMAR 输入微指令的地址,这个地址就是取指周期微程序的入口地址。

② 当有中断请求时,若条件满足,则 CPU 响应中断进入中断周期。此时,需要中断现运行程序,转至对应中断周期的微程序。由于设计控制单元时已经安排好中断周期微程序的入口地址(如图 8.10 所示中断周期微程序),故响应中断时,可由硬件产生中断周期微程序的入口地址。

③ 当出现间接寻址时,也可由硬件产生间接寻址周期微程序入口地址(如图 8.10 所示间址周期微程序)。

综合上述各种方法,可设计出形成后续微指令地址的原理图,如图 8.16 所示。

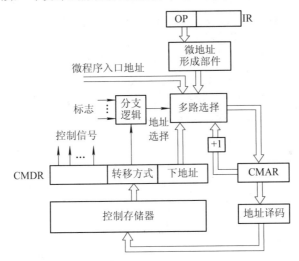

图 8.16 后续微指令地址形成原理图

通过图 8.16 中多路选择器可以根据需要选择以下 4 路地址:

- $(CMAR) + 1 \rightarrow CMAR$。
- 微指令"下地址"。
- 指令寄存器 IR 中的操作码(通过微地址形成部件)。
- 硬件产生的微程序入口地址。

8.2.5 微指令格式

在微指令基本格式的基础上,我们可以设计出不同的微指令格式。微指令格式与微指令的编码方式有关,通常分为水平型微指令和垂直型微指令两种格式。

1. 水平型微指令

水平型微指令的特点是一次可以定义并执行多个并行操作的微操作命令(图 8.13 所示

是典型的水平型微指令)。从编码方式上看,直接编码方式和字段直接编码方式都属于水平型微指令,其中,直接编码方式速度最快,字段直接编码方式由于需要译码,故速度不如直接编码方式快。

2. 垂直型微指令

垂直型微指令和水平型微指令的思路不一样。它类似机器指令方式,把微指令设计成微操作码、地址码以及其他控制三部分。

微操作码部分用来规定微指令的功能,地址码部分用来形成下一条微指令地址,其他控制部分用来协助本条微指令完成其他控制功能。

通常,一条垂直型微指令只发出 1~2 个微操作命令,控制 1~2 个操作。这种微指令不强调其并行控制功能。

表 8.2 列出了一种垂直型微指令的格式,它总共有 16 位二进制位,其中微操作码字段占 3 位,共可完成 8 类操作;地址码字段共占 10 位,对不同的操作有不同的含义;其他控制字段占 3 位,协助本条微指令完成其他控制功能。

例如,微操作命令 PC→MAR 属于寄存器传送型微指令,对照表 8.2 查得它的操作码是 000,它的源寄存器是 PC(假定地址码是 00001),目的寄存器是 MAR(假定地址码是 00010),其他控制为 000,则这条微操作命令对应的 16 位微指令为

000 00001 00010 000

由于一条垂直型微指令一般只能提供 1~2 个微操作命令,所以对于同样一条机器指令,采用垂直型微指令格式的微程序比采用水平型微指令格式的微程序要长,执行速度要慢。但垂直型微指令位数少,规律性强。

限于篇幅,对垂直型微指令格式我们不再作更深入的介绍。

表 8.2　垂直型微指令示例

微操作码	地址码		其他		微指令类别及功能
0 1 2	3~7	8~12	13~15		
0 0 0	源寄存器	目的寄存器	其他控制		传送型微指令
0 0 1	ALU 左输入	ALU 右输入	ALU		运算控制型微指令; 按照 ALU 字段所规定的功能执行,其结果送暂存器
0 1 0	寄存器	移位次数	移位方式		移位控制型微指令; 按照移位方式对寄存器中的数据移位
0 1 1	寄存器	存储器	读写	其他	访存微指令; 完成存储器和寄存器之间的传送
1 0 0	D		S		无条件转移微指令; D 为微指令的目的地址
1 0 1	D		测试条件		条件转移微指令; 最低位为测试条件
1 1 0 1 1 1					可定义 I/O 或其他操作; 第 3~15 位可根据需要定义各种微命令

3. 两种微指令格式比较

(1) 水平型微指令比垂直型微指令并行操作能力强，效率高，灵活性强。

(2) 水平型微指令执行一条机器指令所需的微指令数目少，因此，其速度比垂直型微指令的速度快。

(3) 水平型微指令用较短的微程序结构换取较长的微指令结构，垂直型微指令正好相反，它用较长的微程序结构换取较短的微指令结构。通俗地说，就是水平型微指令格式位数较多，多达数十位，对同一条机器指令(比如"LDA　X")所写出的微程序短；相反，垂直型微指令，每条微指令的位数较少，只有十几位，但对于同一条机器指令所写出的微程序较长。

(4) 水平型微指令格式和机器指令差别较大，垂直型微指令和机器指令相似。

例 8.4　在某微程序控制器中，采用水平型直接编码方式的微指令格式，后续微指令地址由微指令的"下地址"字段给出。已知机器共有 28 个微操作命令、6 个互斥的可判定的外部条件，控制存储器的容量为 512×40 bit，试设计其微指令格式，并说明理由。

解　考虑有 6 个互斥的判定条件，所以我们把水平型微指令在基本微指令格式的基础上细分成由"操作控制"字段、"判断测试"字段和"下地址"字段三部分组成。

因为是水平型微指令格式，其微操作命令数就是"操作控制"字段的位数，所以，水平型微指令"操作控制"字段的位数为 28 位。又由于后续微指令地址由微指令的"下地址"字段给出，故"下地址"字段的位数可根据控制存储器的容量(512×40 bit)确定为 9 位($2^9 = 512$)。

当微程序出现分支时，后续微指令地址的形成取决于状态条件，6 个互斥的可判定外部条件，可以编码成 3 位($2^3 > 6$)状态位。非分支时的后续微指令的"下地址"由字段直接给出。

这样，所设计的微指令格式如下：

操作控制	判断	下地址
28 位	3 位	9 位

例 8.5　某机器共有 52 个微操作命令，构成 5 个互斥类的微操作命令组，各组分别包含 5、8、2、15、22 个微操作命令，已知可判定的外部条件 2 个，微指令字长 28 位。

(1) 按照水平型微指令格式设计微指令，要求微指令的"下地址"字段直接给出后续微指令地址。

(2) 指出控制存储器的容量。

解　(1) 已知 5 个相斥类的微操作命令组，各组分别包含 5、8、2、15、22 个微操作命令，考虑到每组必须增加一种"不激活任何一条控制线"的情况，则 5 个控制字段分别需要给出 6、9、3、16、23 种状态，对应 $3(2^3 > 6)$、$4(2^4 > 9)$、$2(2^2 > 3)$、$4(2^4 = 16)$、$5(2^5 > 23)$。另外，因可判断的外部条件为 2 个，所以条件测试字段取 2 位。这样，微指令操作控制字段总长度为

$$3 + 4 + 2 + 4 + 5 + 2 = 20 \text{ 位}$$

由于微指令字长为 28 位，其中"操作控制"字段的长度为 20 位，则作为"下地址"的

位数：

$$28 - 20 = 8 \text{ 位}$$

微指令格式如下：

（2）由于"下地址"字段为 8 位，微指令字长为 28 位，因此控制存储器的容量为

$$2^8 \times 28 = 256 \times 28 \text{ 位}$$

8.2.6　微程序设计举例

为了进一步理解机器指令、微程序和微指令的关系，我们以本章前面介绍的采用组合逻辑设计的 8 条机器指令为例，改用微程序方式设计 8 条机器指令的控制单元，以对比两种设计思想的不同过程。在这里假定 CPU 的结构和前面介绍的组合逻辑设计的结构是一样的，都采用非总线结构。

采用微程序方式设计控制单元的步骤如下（说明过程中请同时参看图 8.10、图 8.11），在这里我们采用水平型微指令，其编码方式采用直接编码方式。

1. 写出对应机器指令的微操作及节拍安排

写出所有机器指令的微操作目的是设计微指令的"操作控制"字段，其中机器指令的微操作数决定了微指令的"操作控制"字段的位数，节拍安排则决定了微指令的出现顺序。

1）取指阶段微操作分析

取指阶段微操作在前面讲组合逻辑设计方式时已经介绍过了，在这里只需将最后一个微操作 OP(IR)→ID 改为 OP(IR)→微地址形成部件，如下所示。

T_0：PC→MAR，1→R

T_1：M(MAR)→MDR，(PC) + 1→PC

T_2：MDR→IR，OP(IR)→微地址形成部件

这里，每个节拍需要一条对应的微指令，3 个不同的节拍就需要对应 3 条微指令。

同时，还要考虑如何从控制存储器中读出每条微指令，这就需要形成微程序中每条微指令的地址；另外，取指周期结束后，要考虑如何从取指周期微程序转移到相关指令的执行周期微程序中。为了实现这两个功能，还需要增加 2 个节拍实现这两个微操作。

如果微指令是顺序执行的，我们增加一个微操作，记作 Ad(CMDR)→CMAR。这个微操作的功能是把 CMDR 中微指令的"下地址"字段部分送到 CMAR 形成下一条微指令的地址。

另外，取指周期结束后，需要转入执行周期，这时必须找到对应的机器指令执行周期微程序的入口地址，这个入口地址由该机器指令的操作码部分提供，所以要把机器指令中操作码部分通过微地址形成部件送入 CMAR 中，记作 OP(IR)→微地址形成部件→CMAR，

这样就可以形成执行周期微程序的入口地址。

2) 取指周期的微操作及节拍安排

综合考虑形成后续微指令的地址，取指周期的微操作和节拍安排如下，每个节拍对应一条微指令。

T_0：PC→MAR，1→R

这是取指周期微程序的第一条微指令，它的地址一般由两种方法产生：如果是开机第一条机器指令，这时由硬件产生；如果不是开机第一条机器指令，则由上一条机器指令最后一条微指令的"下地址"部分决定，如图 8.10 所示，每条机器指令执行周期微程序的最后一条微指令，它的"下地址"部分都是 M。

$\quad\quad$ T_1：Ad(CMDR)→CMAR

$\quad\quad$ T_2：M(MAR)→MDR，(PC)+1→PC

$\quad\quad$ T_3：Ad(CMDR)→CMAR

$\quad\quad$ T_4：MDR→IR，OP(IR)→微地址形成部件

$\quad\quad$ T_5：OP(IR)→微地址形成部件→CMAR

3) 执行周期的微操作及节拍安排

在执行周期内的微操作及节拍安排依然要考虑如何形成后续微指令的地址。一般情况下是顺序执行，但最后一条微指令的"下地址"部分是取指周期微程序的入口地址 M，如图 8.10 所示。

(1) 非访存指令。

① CLA 清除累加器 AC 指令，该指令只有一个微操作 0→AC。

$\quad\quad$ T_0：0→AC

$\quad\quad$ T_1：Ad(CMDR)→CMAR；实现取指周期微程序入口地址→CMAR

② CPL 累加器取反指令，该指令只有一个微操作 $\overline{AC}$→AC。

$\quad\quad$ T_0：$\overline{AC}$→AC

$\quad\quad$ T_1：Ad(CMDR)→CMAR；实现取指周期微程序入口地址→CMAR

③ SHR 算术右移指令。

$\quad\quad$ T_0：L(AC)→R(AC)，AC_0→AC_0

$\quad\quad$ T_1：Ad(CMDR)→CMAR；实现取指周期微程序入口地址→CMAR

(2) 访存指令。

① ADD 加法指令。

$\quad\quad$ T_0：Ad(IR)→MAR，1→R

$\quad\quad$ T_1：Ad(CMDR)→CMAR

$\quad\quad$ T_2：M(MAR)→MDR

$\quad\quad$ T_3：Ad(CMDR)→CMAR

$\quad\quad$ T_4：(AC)+(MDR)→AC

$\quad\quad$ T_5：Ad(CMDR)→CMAR；实现取指周期微程序入口地址→CMAR

② STA 存数指令。

$\quad\quad$ T_0：Ad(IR)→MAR，1→W

　　　　T_1: Ad(CMDR)→CMAR

　　　　T_2: AC→MDR

　　　　T_3: Ad(CMDR)→CMAR

　　　　T_4: MDR→M(MAR)

　　　　T_5: Ad(CMDR)→CMAR；实现取指周期微程序入口地址→CMAR

　③ LDA 取数指令。

　　　　T_0: Ad(IR)→MAR，1→R

　　　　T_1: Ad(CMDR)→CMAR

　　　　T_2: M(MAR)→MDR

　　　　T_3: Ad(CMDR)→CMAR

　　　　T_4: MDR→AC

　　　　T_5: Ad(CMDR)→CMAR；实现取指周期微程序入口地址→CMAR

(3) 转移类指令。

① JMP 无条件转移指令。

　　　　T_0: Ad(IR)→PC

　　　　T_1: Ad(CMDR)→CMAR；实现取指周期微程序入口地址→CMAR

② BAZ 条件转移(零转移)指令。

　　　　T_0: $Z \cdot$ Ad(IR) $+ \overline{Z} \cdot$ (PC)→PC。

　　　　T_1: Ad(CMDR)→CMAR；实现取指周期微程序入口地址→CMAR

　　每个节拍都对应一条微指令,以上 8 条机器指令共有 34 个节拍也就是有 34 条微指令。在这 34 条微指令中包括 18 个不同的微操作。

　　如果采用水平型直接编码微指令格式,则每一个不同的微操作都需要在微指令“操作控制”字段中占 1 位,这样微指令“操作控制”字段需要 18 位。

　　由于只有 8 条机器指令共 34 条微指令,如果一条微指令在控制存储器中占一个地址单元,如果只从够用的角度考虑,则控制存储器仅需要 34 个单元就可以存放 34 条微指令。

2. 确定微指令格式

　　(1) 微指令的编码方式。水平型微指令其编码方式采用直接编码方式。由微指令“操作控制”字段的某一位直接控制一个微操作。

　　(2) 后续微指令的地址形成方式。后续微指令的地址形成方式有两种情况:一种是执行周期微程序的首地址,这个由机器指令的操作码通过微地址形成部件形成,如图 8.11 所示。另外一种是微程序中的微指令,它的后续微指令的地址由当前微指令的“下地址”字段直接给出,送入图 8.11 所示的“顺序逻辑”部件。

　　(3) 微指令字长分析。微指令的字长由“操作控制”字段和“下地址”字段两部分的长度决定。

　　前面 8 条机器指令有 18 个微操作,由于采用直接编码方式水平型微指令,所以“操作控制”字段的位数对应为 18 位。

　　同时,8 条机器指令微程序共需要 34 条微指令,在一条微指令占控制存储器一个地址单元的前提下,控制存储器至少要有 34 个地址。要实现控制存储器的 34 个地址寻址,需要 6 位($2^6 > 34$)译码输入，这样可以确定微指令"下地址"字段为 6 位。

　　由于"操作控制"字段和"下地址"字段两者合起来为 18 + 6 = 24 位，因此我们初步设计微指令字长为 24 位。

　　(4) 微指令字长的简化。为了最后确定微指令的字长，我们再仔细分析一下微操作和微指令数，以进一步简化微指令字长和微指令数。

　　前面我们初步设计的微指令的字长为 24 位，但在分析了前面 8 条机器指令的 34 条微指令后发现，在 34 条微指令中共有 17 条微指令为同一个微操作功能：后续微指令地址→CMAR。

　　在这 17 条微指令中，取指周期微操作的最后一条微指令是 OP(IR)→微地址形成部件→CMAR，这保证了取指周期微程序结束后，由指令操作码部分通过微地址形成部件形成执行周期微程序的首地址。

　　另外 16 条微指令都是实现 Ad(CMDR)→CMAR 这个微操作的，其功能是把当前这条微指令的"下地址"字段送入 CMAR 中，以形成后续下一条微指令的地址。如果我们将 Ad(CMDR)直接送到控制存储器的地址线，不再送入 CMAR 中，这样就可以省略这 16 条微指令。

　　同理，微指令：OP(IR)→微地址形成部件→CMAR，也可以采用这种把指令操作码形成的地址直接送入控制存储器地址线的方式，省略这条微指令。

　　这样我们共省略了 17 条微指令和 2 个微操作。原来的 34 条微指令变成只有 34 − 17 = 17 条微指令，"下地址"字段只需要取 5 位($2^5 > 17$)；原来的 20 个微操作也只需要 18 − 2 = 16，"操作控制"字段的位数最少为 16 位。

　　(5) 省略 CMAR 后的控制存储器结构如图 8.17 所示。

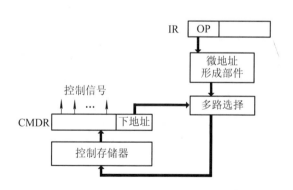

图 8.17　省略 CMAR 后的控制存储器结构图

　　在图 8.17 中，没有 CMAR，控制存储器的地址通过多路选择部件获得。根据微程序中微指令的需要，多路选择部件选择是把微地址形成部件还是"下地址"字段输出到控制存储器的地址线上。

　　如果考虑机器指令集的扩展，我们可以把"操作控制"字段设计为 20 位，留下 20 − 16 = 4 位的扩展余地(不同的设计方案可以有不同的预留位数)。

　　由于只有 17 条微指令，5 位"下地址"字段可以寻址 $2^5 = 32$ 个地址，已经留有较大余量，所以，"下地址"字段就不再扩充位数，直接取 5 位。

这样微指令的长度就是 20 + 5 = 25 位。

当然，如果要给控制存储器留有更多的余量，我们也可以把"下地址"字段由 5 位扩展到 6 位，这样寻址范围就扩大一倍(不同的设计方案也可以有不同的扩展位数)。

(6) 定义微指令"操作控制"字段每一位的微操作。通过上面的分析，我们最后确定微指令的基本格式如下：

0 1 2 3 4 5 6 7 8 9 10 11 12 13 14 15 16 17 18 19	20 21 22 23 24
"操作控制"字段	"下地址"字段

在这个微指令格式中，微指令长度为 25 位，其中 20 位为"操作控制"字段，5 位为"下地址"字段。

在确定好微指令格式后，接下来，我们需要定义"操作控制"字段的每一位的微操作。

3. 编写微指令码点

具体编写微指令码点的步骤和方法，我们参考图 8.10 来说明。为了简单起见，不考虑间址周期和中断周期，因此把图 8.10 中的间址周期微程序和中断周期微程序去掉，只留下取指周期和 LDA、ADD、STA、JMP 这 4 条指令的执行周期微程序，然后再把图 8.10 细化和具体化，这样大家理解起来更加方便。

当我们学会了编写微指令码点的步骤和方法后，8 条指令中的其余 4 条指令设计方法都是一样的。

(1) 微指令操作控制字段的定义。首先定义微指令中 20 位"操作控制"字段的每一位对应的功能，也就是说要把 16 个微操作分配到对应的位上，至于具体每一位对应哪个微操作，可以由工程师自己决定。20 位中只用了 16 位，最后还余 4 位作为未来扩展功能用。我们的设计方案基本是按照前面介绍的顺序来存放，每位对应的微操作如表 8.2 所示。

表 8.3　微指令"操作控制"字段每位对应微操作表

位号	对应的微操作	位号	对应的微操作
0	PC→MAR	10	1→W
1	1→R	11	AC→MDR
2	M(MAR)→MDR	12	MDR→M(MAR)
3	(PC) + 1→PC	13	MDR→AC
4	MDR→IR	14	Ad(IR)→PC
5	0→AC	15	$Z \cdot Ad(IR) + \bar{Z} \cdot PC→PC$
6	AC 非→AC	16	空余，扩展用
7	$L(AC)→R(AC)$, $AC_0→AC_0$	17	空余，扩展用
8	Ad(IR)→MAR	18	空余，扩展用
9	(AC) + (MDR)→AC	19	空余，扩展用

我们重点看取指周期和 LDA、ADD、STA、JMP 这 4 条指令执行周期中用到的微操作在哪些位上。

(2) "下地址"字段的分配使用。"下地址"字段共 5 位，共寻址 $2^5 = 32$ 个地址，如果控制存储器的每个存储单元地址存放 25 位(一条微指令长度),那么我们需要控制存储器的容量为 $2^5 \times 25$ bit。

(3) 微程序在控制存储器中对应的码点。为了更好地理解机器指令对应的微程序,我们先假定 LDA、ADD、STA、JMP 这 4 条指令都不需要间接寻址,也就没有间址周期,同时也不考虑中断周期。只有取指周期微程序加上每条指令的执行周期微程序,即每条机器指令的微程序 = 取指周期微程序 + 这条机器指令执行周期微程序。

对照图 8.10,我们看到控制存储器中取指周期的首地址为 M,这个 M 是由开机时硬件产生的,我们假定 M 为 00000(5 位二进制下地址)。LDA、ADD、STA、JMP 这 4 条指令的入口地址都由它们的操作码通过微地址形成部件产生,LDA 对应为 P,ADD 对应为 Q,STA 对应为 K,JMP 对应为 J。为了制表方便,我们假定这 4 条指令的微程序在控制存储器中是连续存放的(注意:图 8.10 中 Q 和 K 是没有连续存放的),实际情况是可以不连续存放的。

① 取指周期微程序码点。我们把前面所述的取指周期节拍列出如下:

T_0: PC→MAR, 1→R

T_1: Ad(CMDR)→CMAR

T_2: M(MAR)→MDR, (PC)+1→PC

T_3: Ad(CMDR)→CMAR

T_4: MDR→IR, OP(IR)→微地址形成部件

T_5: OP(IR)→微地址形成部件→CMAR

前面已经说明了,为了简化控制单元的设计,在控制单元结构中去掉 CMAR,所以这里就去掉 T_1、T_3、T_5 3 个节拍,剩下 T_0、T_2、T_4 3 个节拍,同时还去掉 T_4 中的微操作:OP(IR)→微地址形成部件,然后重新编写如下:

T_0: PC→MAR, 1→R

T_1: M(MAR)→MDR, (PC) + 1→PC

T_2: MDR→IR

每个节拍对应一条微指令,这样取指周期微程序共需要 3 条微指令。T_0 对应第 1 条微指令,T_1 对应第 2 条微指令,T_2 对应第 3 条微指令。

在 T_0 节拍对应的第 1 条微指令中有 2 个微操作:PC→MAR, 1→R。如表 8.3 所示,这样这条微指令格式中"操作控制"字段对应的位号为 0 和 1 的两位为 1,其余位为 0。

由于 T_0 对应的第 1 条微指令首地址 M 为 5 位二进制数 00000,微程序接下来要执行 T_1 这个节拍对应的微指令,所以 T_0 对应的微指令"下地址"字段的 5 位二进制数应该为 $M + 1 = 00001$。

这样第 1 条微指令的码点为

0	1	2	3	4	5	6	7	8	9	10	11	12	13	14	15	16	17	18	19	20	21	22	23	24
1	1	0	0	0	0	0	0	0	0	0	0	0	0	0	0	0	0	0	0	0	0	0	0	1

　　　　　　　　　　"操作控制"字段　　　　　　　　　　　　　　　　"下地址"字段

在 T_1 节拍对应的第 2 条微指令中有 2 个微操作:M(MAR)→MDR, (PC)+1→PC。如表 8.3 所示,这条微指令格式中"操作控制"字段对应的位号为 2 和 3 的两位为 1,其余位为 0。

由于 T_1 对应的是第 2 条微指令，它的地址为 5 位二进制数 00001，接下来要执行 T_2 这个节拍对应的微指令，所以 T_1 对应的微指令"下地址"字段的 5 位二进制数应该为 M + 2 = 00010。

这样第 2 条微指令的码点为

0	1	2	3	4	5	6	7	8	9	10	11	12	13	14	15	16	17	18	19	20	21	22	23	24
0	0	1	1	0	0	0	0	0	0	0	0	0	0	0	0	0	0	0	0	0	0	0	1	0

　　　　　　　"操作控制"字段　　　　　　　　　　　　　　　　　　　　　"下地址"字段

在 T_2 节拍对应的第 3 条微指令中有 1 个微操作：MDR→IR。如表 8.3 所示，这条微指令格式中"操作控制"字段对应的 4 号位为 1，其余位为 0。

由于 T_2 对应的是第 3 条微指令，这时候取指周期已经完成，取指周期微程序已经执行完毕，接下来要执行的是 LDA 指令的执行周期微程序。

LDA 指令执行周期微程序的入口地址 P 是这样形成的：将 LDA 机器指令的操作码通过译码后，由微地址形成部件送到控制存储器的地址总线上。

所以第 3 条微指令的"下地址"字段不起指示作用，可以是任意的随机二进制数。

这样第 3 条微指令的码点为

0	1	2	3	4	5	6	7	8	9	10	11	12	13	14	15	16	17	18	19	20	21	22	23	24
0	0	0	0	1	0	0	0	0	0	0	0	0	0	0	0	0	0	0	0	×	×	×	×	×

　　　　　　　"操作控制"字段　　　　　　　　　　　　　　　　　　　　　"下地址"字段

② LDA 指令执行周期微程序码点。LDA 指令执行周期微程序的入口地址 P 是由 LDA 指令的操作码形成的，我们假定它的地址是紧接着取指周期微程序连续安排的，这样 P 的 5 位二进制数为 00011。

我们把前面所述的 LDA 执行周期节拍列出来，按照取指周期一样，去掉 Ad(CMDR)→CMAR 节拍后剩下的节拍如下：

T_0：Ad(IR)→MAR，1→R

T_1：M(MAR)→MDR

T_2：MDR→AC

每个节拍对应一条微指令，LDA 执行周期微程序包含 3 条微指令。

在 T_0 节拍对应的第 1 条微指令中有 2 个微操作：Ad(IR)→MAR，1→R。

如表 8.3 所示，这条微指令格式中"操作控制"字段对应位号为 8 和 1 的两位为 1，其余位为 0。

由于 T_0 对应的是第 1 条微指令首地址 P 为 5 位二进制数 00011，接下来要执行 T_1 这个节拍对应的第 2 条微指令，所以 T_0 对应的微指令"下地址"字段的 5 位二进制数应该为 P + 1 = 00100。

这样，LDA 执行周期微程序第 1 条微指令的码点为

0	1	2	3	4	5	6	7	8	9	10	11	12	13	14	15	16	17	18	19	20	21	22	23	24
0	1	0	0	0	0	0	0	1	0	0	0	0	0	0	0	0	0	0	0	0	0	1	0	0

　　　　　　　"操作控制"字段　　　　　　　　　　　　　　　　　　　　　"下地址"字段

在 T_1 节拍对应的第 2 条微指令中只有 1 个微操作：M(MAR)→MDR。如表 8.3 所示，

这条微指令格式中"操作控制"字段对应的 2 号位为 1，其余位为 0。

由于 T_1 对应的是第 2 条微指令，它的地址为 5 位二进制数 00100，接下来要执行 T_2 这个节拍对应的第 3 条微指令，所以 T_1 对应的微指令"下地址"字段的 5 位二进制数应该为 $P+2=00101$。

这样 LDA 执行周期微程序第 2 条微指令的码点为

0	1	2	3	4	5	6	7	8	9	10	11	12	13	14	15	16	17	18	19	20	21	22	23	24
0	0	1	0	0	0	0	0	0	0	0	0	0	0	0	0	0	0	0	0	0	0	1	0	1

"操作控制"字段　　　　　　　　　　　　"下地址"字段

在 T_2 节拍对应的第 3 条微指令中只有 1 个微操作：$MDR \rightarrow AC$。如表 8.3 所示，这条微指令格式中"操作控制"字段对应的 13 号位为 1，其余位为 0。

由于 T_2 对应的是第 3 条微指令，执行这条微指令后，LDA 指令的执行周期微程序已经执行完毕，接下来要执行的是再一次回到取指周期微程序的首地址 M：00000，所以第 3 条微指令的"下地址"字段为二进制数 00000。

每条机器指令微程序执行后，都需要取下一条机器指令，进入取指周期微程序。所以，执行周期微程序最后一条微指令的"下地址"字段都是 M，这里 M 为 00000。

这样 LDA 执行周期微程序第 3 条微指令的码点为

0	1	2	3	4	5	6	7	8	9	10	11	12	13	14	15	16	17	18	19	20	21	22	23	24
0	0	0	0	0	0	0	0	0	0	0	0	0	1	0	0	0	0	0	0	0	0	0	0	0

"操作控制"字段　　　　　　　　　　　　"下地址"字段

③ ADD 指令执行周期微程序码点。ADD 指令执行周期微程序的入口地址 Q 是由 ADD 指令的操作码形成的，在这里我们假定 Q 对应的地址是紧接着 LDA 指令执行周期微程序连续安排的，这样 Q 的二进制值为 00110。

我们把前面所述的 ADD 执行周期节拍列出来，按照取指周期一样，去掉 $Ad(CMDR) \rightarrow CMAR$ 节拍后剩下的节拍如下：

T_0：$Ad(IR) \rightarrow MAR$，$1 \rightarrow R$

T_1：$M(MAR) \rightarrow MDR$

T_2：$(AC)+(MDR) \rightarrow AC$

每个节拍对应一条微指令，ADD 指令执行周期微程序包含 3 条微指令。

在 T_0 节拍对应的第 1 条微指令中有 2 个微操作：$Ad(IR) \rightarrow MAR$，$1 \rightarrow R$。如表 8.3 所示，这条微指令格式中"操作控制"字段对应位号为 8 和 1 的两位为 1，其余位为 0。

由于 T_0 对应的第 1 条微指令首地址 Q 为 5 位二进制数 00110，接下来要执行 T_1 这个节拍对应的微指令，所以 T_0 对应的微指令"下地址"字段的 5 位二进制数应该为 $Q+1=00111$。

这样，ADD 执行周期微程序第 1 条微指令的码点为

0	1	2	3	4	5	6	7	8	9	10	11	12	13	14	15	16	17	18	19	20	21	22	23	24
0	1	0	0	0	0	0	0	1	0	0	0	0	0	0	0	0	0	0	0	0	0	1	1	1

"操作控制"字段　　　　　　　　　　　　"下地址"字段

在 T_1 节拍对应的第 2 条微指令中只有 1 个微操作：M(MAR)→MDR。如表 8.3 所示，这条微指令格式中"操作控制"字段对应的 2 号位为 1，其余位为 0。

由于 T_1 对应的是第 2 条微指令，它的地址为 5 位二进制数 00111，接下来要执行 T_2 这个节拍对应的微指令，所以 T_1 对应的微指令"下地址"字段的 5 位二进制数应该为 Q + 2 = 01000。

这样 ADD 执行周期微程序第 2 条微指令的码点为

0	1	2	3	4	5	6	7	8	9	10	11	12	13	14	15	16	17	18	19	20	21	22	23	24
0	0	1	0	0	0	0	0	0	0	0	0	0	0	0	0	0	0	0	0	0	1	0	0	0

　　　　　　"操作控制"字段　　　　　　　　　　　　　　　　"下地址"字段

在 T_2 节拍对应的第 3 条微指令中只有 1 个微操作：(AC) + (MDR)→AC。如表 8.3 所示，这条微指令格式中"操作控制"字段对应的 9 号位为 1，其余位为 0。

由于 T_2 对应的是第 3 条微指令，执行这条微指令后，ADD 指令的执行周期微程序已经执行完毕，接下来要执行的是再一次回到取指周期微程序的首地址 M：00000。所以第 3 条微指令的"下地址"字段为二进制数 00000。这样 ADD 指令执行周期微程序第 3 条微指令的码点为

0	1	2	3	4	5	6	7	8	9	10	11	12	13	14	15	16	17	18	19	20	21	22	23	24
0	0	0	0	0	0	0	0	0	1	0	0	0	0	0	0	0	0	0	0	0	0	0	0	0

　　　　　　"操作控制"字段　　　　　　　　　　　　　　　　"下地址"字段

④ STA 指令执行周期微程序码点。STA 指令执行周期微程序的入口地址 K 是由 STA 指令的操作码形成的，在这里我们假定它的地址是紧接着 ADD 指令执行周期微程序连续安排的，这样 K 的二进制值为 01001。

我们把前面所述的 STA 执行周期节拍列出来，按照取指周期一样，去掉 Ad(CMDR)→CMAR 节拍后剩下的节拍如下：

　　　　T_0：Ad(IR)→MAR，1→W

　　　　T_1：AC→MDR

　　　　T_2：MDR→M(MAR)

每个节拍对应一条微指令，STA 指令执行周期微程序包含 3 条微指令。

在 T_0 节拍对应的第 1 条微指令中有 2 个微操作：Ad(IR)→MAR，1→W。如表 8.3 所示，这条微指令格式中"操作控制"字段对应位号为 10 和 8 的两位为 1，其余位为 0。

由于 T_0 对应的是第 1 条微指令首地址 K 为 5 位二进制数 01001，接下来要执行 T1 这个节拍对应的微指令，所以 T_0 对应的微指令"下地址"字段的 5 位二进制数应该为 K + 1 = 01010。

这样，STA 执行周期微程序第 1 条微指令的码点为

0	1	2	3	4	5	6	7	8	9	10	11	12	13	14	15	16	17	18	19	20	21	22	23	24
0	0	0	0	0	0	0	0	1	0	1	0	0	0	0	0	0	0	0	0	0	1	0	1	0

　　　　　　"操作控制"字段　　　　　　　　　　　　　　　　"下地址"字段

在 T_1 节拍对应的第 2 条微指令中只有 1 个微操作：AC→MDR。如表 8.3 所示，这条微指令格式中"操作控制"字段对应的 11 号位为 1，其余位为 0。

由于 T_1 对应的是第 2 条微指令，它的地址为 5 位二进制数 01010，接下来要执行 T_2 这个节拍对应的微指令，所以 T_1 对应的微指令"下地址"字段的 5 位二进制数应该为 K + 2 = 01011。

这样 STA 执行周期微程序第 2 条微指令的码点为

0	1	2	3	4	5	6	7	8	9	10	11	12	13	14	15	16	17	18	19	20	21	22	23	24
0	0	0	0	0	0	0	0	0	0	0	0	0	1	0	0	0	0	0	0	0	1	0	1	1

　　　　　　　　"操作控制"字段　　　　　　　　　　　　　　"下地址"字段

在 T_2 节拍对应的第 3 条微指令中只有 1 个微操作：MDR→M(MAR)。如表 8.3 所示，这条微指令格式中"操作控制"字段对应的 12 号位为 1，其余位为 0。

由于 T_2 对应的是第 3 条微指令，执行这条微指令后，STA 指令的执行周期微程序已经执行完毕，接下来要执行的是再一次回到取指周期微程序的首地址 M：00000。所以第 3 条微指令的"下地址"字段为二进制数 00000。这样 STA 指令执行周期微程序第 3 条微指令的码点为

0	1	2	3	4	5	6	7	8	9	10	11	12	13	14	15	16	17	18	19	20	21	22	23	24
0	0	0	0	0	0	0	0	0	0	0	0	1	0	0	0	0	0	0	0	0	0	0	0	0

　　　　　　　　"操作控制"字段　　　　　　　　　　　　　　"下地址"字段

⑤　JMP 指令执行周期微程序码点。JMP 指令执行周期微程序的入口地址 J 是由 JMP 指令的操作码形成的，在这里我们假定 J 为 01100，它的地址是紧接着 STA 指令执行周期微程序连续安排的。

我们把前面所述的 JMP 执行周期节拍列出来，按照取指周期一样，去掉 Ad(CMDR)→CMAR 节拍后剩下的节拍如下：

　　　　T_0：Ad(IR)→PC

每个节拍对应一条微指令，JMP 指令执行周期微程序包含 1 条微指令。

在 T_0 节拍对应的微指令中有 1 个微操作：Ad(IR)→PC。如表 8.3 所示，这条微指令格式中"操作控制"字段对应的 14 号位为 1，其余位为 0。

执行这条微指令后，JMP 指令的执行周期微程序已经执行完毕，接下来要执行的是再一次回到取指周期微程序的首地址 M：00000。所以这条微指令的"下地址"字段为二进制数 00000。

这样，JMP 执行周期微程序第 1 条微指令的码点为

0	1	2	3	4	5	6	7	8	9	10	11	12	13	14	15	16	17	18	19	20	21	22	23	24
0	0	0	0	0	0	0	0	0	0	0	0	0	0	1	0	0	0	0	0	0	0	0	0	0

　　　　　　　　"操作控制"字段　　　　　　　　　　　　　　"下地址"字段

到现在为止，我们把取指周期微程序以及 LDA、ADD、STA、JMP 这 4 条指令的执行周期微程序的码点和"下地址"都编写完成了。

其他几条指令可以参照同样的方法进行微程序码点编写和地址安排，微程序码点编写和地址安排的过程、方法与前面介绍的完全相同，限于篇幅我们就不一一列写了。

最后，把上面取指周期微程序以及 LDA、ADD、STA、JMP 这 4 条指令的执行周期微程序的码点统一编写如表 8.4 所示，这个表是图 8.10 的细化和具体化，供大家对比学习。

表 8.4 控制存储器中取指周期和 LDA、ADD、STA、JMP 执行周期微程序码点

微程序序名称	微指令地址	操作控制字段																				下地址字段				
		0	1	2	3	4	5	6	7	8	9	10	11	12	13	14	15	16	17	18	19	20	21	22	23	24
取指周期	00000	1	1	0	0	0	0	0	0	0	0	0	0	0	0	0	0	0	0	0	0	0	0	0	0	1
	00001	0	0	1	1	0	0	0	0	0	0	0	0	0	0	0	0	0	0	0	0	0	0	0	1	0
	00010	0	0	0	0	1	0	0	0	0	0	0	0	0	0	0	0	0	0	0	0	×	×	×	×	×
LDA 周期	00011	0	0	1	0	0	1	0	0	0	0	0	0	0	0	0	0	0	0	0	0	0	0	1	0	0
	00100	0	0	1	0	0	0	0	0	0	0	0	0	0	0	0	0	0	0	0	0	0	0	1	1	1
	00101	0	0	0	0	0	0	0	0	0	0	0	0	0	1	0	0	0	0	0	0	0	0	0	0	0
ADD 执行周期	00110	0	0	1	0	0	0	0	0	0	0	0	0	0	0	0	0	0	0	0	0	0	1	0	0	0
	00111	0	1	1	0	0	0	0	0	0	1	0	0	0	0	0	0	0	0	0	0	0	0	0	0	0
	01000	0	0	0	0	0	0	0	0	1	1	0	0	0	0	0	0	0	0	0	0	0	0	0	0	0
STA 执行周期	01001	0	0	0	0	0	0	0	0	0	0	1	0	0	0	0	0	0	0	0	0	0	1	0	1	1
	01010	0	0	0	0	0	0	0	0	0	0	0	1	0	1	0	0	0	0	0	0	0	1	1	0	0
	01011	0	0	0	0	0	0	0	0	0	0	0	0	1	1	0	0	0	0	0	0	0	0	0	0	0
JMP 执行周期	01100	0	0	0	0	0	0	0	0	0	0	0	0	0	0	1	0	0	0	0	0	0	0	0	0	0
⋮	⋮																									
⋮	⋮																									
⋮	⋮																									

思考与练习 8

一、单选题

1. 在取指令操作之后，程序计数器中存放的是____。

A. 下一条指令的地址   B. 当前指令的地址

C. 当前指令的数据   D. 下一条指令的数据

2. ____周期包含的微操作为：(1) Ad(IR)→MAR；(2) 1→R；(3) M(MAR)→MDR；(4) MDR→Ad(IR)。

    A. 执行   B. 取指   C. 间址   D. 中断

3. 下列说法中错误的是____。

A. CPU 的主频可以影响计算机的速度

B. 计算机的速度完全取决于主频

C. 计算机的速度与主频、机器周期内平均含时钟周期数有关

D. 计算机的速度不完全取决于主频

4. 下列指令中，____指令包含取指周期、间址周期和执行周期。

    A. 非访存   B. 间接寻址   C. 直接访存   D. 无正确答案

5. 某计算机的平均指令执行速度为 0.8 MIPS，则该机的平均指令周期为____微秒。

    A. 1.25   B. 0.625   C. 2.5   D. 0.125

6. 某 CPU 的主频为 8MHz，若已知每个机器周期平均包含 4 个时钟周期，该机的平均指令执行速度为 0.8MIPS，则该机的每个指令周期平均包含____个机器周期。

    A. 4   B. 5   C. 2   D. 2.5

7. 以下各类信号中，不属于控制单元输入信号的是____。

A. 各种状态标记   B. 指令寄存器

C. CPU 内部的控制信号   D. 系统总线控制信号

8. 在指令执行周期中，以下属于访存类指令的是____。

    A. STA X   B. CLA   C. SHR   D. 都不是

9. 以下关于机器周期、指令周期和时钟周期关系的描述正确的是____。

A. 一个时钟周期包含若干个机器周期，一个机器周期包含若干个指令周期

B. 一个指令周期包含若干个机器周期，一个机器周期包含若干个时钟周期

C. 一个机器周期包含若干个指令周期，一个指令周期包含若干个时钟周期

D. 一个指令周期包含若干个时钟周期，一个时钟周期包含若干个机器周期

10. 算术右移一位指令 SHR 执行后，算术右移发生在____中。

    A. PC   B. IR   C. AC   D. MDR

11. 在微程序控制器中，机器指令与微指令的关系是____。

A. 每一条机器指令由若干条微指令组成的微程序来解释执行

B. 每一条机器指令由一条微指令来执行

C. 若干条机器指令组成的程序可由一个微程序来执行

D. 无正确答案

12. 某机器的微指令格式中，共有 8 个控制字段，每个字段可分别激活 4、8、3、16、2、7、20、5 个控制信号。若采用直接编码方式设计微指令的操作控制字段，则其操作控制字段应该取____位。

A. 26   B. 66   C. 65   D. 21

13. 某机器的微指令格式中，共有 8 个控制字段，每个字段可分别激活 6、10、3、20、1、7、28、5 个控制信号。若采用字段直接编码方式设计微指令的操作控制字段，则其操作控制字段应该取____位。

A. 80   B. 26   C. 69   D. 65

14. 水平型微指令的特点是____。

A. 采用微操作码   B. 微指令的操作控制字段不进行编码

C. 微指令的格式简短   D. 一次可以完成多个操作

15. 垂直型微指令的特点是____。

A. 采用微操作码   B. 微指令格式垂直表示

C. 控制信号经过编码产生   D. 强调并行控制功能

16. 每一个微操作命令都对应一个硬件逻辑电路，采用这种设计方法的控制单元称为____。

A. 微程序型控制单元   B. 组合逻辑型控制单元

C. 时序逻辑型控制单元   D. 程序存储型控制单元

17. 在微程序型控制单元的设计中，微程序被存放到____中。

A. 寄存器   B. 主存储器   C. 硬盘   D. 控制存储器

18. 在微程序型控制单元的设计中，有关微程序、微指令和微操作命令的关系描述正确的是____。

A. 一个微程序可对应若干条微指令，一条微指令可对应一个或多个微操作命令

B. 一个微程序仅对应一条微指令，一条微指令仅对应一个微操作命令

C. 一条微指令可对应若干个微程序，一个微程序仅对应一个微操作命令

D. 一条微指令仅对应一个微程序，一个微程序可对应多个微操作命令

19. 在微指令的操作控制字段中，每一位代表一个微操作命令，这种编码方式为____。

A. 字段间接编码方式   B. 字段直接编码方式

C. 直接编码方式   D. 混合编码方式

20. 将微指令的"操作控制"字段分成若干段，将一组互斥的微操作命令放在一个字段内，通过对这个字段的译码便可对应每一个微指令，这种编码方式为____。

A. 混合编码方式   B. 直接编码方式

C. 字段间接编码方式   D. 字段直接编码方式

二、多选题

1. 下列说法正确的是____。

A. 一个指令周期包含若干个机器周期

B. 一个机器周期包含若干个时钟周期

C. 一个指令周期内的机器周期数可以不等

D. 一个机器周期内的节拍数可以不等

2. 控制单元的输入信号可能来自____。

A. 时钟　　　　　　　　　　　　B. 指令寄存器

C. 各种状态标记　　　　　　　　D. 系统总线控制信号

3. ____属于指令的工作周期。

A. 取指周期　　　B. 间址周期　　　C. 执行周期　　　D. 中断周期

4. 下列说法正确的是___。

A. 有些微操作的次序是不容改变的，故安排微操作节拍时必须注意微操作的先后顺序

B. 凡是被控制对象不同的微操作，若能在一个节拍内执行，应尽可能安排在同一个节拍内，以节省时间

C. 如果有些微操作所占的时间不长，应该将它们安排在一个节拍内完成，并且允许这些微操作有先后次序

D. 有些微操作的次序是不容改变的，但安排微操作节拍时可以不考虑微操作的先后顺序

5. 微指令的基本格式一般分为两个字段，分别是____。

A. 操作控制字段　　　　　　　　B. 顺序控制字段

C. 直接控制字段　　　　　　　　D. 间接控制字段

三、问答与计算题

1. 什么是微操作命令？为什么要进行指令微操作命令分析？

2. 为什么控制单元 CU 的输入信号中需要有时钟信号？

3. 写出下列微操作。

(1) 间址周期的全部微操作。

(2) 取数指令"LDA　M"(M 为主存地址)在执行周期的全部微操作。

(3) 清除累加器 AC 指令 CLA 在执行周期的全部微操作。

(4) 条件转移指令"BAZ　Y"执行周期所需的全部微操作。

4. 什么是时钟频率和时钟周期？什么是计算机的主频？什么是节拍？节拍和时钟周期的关系是什么？

5. 什么是机器周期？指令周期、机器周期和时钟周期之间的关系是怎样的？

6. 设某计算机的 CPU 主频为 4MHz，每个机器周期包含 2 个时钟周期，每条指令的指令周期平均有 4 个机器周期，试问该机的平均指令执行速度为多少 MIPS？若 CPU 主频为 8MHz，但每个机器周期包含 8 个时钟周期，每条指令的指令周期平均有 4 个机器周期，该机平均指令执行速度又是多少 MIPS？由此可得出什么结论？

7. 什么是计算机控制器的控制方式？定长机器周期和不定长机器周期的控制方式各有什么优缺点？

8. 目前，CPU 控制器的设计方式有几种？各有什么特点？

9. 请写出用组合逻辑设计方式设计控制器的基本步骤以及微操作的节拍安排原则。

10. 什么是微程序的设计思想？机器指令和微程序、微指令、微操作的对应关系是什么？

11. 控制存储器的作用是什么？它存放了哪几个公共微程序？

12. 请写出微指令的基本格式，它分为几个部分，各起什么作用？

13. 请以"LDA　X"指令为例，说明一条机器指令在控制存储器中运行微程序的过程。

14. 某机器的微指令格式中，共有 6 个控制字段，每个控制字段可分别激活 8、13、2、16、25、5 个微操作命令。请分别采取直接编码和字段直接编码方式设计微指令的操作控制字段，并说明两种方式的操作控制字段各取几位。

15. 微指令基本格式中"顺序控制"字段的作用是什么？微程序中每条微指令的后续微指令地址大致由几种方式形成？

16. 某机器共有 52 个微操作命令，构成 5 个互斥类的微操作命令组，各组分别包含 5、8、2、15、22 个微操作命令，已知可判定的外部条件 2 个，微指令字长 28 位。

(1) 按照水平型微指令格式设计微指令，要求微指令的"下地址"字段直接给出后续微指令地址。

(2) 指出控制存储器的容量。

17. 请写出采用微程序设计方式设计控制单元的基本步骤。

思考与练习 8
参考答案

附录　本书中常用的英文缩写

1. 中央处理器：Central Processing Unit，CPU
2. 算术逻辑部件：Arithmetic and Logic Unit，ALU
3. 控制器：Control Unit，CU
4. 主存储器：Main Memory，MM
5. 累加器：Accumulator，AC(或 ACC)
6. 存储器地址寄存器：Memory Address Register，MAR
7. 存储器数据寄存器：Memory Data Register，MDR
8. 程序计数器：Program Counter，PC
9. 指令寄存器：Instruction Register，IR
10. 指令译码器：Instruction Decoder，ID
11. 地址：Address，Ad
12. 地址总线：Address Bus，AB
13. 控制总线：Control Bus，CB
14. 数据总线：Data Bus，DB
15. 输入/输出：Input / Output，I/O
16. 指令指针：Instruction Pointer，IP
17. 每秒百万条指令：Million Instruction Per Second，MIPS
18. 平均无故障运行时间：Mean Time Between Failure，MTBF

参 考 文 献

[1] STALLINGS W. 计算机组织与结构：性能设计[M]. 6 版. 北京：高等教育出版社，2006.

[2] 唐朔飞. 计算机组成原理[M]. 北京：高等教育出版社，2008.

[3] 唐朔飞. 计算机组成原理：学习指导与习题解答[M]. 北京：高等教育出版社，2005.

[4] 周明德. 微型计算机系统原理及应用[M]. 北京：清华大学出版社，2000.

[5] 白中英. 计算机组成原理[M]. 3 版. 北京：科学出版社，2002.

[6] 张晨曦，王志英，张春元，等. 计算机体系结构[M]. 2 版. 北京：高等教育出版社，2006.

[7] 李学干. 计算机系统结构[M]. 3 版. 西安：西安电子科技大学出版社，2000.

[8] 裘雪红，李伯成. 计算机组成与系统结构[M]. 西安：西安电子科技大学出版社，2012.

[9] 李群芳，肖看，张士军. 单片微型计算机与接口技术[M]. 4 版. 北京：电子工业出版社，2012.